高职土建类
精品教材

建设工程合同与信息管理

JIANSHE GONGCHENG HETONG
YU XINXI GUANLI

主　　编　　陈　燕

副 主 编　　管红兵　潘光翠

编写人员　　（以姓氏笔画为序）

朱　宝　安婷婷　陈　燕

管红兵　潘光翠

中国科学技术大学出版社

内 容 简 介

本书是编者根据多年从事工程招投标与合同管理课程教学和实践经验,结合招标师、监理工程师、一级建造师等执业资格考试相关内容编写而成的。书中设有引导案例,通过案例导入、案例解析让读者掌握相关知识和技能,章末附有供学生扩展知识、巩固知识的实训题。着重培养学生的实际应用和操作能力,充分体现其前瞻性、适用性、可操作性,便于案例教学和实践教学。

本书可作为高职高专院校建筑工程技术、工程监理、工程造价等专业的教材,也可作为土建类工程技术人员的参考用书。

图书在版编目(CIP)数据

建设工程合同与信息管理/陈燕主编. —合肥:中国科学技术大学出版社,2013.9
ISBN 978 - 7 - 312 - 03225 - 7

Ⅰ.建… Ⅱ.陈… Ⅲ.建筑工程－经济合同－经济信息管理 Ⅳ.TU723.1

中国版本图书馆 CIP 数据核字(2013)第 099873 号

出版	中国科学技术大学出版社
	安徽省合肥市金寨路 96 号,230026
	http://press.ustc.edu.cn
印刷	合肥学苑印务有限责任公司
发行	中国科学技术大学出版社
经销	全国新华书店
开本	787 mm×1092 mm 1/16
印张	19
字数	486 千
版次	2013 年 10 月第 1 版
印次	2013 年 10 月第 1 次印刷
定价	34.00 元

前　　言

　　本书从高职高专职业技术教育实际出发,以强化应用为重点,以让学生真正掌握实践技能为目的,内容新颖、结构独特,具有鲜明的时代气息。

　　本书具体特点如下:

　　1. 理论联系实际,突出实践

　　全书既有招投标与合同管理原理的阐述,又有实际的案例与操作。本书在大部分小节的开始引入一个典型案例,凡阐述重要原理时都辅助有针对性的案例分析,以利于内容的掌握。全书除第1、7、9章外,每章的最后一节为案例分析,以帮助学生对该章重要原理应用的理解。

　　2. 内容新颖,前瞻性强

　　本书充分吸收了《中华人民共和国招标投标法实施条例》(2011版)、《建设工程监理合同(示范文本)》(GF-2012-0202)、《建设工程施工合同(示范文本)》(GF-2013-0201)、《建设工程工程量清单计价规范》(GB 50500—2013)等招投标与合同管理领域最新法规政策,力图反映我国最新立法动向,努力做到与当前工程实践相结合。

　　3. 内容详略得当并与我国执业资格考试制度相适应

　　目前,我国正在推行各种执业资格制度,考虑到建筑工程各专业的学生在毕业后绝大多数都将参加执业资格考试,本书在编写的过程中尽量兼顾执业资格考试的内容,以利于读者将来参加执业资格考试。

　　本书由陈燕老师担任主编,管红兵、潘光翠老师担任副主编。参加编写的人员及分工如下:滁州职业技术学院管红兵老师编写第1章和第2章;滁州职业技术学院安婷婷老师编写第3章;滁州职业技术学院朱宝老师编写第4章、第5章和第7章;滁州职业技术学院陈燕老师编写第6章,并负责全书的统稿;安徽水利水电职业技术学院潘光翠老师编写第8章和第9章。本书在编写过程中,参考了大量的相关资料和论著,并吸收了其中一些研究成果,在此谨向所有文献作者致谢。

　　由于编者经验不足,加上时间仓促,书中不妥之处在所难免,恳请广大读者和同行专家批评指正。

编　者

2013 年 4 月

目　　录

前言 ……………………………………………………………………………（ⅰ）

第1章　合同管理概论 …………………………………………………………（ 1 ）
　1.1　合同的概念和分类 ……………………………………………………（ 1 ）
　1.2　合同法律关系 …………………………………………………………（ 3 ）
　1.3　工程合同管理的当事人资格 …………………………………………（ 9 ）
　1.4　合同公证和合同签证 …………………………………………………（12）
　习题 …………………………………………………………………………（15）

第2章　《合同法》的基本理论 ………………………………………………（17）
　2.1　《合同法》概述 ………………………………………………………（18）
　2.2　合同的订立 ……………………………………………………………（20）
　2.3　合同的效力 ……………………………………………………………（25）
　2.4　合同的履行、变更和转让 ……………………………………………（33）
　2.5　合同终止 ………………………………………………………………（42）
　2.6　违约责任 ………………………………………………………………（46）
　2.7　合同争议的解决 ………………………………………………………（49）
　2.8　建设工程合同 …………………………………………………………（51）
　2.9　案例分析 ………………………………………………………………（53）
　习题 …………………………………………………………………………（62）

第3章　建设工程的招标与投标 ………………………………………………（66）
　3.1　建筑市场 ………………………………………………………………（67）
　3.2　建设工程的招标 ………………………………………………………（77）
　3.3　建设工程的投标 ………………………………………………………（88）
　3.4　建设工程的开标、评标与定标 ………………………………………（95）
　3.5　建设工程监理的招标与投标管理 ……………………………………（103）
　3.6　建设工程勘察设计的招标与投标管理 ………………………………（108）
　3.7　国际工程的招标与投标 ………………………………………………（113）
　3.8　案例分析 ………………………………………………………………（128）
　习题 …………………………………………………………………………（134）

第4章　工程勘察设计合同管理 ………………………………………………（139）
　4.1　工程勘察设计合同概述 ………………………………………………（139）
　4.2　工程勘察设计合同的内容 ……………………………………………（140）
　4.3　工程勘察设计合同的管理 ……………………………………………（145）

4.4 案例分析 ……………………………………………………………………… (152)
习题 ……………………………………………………………………………… (154)

第 5 章　工程建设监理合同管理 ……………………………………………… (156)
5.1 工程建设监理合同概述 ………………………………………………… (156)
5.2 建设工程监理合同 ……………………………………………………… (158)
5.3 监理合同的管理 ………………………………………………………… (160)
5.4 案例分析 ………………………………………………………………… (169)
习题 ……………………………………………………………………………… (174)

第 6 章　建设工程施工合同 …………………………………………………… (176)
6.1 建设工程施工合同概述 ………………………………………………… (176)
6.2 施工合同当事人及其他相关方 ………………………………………… (183)
6.3 施工合同的质量控制 …………………………………………………… (187)
6.4 建设工程施工合同的进度控制 ………………………………………… (194)
6.5 施工合同的投资控制 …………………………………………………… (201)
6.6 建设工程施工合同的其他管理 ………………………………………… (209)
6.7 案例分析 ………………………………………………………………… (216)
习题 ……………………………………………………………………………… (226)

第 7 章　国际工程合同管理 …………………………………………………… (232)
7.1 国际工程的概念和特点 ………………………………………………… (232)
7.2 国际工程合同管理的概念和特点 ……………………………………… (234)
7.3 FIDIC 合同条件概述 …………………………………………………… (237)
7.4 FIDIC《施工合同条件》的主要内容 ………………………………… (243)
习题 ……………………………………………………………………………… (248)

第 8 章　建设工程合同的变更和索赔管理 …………………………………… (250)
8.1 工程变更管理 …………………………………………………………… (250)
8.2 工程索赔概述 …………………………………………………………… (253)
8.3 索赔的程序和证据 ……………………………………………………… (256)
8.4 索赔的计算 ……………………………………………………………… (259)
8.5 案例分析 ………………………………………………………………… (264)
习题 ……………………………………………………………………………… (270)

第 9 章　建设工程信息管理 …………………………………………………… (273)
9.1 建设工程的信息管理概述 ……………………………………………… (273)
9.2 建设工程的信息管理流程 ……………………………………………… (275)
9.3 建设工程文件档案资料的管理 ………………………………………… (278)
9.4 建设工程信息管理系统 ………………………………………………… (285)
习题 ……………………………………………………………………………… (293)

参考文献 ………………………………………………………………………… (295)

第1章　合同管理概论

教学目标

知识要点	知识目标	专业能力目标
合同的概念和分类	1. 理解合同的概念； 2. 熟悉合同的分类方法； 3. 理解合同的特点	1. 掌握合同的概念； 2. 分清不同代理的区别； 3. 知道工程中常见的代理关系属于哪种代理关系； 4. 在实际的工程中能区别合同公证与合同签证
合同法律关系	1. 掌握合同法律关系的构成要素； 2. 掌握代理的概念和特征； 3. 熟悉不同代理的区别； 4. 掌握无权代理的几种情形； 5. 掌握委托代理和指定代理终止的有关规定	
工程合同管理的当事人资格	1. 熟悉建设工程合同的概念； 2. 熟悉建设工程合同中发包人、承包人等当事人的资格规定	
合同公证和合同签证的法律制度	1. 理解合同公证及合同鉴证的作用； 2. 掌握合同公证的概念； 3. 掌握合同鉴证的概念； 4. 掌握合同公证和合同鉴证的区别	

1.1　合同的概念和分类

1.1.1　合同的概念

合同是平等主体的自然人、法人、其他组织之间设立、变更、终止民事权利义务关系的协议。民法中的合同有广义和狭义之分。

1. 广义的合同

广义的合同是指两个以上的民事主体之间设立、变更、终止民事权利义务关系的协议。广义的合同除了民法中债权合同外，还包括物权合同、身份合同，以及行政法中的行政合同和劳动法中的劳动合同等。

2. 狭义的合同

狭义的合同是指债权合同，即两个以上的民事主体之间设立、变更、终止债权关系的协议。我国《合同法》中所称的合同，是指狭义上的合同。

此外，《合同法》第2条第2款还明确规定，"婚姻、收养、监护等有关身份关系的协议，适用其他法律的规定"。

总之，合同是指具有平等民事主体资格的当事人，为了达到一定目的，经过自愿、平等、协商一致后设立、变更、终止民事权利义务关系达成的协议。

在市场经济中，财产的流转主要依靠合同，特别是在工程项目大、履行时间长、协调关系多时，合同尤为重要。因此，建筑市场中的各方主体，包括建设单位、勘察设计单位、施工单位、咨询单位、监理单位、材料设备供应单位等都要依靠合同确立相互之间的关系。

合同具有如下特征：

① 合同是法律行为，是设立、变更或终止某种具体的法律关系的行为，其目的在于表达设定、变更或终止法律关系的愿望和意图。这种愿望和意图是当事人的意思表示，通过这种意思表示，当事人双方或多方产生一定的权利义务关系，但这种意思表示必须是合法的，否则，合同没有约束力，也不受国家法律的保护。

② 合同是以在当事人之间产生权利义务为目的的。合同当事人的协商，总是为了建立某种具体的权利义务关系，而一旦合同依法成立，这种对当事人有约束力的权利义务关系就建立起来了。任何一方当事人都必须履行自己所应履行的义务，如果不履行合同规定的义务，就是违反合同，就要承担相应的法律责任。

③ 合同是当事人双方或多方相互的意思表示一致，是当事人之间的协议。主要表现为：合同的成立，必须有两方或两方以上的当事人；当事人双方或多方必须互相意思表示；当事人的意思表示必须一致。

1.1.2　合同的分类

《合同法》的基本分类为：买卖合同，供用电、水、气、热力合同，赠与合同，借款合同，租赁合同，融资租赁合同，承揽合同，建设工程合同，运输合同，技术合同，保管合同，仓储合同，委托合同，行纪合同，居间合同等15种有名合同。

根据学理分析，合同分类如表1.1所示。

表 1.1　根据学理分析合同分类表

序号	类别	备　注
1	计划合同和非计划合同	按照是否依据国家有关计划，合同可以分为计划合同和非计划合同
2	双务合同与单务合同	按照当事人是否相互负有义务，合同可以分为双务合同与单务合同

续表

序号	类别	备　注
3	有偿合同与无偿合同	按照当事人之间的权利义务关系是否存在着对价关系,合同可以分为有偿合同与无偿合同
4	诺成合同与实践合同	按照合同的成立是否以递交标的物为必要条件,合同可以分为诺成合同与实践合同。诺成合同是指只要当事人双方意思表示达成一致即可成立的合同,它不以标的物的交付为合同成立的条件。实践合同是指除了当事人双方意思表示达成一致外,还必须实际交付标的物以后才能成立的合同
5	主合同与从合同	按照相互之间的从属关系,合同可以分为主合同与从合同。主合同是指不以其他合同的存在为前提而独立存在和独立发生效力的合同。从合同又称附属合同,是指不具备独立性,以其他合同的存在为前提而独立存在和独立发生效力的合同,如借贷关系中的担保合同
6	要式合同与非要式合同	按照法律对合同形式有无特别要求,合同可分为要式合同与非要式合同

1.2　合同法律关系

【引例1.1】

中学生李某,17周岁,身高175厘米,但面貌成熟,像二十七八岁。李某为了买一辆摩托车,欲将家中一套闲置房卖掉筹购车款。后托人认识张某,与张某签订了购房合同,张某支付定金5万元,双方遂到房屋管理部门办理房屋产权转让手续。李某父亲发现此事后,起诉至法院。

试问:该房屋买卖合同是否有效?为什么?

1.2.1　合同法律关系的构成

1.2.2.1　合同法律关系的概念及要素

1. 概念

合同法律关系是指由合同法律规范调整的、在民事流转过程中所产生的(通过当事人约定的)权利义务关系。

2. 要素

合同法律关系包括合同法律关系的主体、客体和内容3个要素。

1.2.2.2　合同法律关系的主体

合同法律关系的主体,是指参加合同法律关系,享有相应权利、承担相应义务的当事人。合同法律关系的主体可以是自然人、法人、其他组织。

1. 自然人

自然人是指基于出生而成为民事法律关系主体的有生命的人。作为合同法律关系主体的自然人必须具备相应的民事权利能力和民事行为能力。民事权利能力,是指国家通过法律赋予的民事主体享有权利和承担义务的地位和资格,即享有民事权利能力就可以参加民事活动,享有民事权利,承担民事义务。民事权利能力的开始和终止,始于出生,终于死亡。民事行为能力,指民事主体能够以自己的行为参加民事活动,享有民事权利,承担民事义务的地位和资格。根据自然人的年龄和精神健康状况,可以将自然人进一步分为完全民事行为能力人、限制民事行为能力和无民事行为能力人。

(1) 完全民事行为能力人

完全民事行为能力人是指在法律上能为完全有效法律行为的人。通常以精神健全的成年人为有行为能力人。《中华人民共和国民法通则》规定:18 周岁以上的公民是成年人,具有完全的民事行为能力,可以独立进行民事活动,是完全民事行为能力人。16 周岁以上不满 18 周岁的公民,以自己的劳动收入为主要生活来源的,视为完全民事行为能力人。

(2) 无民事行为能力人

无民事行为能力人是指不能为有效法律行为的人。他们不能因其所为法律行为取得权利和承担义务。一般包括:幼年人;不能独立处理自己事务、经法院宣告为丧失行为能力的精神病患者。自罗马法以来,各国立法对无行为能力人都设置监护人,以监督和保护他们的人身和财产等权利。《中华人民共和国民法通则》规定,不满 10 周岁的未成年人以及不能辨认自己行为的精神病人为无民事行为能力人,由他们的法定代理人代理民事活动。同时规定,无行为能力人的监护人是他的法定代理人。

(3) 限制民事行为能力人

限制民事行为能力人是指只有部分行为能力的人。这类公民是已达到一定年龄而未达到法定成年年龄,或者虽达到法定成年年龄但患有不能完全辨认自己行为的精神病,不能独立进行全部民事活动,只能进行部分民事活动的能力人。上述两种人,统称为限制民事行为能力人。《中华人民共和国民法通则》规定:10 周岁以上的未成年人是限制民事行为能力人,可以进行与他的年龄、智力相适应的民事活动;其他民事活动由他的法定代理人代理,或者征得他的法定代理人同意。该法还规定:不能完全辨认自己行为的精神病人是限制民事行为能力人,可以进行与他的精神状况相适应的民事活动;其他民事活动由他的法定代理人代理,或者征得他的法定代理人同意。

我国《民法通则》在民事主体中还使用"公民"一词,公民是指取得一国国籍并根据该国法律规定享有权利和承担义务的自然人,因此公民仅指具有一国国籍的自然人,而自然人还包括外国人和无国籍人。

2. 法人

法人是指按照法定程序成立,设有一定的组织机构,拥有独立的财产或独立经营管理的财产,能以自己的名义在社会经济活动中享有权利和承担义务,并能在法院起诉和应诉的社会组织。法人应当具备如下 4 个条件：

（1）依法成立——程序合法

法人不能自然产生，它的产生必须经过法定的程序。法人的设立目的和方式必须符合法律的规定，设立法人必须经过政府主管机关的批准或者核准登记。

（2）有必要的财产或经费——实体要件，也是承担责任的基础

有必要的财产或者经费是法人进行民事活动的物质基础。它要求法人的财产或者经费必须与法人的经营范围或者设立目的相适应，否则不能被批准设立或者核准登记。

（3）有自己的名称、组织机构和场所——外在表现

法人的名称是法人相互区别的标志和法人进行活动时使用的代号。法人的组织机构是指对内管理法人事务、对外代表法人进行民事活动的机构。法人的场所则是法人进行业务活动的所在地，也是确定法律管辖的依据。

（4）能独立承担民事责任——最本质的条件

法人必须能够以自己的财产或者经费承担在民事活动中的债务，在民事活动中给其他主体造成损失时能够承担赔偿责任。

法人的法定代表人是自然人，他依照法律或他的组织章程规定，代表法人行使职权。法人以它的主要办事机构所在地为住所（法人注册登记所在地）。

3. 其他组织

其他组织是指依法成立，但不具备法人资格，而能以自己的名义参与民事活动的经营实体或者法人的分支机构等社会组织。如法人的分支机构、不具备法人资格的联营体、合伙企业、个人独资企业等。

1.2.2.3　合同法律关系的客体

合同法律关系的客体，是指参加合同法律关系的主体享有的权利和承担的义务所共同指向的对象。合同法律关系的客体主要包括物、行为和智力成果。

1. 物

物是指可为人们控制并具有经济价值的生产资料和消费资料，如建筑材料、建筑设备、建筑物等。

2. 行为

行为是指人的有意识的活动。在合同法律关系中，多表现为完成一定的工作，如勘察设计、施工安装等。

3. 智力成果

智力成果是指通过人的智力活动所创造出的精神成果，包括知识产权、技术秘密等。

1.2.2.4　合同法律关系的内容

合同法律关系的内容是指合同约定的和法律规定的权利义务，也是合同的具体要求。它决定了合同法律关系的性质，也是联结合同主体的纽带。

1. 权利

权利是指合同法律关系主体在法定范围内，按照合同的约定有权按照自己的意志做出

的某种行为。

2. 义务

义务是指合同法律关系主体必须按法律规定或约定承担应负的责任。

【引例1.1小结】

该房屋买卖合同无效。因为当事人一方李某虽年满16周岁,但不是以自己的劳动收入作为生活来源,是限制民事行为能力人,不能处理重大的民事行为。房屋买卖属于重大的民事行为,李某不具备这种民事权利能力,无权处分房屋产权,因缔约主体资格不合格,该合同无效。加上李某的父亲事后对其卖房行为不予以追认,所以该房屋买卖合同是无效合同。

知识梳理

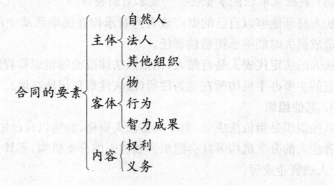

$$
合同的要素\begin{cases}主体\begin{cases}自然人\\法人\\其他组织\end{cases}\\客体\begin{cases}物\\行为\\智力成果\end{cases}\\内容\begin{cases}权利\\义务\end{cases}\end{cases}
$$

1.2.2 　代理关系

【引例1.2】

某矿泉水厂(以下简称甲方)为便于联系业务,扩大销路,聘请某机关后勤部门干部朱某担任业务顾问并支付津贴。朱某未通过单位有关领导私自以单位的名义,与甲方签订了一份购销矿泉水合同,并采取欺骗手段偷盖了单位印章。合同签订后,朱某又拿着合同到机关下属单位要求按合同购买矿泉水。不久,某机关(简称乙方)领导得知此事,指令机关下属单位拒绝收货。为此,甲乙双方发生纠纷,甲方以乙方不履行合同为由起诉到人民法院,要求乙方履行合同义务并赔偿损失。

试分析:朱某的代理行为是否违法?

1.2.2.1 　代理的概念和特征

代理是代理人在代理权限内,以被代理人的名义实施的、其民事责任由被代理人承担的法律行为。代理具有以下特征:

① 代理人必须在代理权限范围内实施代理行为;

② 代理人以被代理人的名义实施代理行为;

③ 代理人在被代理人的授权范围内独立地表现自己的意志;

④ 被代理人对代理行为承担民事责任。

1.2.2.2　代理的种类

根据代理权产生的依据不同,可将代理分为委托代理、法定代理和指定代理。

1. 委托代理

委托代理是基于被代理人对代理人的委托授权行为而产生的代理。在委托代理中,被代理人所做出的授权行为属于单方的法律行为,仅凭被代理人一方的意思表示,即可以发生授权的法律效力。被代理人有权随时撤销其授权委托。代理人也有权随时辞去所受委托。但代理人辞去委托时,不能给被代理人和善意第三人造成损失,否则应负赔偿责任。

在建设工程中涉及的代理主要是委托代理,如委托监理、招标代理等。

2. 法定代理

法定代理是指根据法律的直接规定而产生的代理。法定代理主要是为维护无行为能力人或限制行为能力人的利益而设立的代理方式。

3. 指定代理

指定代理是根据人民法院和有关单位的指定而产生的代理。指定代理只在没有委托代理人和法定代理人的情况下才适用。在指定代理中,被指定的人称为指定代理人,依法被指定为代理人的,如无特殊原因不得拒绝担任代理人。

1.2.2.3　无权代理

无权代理是指行为人没有代理权而以他人名义进行民事、经济活动。无权代理行为包括以下几种情况:

① 没有代理权而为的代理行为;

② 超越代理权限而为的代理行为;

③ 代理权终止而为的代理行为。

对于无权代理行为,"被代理人"可以根据无权代理行为的后果对自己有利或不利的原则,行使"追认权"或"拒绝权"。行使追认权后,将无权代理行为转化为合法的代理行为,但"本人知道他人以自己的名义实施民事行为不作否认表示的,视为同意"。

1.2.2.4　代理关系的终止

1. 委托代理关系的终止

委托代理关系的终止包括以下几种情况:

① 代理期届满或者代理事项完成;

② 被代理人取消委托或代理人辞去委托;

③ 代理人死亡或代理人失去民事行为能力;

④ 作为被代理人或者代理人的法人终止。

2. 指定代理或法定代理关系的终止

指定代理或法定代理关系的终止包括以下几种情况:

① 被代理人取得或者恢复民事行为能力;

② 被代理人或代理人死亡；

③ 指定代理的人民法院或指定单位撤销指定；

④ 监护关系终止。

【引例 1.2 小结】

此案中的朱某虽然是乙方的干部，但他不是乙方的法定代理人或负责人。他若以乙方名义与他人签订合同，必须由乙方的法定代表人授予其代理权方可。其法律依据是合同法第 48 条。但朱某在没有取得代理权的情况下，私下代表乙方与甲方签订合同，该行为是无权代理行为。对该代理行为，乙方事后又不予追认。因此，朱某以乙方名义与甲方签订的购销合同，对乙方不发生法律效力。甲方要求乙方履行合同的要求不能支持。甲方的损失应由行为人朱某自行承担，乙方不承担任何法律责任。

知识梳理

$$
代理\begin{cases}
代理类型\begin{cases}委托代理\\指定代理\\法定代理\end{cases}\\
无权代理\begin{cases}没有代理权而为的代理行为\\超越代理权限而为的代理行为\\代理权终止而为的代理行为\end{cases}\\
代理终止\begin{cases}委托代理关系的终止\\指定代理或法定代理关系的终止\end{cases}
\end{cases}
$$

1.2.3　合同法律关系的产生、变更与终止

1.2.3.1　合同法律关系的产生、变更与终止的条件

合同法律关系并不是由合同法律规范本身产生的，合同法律关系只有在具有一定的条件下才能产生、变更或终止。

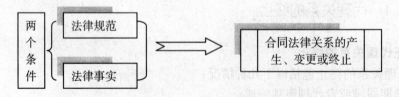

图 1.1　合同法律关系的产生、变更或终止条件

1.2.3.2　法律事实的概念

能够引起合同法律关系产生、变更或终止的客观现象和事实，就是法律事实。法律事实包括行为和事件。

　　合同法律关系是不会自然而然地产生,也不能仅凭法律规范规定就可在当事人之间发生具体的合同法律关系。只有一定的法律事实存在,才能在当事人之间发生一定的合同法律关系,或使原来的合同法律关系发生变更或终止。

1. 行为

　　行为是指法律关系主体有意识的活动,能够引起法律关系发生变更和消灭的行为,包括作为和不作为两种表现形式。

　　行为还可分为合法行为和违法行为。凡符合国家法律规定或为国家法律所认可的行为是合法行为,凡违反国家法律规定的行为是违法行为。此外,行政行为和发生法律效力的法院判决、裁定以及仲裁机构发生法律效力的裁决等,也是一种法律事实,也能引起法律关系的发生、变更或终止。

2. 事件

　　事件是指不以合同法律关系主体的主观意志为转移而发生的、能够引起合同法律关系产生、变更、终止的客观现象。这些客观事件的出现与否,是当事人无法预见和控制的。

　　事件可分为自然事件和社会事件两种。自然事件是指由于自然现象所引起的客观事实,如地震、台风等。社会事件是指由于社会上发生了不以个人意志为转移的、难以预料的重大事变所形成的客观事实,如战争、罢工等。

　　行为和事件的根本区别在于是否是以合同法律关系主体的主观意志为转移而发生的。

合同法律关系的产生、变更与终止(法律事实) $\left\{\begin{array}{l}\text{行为}\left\{\begin{array}{l}\text{合法行为}\\\text{违法行为}\end{array}\right.\\\text{事件}\left\{\begin{array}{l}\text{自然事件}\\\text{社会事件}\end{array}\right.\end{array}\right.$

1.3　工程合同管理的当事人资格

1.3.1　建设工程合同的当事人

　　建设工程合同是《合同法》中 15 种有名合同之一,是指在工程建设过程中发包人与承包人依法订立的、明确双方权利义务关系的协议。

　　在建设工程合同中,承包人的主要义务是进行工程建设,权利是得到工程价款;发包人的主要义务是支付工程价款,权利是得到完整、符合约定的建筑产品。

　　发包人、承包人是建设工程合同的当事人。发包人、承包人必须具备一定的资格,才能成为建设工程合同的合法当事人,否则,建设工程合同可能因主体不合格而导致无效。

1.3.2　几种常见的合同当事人

1.3.2.1　发包人主体资格

发包人有时也称发包单位、建设单位、业主或项目法人。发包人是指在协议书中约定、具有工程发包主体资格和支付工程价款能力的当事人以及取得该当事人资格的合法继承人。发包人的主体资格也就是进行工程发包并签订建设工程合同的主体资格。

根据《中华人民共和国招标投标法》（以下简称《招标投标法》）第9条规定："招标人应当有进行招标项目的相应资金或者资金来源已经落实，并应当在招标文件中如实载明。"这就要求发包人有支付工程价款的能力。《招标投标法》第12条规定："招标人具有编制招标文件和组织评标能力的，可以自行进行办理招标事宜。"综上所述，发包人进行工程发包应当具备下列基本条件：

① 应当具有相应的民事权利能力和民事行为能力；

② 实行招标发包的，应当具有编制招标文件和组织评标的能力或者委托招标代理机构代理招标事宜；

③ 进行招标项目的相应资金或者资金来源已经落实。

发包人的主体资格除应符合上述基本条件外，还应符合国家有关规定。

1.3.2.2　承包人的主体资格

承包商是指拥有一定数量的建筑装备、流动资金、工程技术、经济管理人员及一定数量的工人，取得建设行业相应资质证书和营业执照的，能够按照业主的要求提供不同形态的建筑产品并最终得到相应工程价款的建筑施工企业。

《建筑法》第13条规定：建筑施工企业按照其拥有的注册资本、专业技术人员、技术装备和已完成的建筑工程业绩等资质条件，划分为不同的资质等级，经资质审查合格，取得相应等级的资质证书后，方可在其资质等级许可的范围内从事建筑活动。

承包商可按其所从事的专业分为土建、水电、道路、港口、铁路、市政工程等专业公司。在市场经济条件下，承包商需要通过市场竞争（投标）取得施工项目，需要依靠自身的实力去赢得市场，承包商的实力主要包括4个方面：

1. 技术方面的实力

有精通本行业的工程师、造价师、经济师、会计师、项目经理、合同管理等专业人员队伍；有施工专业装备；有承揽不同类型项目施工的经验。

2. 经济方面的实力

具有相当的周转资金用于工程准备；具有一定的融资和垫付资金的能力；具有相当的固定资产和为完成项目须购入大型设备所需的资金；具有支付各种担保和保险的能力；有承担相应风险的能力。若承担国际工程，还须具备筹集外汇的能力。

3. 管理方面的实力

建筑承包市场属于买方市场，承包商为打开局面，往往需要低利润报价取得项目。必须在成本控制上下工夫，向管理要效益，并采用先进的施工方法提高工作效率和技术水平。因此必须具有一批高水平的项目经理和管理专家。

4. 信誉方面的实力

承包商一定要有良好的信誉,这将直接影响企业的生存与发展。要建立良好的信誉,就必须遵守法律法规,承担国外工程的能按国际惯例办事,保证工程质量、安全、工期,文明施工,能认真履约。承包商招揽工程,必须根据本企业的施工力量、机械装备、技术力量、施工经验等方面的条件选择适合发挥自己优势的项目,避开企业不擅长或缺乏经验的项目,做到扬长避短,避免给企业带来不必要的风险和损失。

1.3.2.3　其他合同主体资格

工程咨询服务机构是指具有一定注册资金,具有一定数量的工程技术、经济管理人员,取得建设咨询证书和营业执照,能为工程建设提供估算测量、管理咨询、建设监理等智力型服务并获取相应费用的企业。

工程咨询服务企业包括勘察设计机构、工程造价咨询单位、招标代理机构、工程监理公司、工程项目管理公司等。这类企业主要是向业主提供工程咨询和管理服务,弥补业主对工程建设过程不熟悉的缺陷,在国际上一般称为咨询公司。

工程咨询服务企业受业主委托或聘用,与业主订有协议书或合同,因而对项目的实施负有相当重要的责任。

1. 工程监理企业

工程监理企业资质分为综合资质、专业资质和事务所资质。其中,专业资质按照工程性质和技术特点划分为若干工程类别;综合资质、事务所资质不分级别。专业资质分为甲级和乙级;其中,房屋建筑、水利水电、公路和市政公用专业资质可设立丙级。综合资质可以承担所有专业工程类别建设工程项目的工程监理业务。专业甲级资质可承担相应专业工程类别建设工程项目的工程监理业务。专业乙级资质可承担相应专业工程类别二级以下(含二级)建设工程项目的工程监理业务。专业丙级资质可承担相应专业工程类别三级建设工程项目的工程监理业务。事务所资质可承担三级建设工程项目的工程监理业务,但是,国家规定必须实行强制监理的工程除外。

2. 工程招标代理机构

资质等级划分为甲级和乙级。乙级招标代理机构只能承担工程投资额在(不含征地费、大市政配套费与拆迁补偿费)3 000 万元以下的工程招标代理业务,地区不受限制;甲级招标代理机构承担工程的范围和地区不受限制。

3. 工程造价咨询机构

资质等级划分为甲级和乙级。乙级工程造价咨询机构在本省、自治区、直辖市所辖行政区范围内承接中、小型建设项目的工程造价咨询业务;甲级工程造价咨询机构承担工程的范围和地区不受限制。工程咨询单位的资质评定条件包括注册资金、专业技术人员和业绩 3个方面的内容,不同资质等级的标准均有具体规定。

1.4　合同公证和合同签证

1.4.1　合同公证

【引例 1.3】　合同公证书的格式

合同公证书

（　）××字第××号

兹证明当事人×××、×××(应写明姓名、年龄、性别、职业、住址、民族等内容)于×年×月×日来到我处(或者某地点),在我的面前,自愿在前面的《×××合同》上签字(或者盖章,同时应写明合同名称、合同编号、合同签订日期、生效日期等主要内容)。

经审查,×××、×××(当事人姓名)所签订的《×××合同》符合《×××法》和《××××条例》(或者其他法律法规,列出名称及条款)第×条之规定,是合法有效的。

中华人民共和国××市(县)公证处

公证员:×××(签名)

×年×月×日

1.4.1.1　合同公证的概念与原则

合同公证,是指国家公证机关根据当事人双方的申请,依法对合同的真实性与合法性进行审查并予以确认的一种法律制度。合同公证是国家对合同的签订、履行实行监督管理,预防纠纷、减少诉讼,维护当事人合法权益的重要法律手段。我国的公证机关是公证处,经省、自治区、直辖市司法行政机关批准设立。

它具有如下法律特征:

① 合同公证的双方当事人即主体是特定的;

② 合同公证的对象,即证明对象,是双方当事人订立的合同;

③ 合同公证不是订立所有合同的必经程序;

④ 合同公证是一种非诉讼法律行为,其目的是通过公证活动,证明合同的真实性和合法性,以保障合同的履行,维护当事人双方的合法权益。

合同公证一般实行自愿公证的原则。公证机关进行公证的依据是当事人的申请,这是自愿原则的主要体现。

在建设工程领域,除了证明合同本身的合法性与真实性外,在合同履行过程中有时也需要公证。如承包人已经进场,但在开工前发包人违约而导致合同解除,承包人撤场前如果双方无法对赔偿达成一致,则可以对承包人已经进场的材料设备数量进行公证,即进行证据保全,为以后纠纷解决留下证据。

1.4.1.2 合同的公证程序

当事人申请公证,应当亲自到公证处提出书面或口头申请,如果委托别人代理,必须提出有代理权的证件。国家机关、团体、企业、事业单位申请办理公证,应当派代表到公证处,代表人应当提出有代表权的证明信。

公证员对合同进行全面审查,既要审查合同的真实性和合法性,又要审查当事人的身份和行使权利、履行义务的能力。公证处对当事人提供的证明,认为不完备或有疑义时,有权通知当事人做出必要的补充或向有关单位、个人调查,索取有关证件和材料。

公证员对申请公证的合同,在经过审查认为符合公证原则,应当制作公证书发给当事人。对于追偿债款、物品的债券文书,经公证处公证后,该文书具有强制执行的效力。一方当事人不按文书规定履行,对方当事人可以向有管辖权的基层人民法院申请执行。

1.4.2 合同鉴证

1.4.2.1 合同鉴证的概念和原则

合同鉴证是指合同管理机关根据当事人双方的申请对其所签订的合同进行审查,以证明其真实性和合法性,并督促当事人双方认真履行的法律制度。

我国的合同鉴证实行自愿原则,合同鉴证根据双方当事人的申请办理。经过鉴证的合同,由于已经证明了合同的合法性与真实性,当事人在签订合同时,由于对对方的主体资格、履约能力等情况的真实性和可靠性了解程度有限,或者对合同的内容和形式是否符合法律的规定没有把握,在这种情况下,通过合同管理机关对合同的真实性、合法性和有效性作出证明就很有必要,对减少争议和欺诈,提高双方的相互信任程度,提高履约率具有十分重要的作用。

我国的鉴证机关是县级以上的工商行政管理局。有条件的工商行政管理所,在经过上级机关确定后,可以以县(市)、区工商行政管理局的名义办理鉴证。

合同鉴证可以到合同签订地、合同履行地工商行政管理机关办理,经过工商行政管理机关登记的当事人,还可以到登记机关所在地办理鉴证。合同当事人商定到登记机关所在地工商行政管理机关办理鉴证,但双方当事人不在同一地登记或虽在同一地但不在同一登记机关登记的,由当事人选择。

1.4.2.2 合同鉴证的程序

合同鉴证包括申请、受理、审查和鉴证 4 个环节。

1. 申请

申请合同鉴证双方当事人应当提出合同鉴证申请。

2. 受理

工商行政管理局在接到当事人要求办理合同鉴证的申请后,首先要审查该合同的鉴证权是否属于本局。属于本局管辖的,应当受理。对于不属于本局管辖的,就告知当事人向有管辖权的工商行政管理局重新提出申请。

3. 审查

工商行政管理局决定受理合同鉴证申请后,鉴证人员应当认真审查当事人双方提供的合同文本及有关证明材料是否真实合法。合同在经过审查符合要求,才可以予以鉴证;否则,应当及时告知当事人进行必要的补充或修正后,方可鉴证。

4. 鉴证

工商行政管理局在审查合同双方当事人提供的合同文本及有关证明材料后,认为符合鉴证条件的,应当对合同予以鉴证。鉴证人员应当在合同文本上签名并加盖工商行政管理局合同鉴证章。

对于条款不完备、文字表述不准确的合同,应督促当事人重新补充和修正,然后再予以鉴证。

对于不真实、不合法的合同,鉴证人员应当向当事人说明不予鉴证的理由,并在合同文本上注明。

1.4.2.3　合同鉴证的作用

合同鉴证的作用有以下几点:

① 经过鉴证审查,可以使合同的内容符合国家法律、行政法规的规定,有利于纠正违法合同;

② 经过鉴证审查,可以使合同的内容更加完备,预防和减少合同纠纷;

③ 经过鉴证审查,便于合同管理机关了解情况,督促当事人认真履行合同,提高履约率。

1.4.3　合同公证与鉴证的相同点与区别

1.4.3.1　合同公证与鉴证的相同点

合同公证与鉴证,除另有规定外,都实行自愿申请原则;合同鉴证与公证的内容和范围相同;合同鉴证与公证的目的都是证明合同的合法性与真实性。

1.4.3.2　合同公证与鉴证的区别

1. 合同公证与鉴证的性质不同

合同鉴证是工商行政管理机关依据《合同鉴证办法》行使的行政管理行为。而合同公证则是司法行政管理机关领导下的公证机关依据《公证暂行条例》行使公证权所做出的司法行政行为。

2. 合同公证与鉴证的效力不同

经过公证的合同,其法律效力高于经过鉴证的合同。按照《民事诉讼法》的规定,经过法定程序公证证明的法律行为、法律事实和文书,人民法院应当作为认定事实的根据。但有相反证据足以推翻公证证明的除外。对于追偿债款、物品的债权文书,经过公证后,该文书还有强制执行的效力。而经过鉴证的合同则没有这样的效力,在诉讼中仍需要对合同进行质证,人民法院应当辨别真伪,审查确定其效力。

3. 合同公证与鉴证的适应范围不同

公证作为司法行政行为,按照国际惯例,在我国域内和域外都有法律效力。而鉴证作为行政管理行为,其效力只限于我国国内。

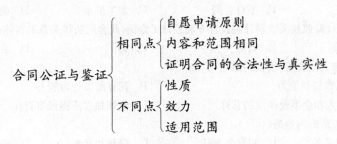

合同公证与鉴证
- 相同点
  - 自愿申请原则
  - 内容和范围相同
  - 证明合同的合法性与真实性
- 不同点
  - 性质
  - 效力
  - 适用范围

本 章 小 结

1. 合同有广义和狭义之分。我国《合同法》中所称的合同,是指狭义上的合同。

2. 合同法律关系的主体可以是自然人、法人、其他组织;客体主要包括物、行为和智力成果;内容是指合同约定的和法律规定的权利义务。

3. 代理分为委托代理、法定代理和指定代理。无权代理是指行为人没有代理权而以他人名义进行的民事、经济活动。

4. 发包人、承包人是建设工程合同的当事人。发包人、承包人必须具备一定的资格,才能成为建设工程合同的合法当事人。

5. 合同公证与鉴证,除另有规定外,都实行自愿申请原则;内容和范围相同;目的都是证明合同的合法性与真实性。合同公证与鉴证性质、效力和适用范围不同。

习 题

1. 单项选择题

(1) 下列协议中哪个适用《合同法》?(　　)。

    A. 甲与乙签订的遗赠扶养协议　　　　B. 乙与丙签订的监护责任协议

    C. 丙与丁集体经济组织签订的联产承包协议　　D. 丁与戊企业签订的企业承包协议

(2) 下列不受《合同法》调整的是(　　)。

    A. 平等主体之间的民事关系

    B. 自然人之间的关系

    C. 有关收养的协议

    D. 法人和其他经济组织之间的经济贸易合同关系

(3) 法律意义上的物是指(　　)的生产资料和消费资料。

    A. 可为人们控制的并具有经济价值　　B. 可为人们占有的并具有经济价值

    C. 可为人们控制的并具有使用价值　　D. 可为人们占有的并具有使用价值

(4) 为保护无行为能力人和限制行为能力人的合法权益而设立的代理形式是（　　）。

  A. 有权代理 B. 法定代理   C. 指定代理   D. 委托代理

(5) 工程建设中甲施工企业的乙项目经理在行驶职权时产生的法律后果由（　　）承担。

  A. 乙项目经理 B. 甲施工企业 C. 建设单位   D. 具体施工人员

(6) 对于当事人而言,所在国暴发罢工是一种（　　）。

  A. 合法行为   B. 违法行为   C. 自然事件   D. 社会事件

(7) 业主委托监理单位进行招标的行为是（　　）。

  A. 委托代理   B. 委托监理   C. 指定代理   D. 复代理

(8) 下列各项中,属于法律事实中事件的是（　　）。

  A. 开始施工   B. 签订合同   C. 发生洪水   D. 业主违约

(9) 某单位与设计院就购买该设计院设计专利签订了合同,此合同法律关系的客体是（　　）。

  A. 智力成果   B. 行为   C. 物   D. 活动

(10) 下列关于法人的表述,错误的是（　　）。

  A. 具有民事权利能力   B. 具有民事行为能力

  C. 是自然人和企事业单位的总称 D. 能够独立承担民事责任

(11) 合同法律关系的内容是（　　）。

  A. 权利和义务 B. 权利和责任 C. 权利和义务 D. 权利和责任

(12) 甲建设单位和乙水泥厂签订了水泥购销合同,该合同法律关系的客体是（　　）。

  A. 物   B. 财   C. 行为   D. 智力成果

(13) 乙未经甲授权,却持有甲的授权委托书以甲代理人的名义与丙签订了买卖合同,那么,乙以甲代理人的名义与丙订立的合同是（　　）。

  A. 效力待定   B. 无效

  C. 有效   D. 经过乙催告甲后生效

(14) 项目总监理工程师是监理单位的代理人,这种代理是（　　）。

  A. 委托代理   B. 法定代理   C. 指定代理   D. 转代理

(15) 下列关于合同公证的说法,正确的是（　　）。

  A. 合同公证只能确认合同的真实性

  B. 合同公证由工商行政管理机关作出

  C. 合同公证的效力只限于国内

  D. 经公证的合同,法律效力高于经过鉴证的合同

2. 简答题

(1) 合同法律关系由哪些要素构成?

(2) 法人应当具备哪些条件?

(3) 代理的特征有哪些?

(4) 代理的种类有哪些?

第2章 《合同法》的基本理论

 教学目标

知识要点	知识目标	专业能力目标
《合同法》概述	1. 了解《合同法》的产生及内容框架； 2. 理解《合同法》的立法基本原则	
合同的订立	1. 熟悉合同一般条款的构成； 2. 掌握合同订立的程序； 3. 掌握要约的法律规定； 4. 掌握承诺的法律规定； 5. 掌握合同成立的时间及地点的法律规定	
合同的效力	1. 理解合同生效的内含； 2. 掌握附期限和附条件两类合同的效力规定； 3. 掌握效力待定合同的规定； 4. 掌握无效合同的类型； 5. 掌握可变更和可撤销合同的类型	1. 培养学生信守合同的法律意识；
合同的履行、变更和转让	1. 掌握合同履行的概念及合同履行的原则及一般规定； 2. 掌握合同履行中抗辩权的概念； 3. 理解不同抗辩权的区别； 4. 掌握合同变更的概念； 5. 掌握合同转让的类型	2. 引导学生利用合同订立程序，掌握签订合同的主动权，培养学生市场经济意识； 3. 提高学生明辨是非、谨防合同欺诈的能力
合同终止	1. 掌握合同终止的概念； 2. 掌握合同终止的类型； 3. 合同的解除	
违约责任	1. 掌握违约责任的概念； 2. 熟悉违约责任的情形	
合同争议的解决	1. 掌握合同争议解决的方式； 2. 掌握仲裁和诉讼的区别	
建设工程合同	1. 熟悉《合同法》中建设工程合同的条款内容； 2. 建设工程合同条款在工程实践中的应用	

2.1 《合同法》概述

【引例 2.1】

某地农民贾某的父亲收藏了一幅齐白石的画,一直秘而不宣。其父亲去世后,贾某收拾遗物时发现了该画。由于贾某文化不高,不知齐白石画的价值。一日,某市干部刘某下乡检查工作,住在贾某家,发现了这幅画。于是刘某以极低的价格买下了这幅画。后来贾某通过电视知道齐白石的画的价值,便通过十分曲折的途径找到刘某,要求退画。刘某以双方自愿买卖为由,拒绝退回。

试分析:刘某的行为违反了《合同法》的哪些原则?

2.1.1 《合同法》的概念及构成框架

2.1.1.1 《合同法》的概念

《中华人民共和国合同法》(以下简称《合同法》)于 1999 年 3 月 15 日中华人民共和国第九届全国人民代表大会第二次会议通过,共 23 章 428 条,分为总则、分则和附则 3 部分。其中总则部分将各类合同所涉及的共性问题进行了统一规定,包括一般规定、合同的订立、合同的效力、合同的履行、合同的变更和转让、合同的权利义务终止、违约责任和其他规定等内容。分则部分分别对买卖合同,供用电、水、气、热力合同,赠与合同和借款合同等 15 类典型合同进行了具体的规定。附则部分规定了《合同法》自 1999 年 10 月 1 日起施行。

《合同法》是调整平等民事主体间利用合同进行财产流转或交易而产生的社会关系的法律规范的总称。主要规范合同的订立、效力、履行、变更、转让、终止、违反合同的责任和各类有名合同等问题。广义的合同法泛指上述与合同管理有关的各种法律、法规、政策等。狭义的合同法仅指现行的《合同法》本身。

2.1.1.2 《合同法》的构成框架

现行《合同法》由总则、分则、附则 3 部分构成。其中,总则部分共 8 章 229 条,分则部分共 15 章 198 条,附则部分共 1 条。

1. 总则

《合同法》的总则(第 1 章到第 8 章),是合同运行的一般规则,适用于各类合同。包括 8 个部分:一般规定、合同的订立、合同的效力、合同的履行、合同的变更和转让、合同权利及义务的终止、违约责任、其他规定。这 8 个部分包含了合同运行的各个环节。

2. 分则

《合同法》分则(第 9 章到第 23 章)是关于各种有名合同(列名合同或典型合同)的规定,

目的是将那些已经普遍化，在生产生活中发挥重要作用，内容、特征较为确定的交易形态在立法上加以认可。分则中规定了 15 种有名合同，建设工程合同就是其中的一种。

3. 附则

附则中规定了本法的施行时间和原有法律的废止。

2.1.2 合同法的基本原则

《合同法》的基本原则是《合同法》的主旨和根本准则，也是制定、解释、执行和研究合同法的出发点。合同法共有以下 5 个基本原则。

1. 平等原则

《合同法》第 3 条规定：合同当事人的法律地位平等，一方不得将自己的意志强加给另一方。平等原则主要表现在以下 3 个方面：

① 合同当事人法律地位一律平等；

② 合同中的权利和义务对等；

③ 合同中的条款充分协商，取得一致后，合同才能成立。

2. 自愿原则

《合同法》第 4 条规定：当事人依法享有自愿订立合同的权利，任何单位和个人不得非法干预。自愿原则主要表现在以下 5 个方面：

① 当事人有订立合同的自由及选择相对人的自由；

② 当事人有确立合同内容的自由，法律尊重当事人的选择；

③ 当事人享有合同形式自由，除法律另有规定的以外，当事人可自主确定以何种形式成立合同；

④ 当事人有变更或解除合同的自由，经协商一致，当事人可以随时变更或解除合同；

⑤ 当事人有选择违约补救方式的自由。

3. 公平原则

《合同法》第 5 条规定当事人应当遵循公平原则确定各方的权利和义务。具体表现在：

① 在订立合同时的公平，显失公平的合同可以撤销；

② 在发生合同纠纷时公平处理，既要切实保护守约方的合法利益，又不能使违约方因较小的过失承担过重的责任；

③ 在极个别的情况下，因客观情势发生异常变化，履行合同使当事人之间的利益重大失衡，应公平地调整当事人之间的利益。

4. 诚实信用原则

《合同法》第 6 条规定当事人行使权利、履行义务应当遵循诚实信用原则，具体体现在：

（1）在合同订立阶段应遵循诚实信用原则

在合同订立阶段，应依据诚实信用原则，负有忠实、诚实、保密、相互照顾和协助的附随义务。任何一方都不得采用恶意谈判、欺诈等手段牟取不正当利益，并致他人损害，也不得披露或不正当地使用他人的商业秘密。

（2）合同订立后在履行前应遵循诚实信用原则

当事人双方应严守诺言，认真做好各种履约准备。如一方有确切的证据证明对方在履约前经营状况严重恶化,或存在其他法定情况,可以依据法律的规定,暂时中止合同的履行,并要求对方提供履约担保。

(3) 合同的履行应遵循诚实信用原则

当事人应根据合同的性质、目的及交易习惯履行通知、协助和保密的义务。

(4) 合同终止以后应遵循保密和忠实的义务

在合同关系终止以后,双方当事人不再承担义务,但亦应承担某些必要的附随义务(如保密、忠实等义务)。

(5) 合同的解释应遵循诚实信用原则

当事人在订立合同时所使用文字、词句可能有所不当,未能将其真实意思表达清楚,或合同未能明确各自的权利义务关系,使合同难以正确履行,从而发生纠纷,此时法院或仲裁机构应依据诚实信用原则,考虑各种因素以探求当事人的真实意思,并正确地解释合同,从而判明是非,确定责任。

5. 合法原则

《合同法》第 7 条规定:当事人订立、履行合同,应当遵守法律、行政法规,尊重社会公德,不得扰乱社会经济秩序,损害社会公共利益。具体包括以下几点:

① 当事人在订约和履行中必须遵守全国性的法律和行政法规;

② 当事人必须遵守社会公德,不得违背社会公共利益。

【引例 2.1 小结】

主要违反了诚实信用原则和公平原则,因为刘某作为干部,具有较高的文化水平,在知道齐白石画具有极高的价值情况下,而以与画作价值严重不对等的价格买下,说明了刘某在刻意隐瞒这一事实,其与农民贾某所订立的合同明显不公平。

2.2　合同的订立

2.2.1　合同的内容与主要条款

合同内容是指当事人之间就设立、变更或者终止权利义务关系表示一致的意思。合同内容通常称为合同条款。合同条款包括一般条款和格式条款。

1. 一般条款

根据《合同法》的规定,合同的内容一般包括的条款如表 2.1 所示。

2. 合同的格式条款

格式条款是当事人为了反复使用而事先拟定,并在订立合同时未与对方协商的条款。按通常理解予以解释,如有两种以上解释的,应遵循不利于条款提供人的原则进行解释。格式条款无效的情形如下:

表 2.1 合同一般条款的构成

当事人的名称和住所	不写明当事人,就无法确定权利的享受者和义务的承担者,发生纠纷也无法解决
标的	是合同成立的必要条件,是一切合同的必备条款
数量	是对标的的计量,在大多数合同中,没有数量,合同不能成立
质量	合同中必须对质量明确加以规定,国家有强制性标准规定的,必须按照规定的标准执行
价款或者报酬	是一方当事人向对方当事人所付代价的货币支付
履行期限、地点和方式	期限是指合同中规定的一方当事人向对方当事人履行义务的时间界限;地点是指合同规定的当事人履行合同义务和对方当事人接受履行的地点;方式是指合同当事人履行合同义务的具体做法
违约责任	约定定金或违约金,约定赔偿金额以及赔偿金的计算方法等
解决争议的方法	可以选择的解决争议的方法主要有:当事人协商和解、第三人调解、仲裁、诉讼

① 一方以欺诈、胁迫的手段订立格式条款,损害国家利益的。

② 恶意串通,损害国家、集体或第三人利益的。

③ 以合法形式掩盖非法目的的。

④ 损害社会公共利益的。

2.2.2 合同订立的方式

当事人订立合同,有书面形式、口头形式和其他形式。订立合同一般宜采用书面形式。《合同法》第 10 条第 2 款规定:"法律、行政法规规定采用书面形式的,应当采用书面形式。当事人约定采用书面形式的,应当采用书面形式。"建设工程合同应当采用书面形式。合同的订立,是订立合同的双方当事人作出意思表示并达成一致的一种状态。它描述的是订约双方从接触、洽商直至达成合意的全过程,是动态行为与静态协议的统一体。合同的订立与合同的生效不同。合同的订立反映的是当事人的意思自治,是当事人自由协商的结果;而合同的生效反映的是国家通过法律对合同的肯定评价,是法律认可当事人的意思的结果。

2.2.3 合同订立的程序

【引例 2.2】

某市一百货公司出一个广告,内容如下:本百货公司将在 5 月 1 日这一天举行酬宾活动,凡在此日到我百货公司一层购买 A 牌热水器的顾客,均可享受 5 折优惠(原价 1 200元),广告有效期至 5 月 1 日。但是,在 5 月 1 日这一天,由于前来购买热水器的顾客太多,于是该百货公司称其撤销该公告,拒绝以五折的价格出售。

试分析:① 百货公司的广告是要约还是要约邀请? 理由是什么?

② 百货公司是否有权撤销广告? 理由是什么?

【引例 2.3】

甲厂向乙单位去函表示:"本厂生产的 W 型电话机,每台单价 90 元。如果贵单位需要,请与我厂联系。"乙单位回函:"我部门愿向贵厂订购 W 型电话机 500 台,每台单价 85 元。"两个月后,乙单位收到甲厂发来的 500 台电话机,但每台价格仍为 90 元,于是拒收。为此甲厂以乙单位违约为由起诉于法院。

试分析:乙单位是否违约? 理由是什么?

《合同法》第 13 条规定:"当事人订立合同,采取要约、承诺方式。"

2.2.3.1　要约

1. 要约的概念

要约,在贸易实践中又称发盘、发价,是指一方当事人以缔结合同为目的,向相对人所作的意思表示。发出要约的人称为要约人,受领要约的人称为受要约人或者要约相对人。

我国《合同法》第 14 条规定:"要约是希望和他人订立合同的意思表示。"

2. 要约的构成条件

要约应当符合如下规定:

① 要约必须由特定的当事人作出;

② 要约必须向要约人希望与之订立合同的受要约人发出;

③ 要约的内容必须具体确定;

④ 要约必须具有订立合同的目的。

有些合同在要约之前还会有要约邀请。所谓要约邀请,是指希望他人向自己发出要约的意思表示。要约邀请并不是合同成立过程中的必经过程,它是当事人订立合同的预备行为,这种意思表示的内容往往不确定,不含有合同得以成立的主要内容和相对人同意后受其约束的表示,在法律上无需承担责任。寄送的价目表、拍卖公告、招标公告、招股说明书、商业广告等为要约邀请。商业广告的内容符合要约规定的,视为要约。

3. 要约邀请与要约的不同之处

(1) 目的和功能不同

要约的目的是订立合同;要约邀请的目的在于唤起别人的注意。

(2) 内容明确具体程度不同

要约内容是明确具体的,而要约邀请的内容则不然。

(3) 效力不同

要约是一种意思表示,要约发出后即产生一定的法律约束力;要约邀请是订立合同的预备行为,性质上属于事实行为,不具有法律意义。

例如,甲向乙表示,将其一块手表作价 300 元卖给乙,甲的意思表示即为要约。但如果甲只是告诉乙,其欲将手表变卖,问乙有无购买之意,则甲的意思表示仅为要约邀请。

4. 要约的生效

要约到达受要约人时生效。要约的生效因要约的形式不同而有所不同。

① 对话形式的要约,自受要约人了解时生效。所谓"对话形式",指相对人可以同步受领的形式。

② 非对话形式的要约,自到达受要约人时生效。

③ 采用数据电文形式进行要约的,收件人指定特定系统接收数据电文的,该数据电文进入该特定系统的时间,视为到达时间;未指定特定系统的,该数据电文进入收件人的任何系统的首次时间,视为到达时间。

例如,张三通过信件的形式向李四提出,愿意将其一辆小汽车作价 10 万元卖给李四,希望李四答复。则李四收到张三该信函的时间即为张三所作出的要约(作价 10 万元变卖小汽车)生效的时间。

5. 要约的撤回和撤销

要约可以撤回,撤回要约的通知应当在要约到达受要约人之前或者与要约同时到达受要约人。要约可以撤销,撤销要约的通知应当在受要约人发出承诺通知之前到达受要约人。但有下列情形之一的,要约不得撤销:

① 要约人确定了承诺期限或者以其他形式明示要约不可撤销;

② 受要约人有理由认为要约是不可撤销的,并已经为履行合同作了准备工作。

如上面所说,如果张三在刚发出该信件后又决定不卖汽车,随后即寄出特快专递信函告知李四新的决定,该特快信函比上一封信快一天寄到李四手中,则产生撤回要约的效果;如果张三打听到李四已收到其决定卖车的信,但尚未答复,此时,张三又决定不卖汽车,随即派人专程赶往李四处,书面通知李四其新的决定,则产生撤销要约的效果。

6. 要约的失效

有下列情形之一的,要约失效:

① 拒绝要约的通知到达要约人;

② 要约人依法撤销要约;

③ 承诺期限届满,受要约人未作出承诺;

④ 受要约人对要约的内容作出实质性变更。

2.2.3.2 承诺

1. 承诺的概念

所谓承诺,《合同法》第 21 条指出,"受要约人同意要约的意思表示"。承诺与要约一样,是一种法律行为。除根据交易习惯或者要约表明可以通过行为作出承诺的之外,承诺应当以通知的方式作出。

2. 承诺的构成要件

承诺的构成条件如下:

① 承诺必须由受要约人作出。

② 承诺只能向要约人作出。非要约对象向要约人作出的完全接受要约意思的表示也不是承诺,因为要约人根本没有与其订立合同的意愿。

③ 承诺的内容应当与要约的内容一致。受要约人对要约的内容作出实质性变更的,视为新要约。有关合同标的、数量、质量、价款和报酬、履行期限、履行地点、方式、违约责任和解决争议方法等的变更,是对要约内容的实质性变更。承诺对要约的内容作出非实质性变

更的,除要约人及时反对或者要约表明不得对要约内容作任何变更以外,该承诺有效,合同以承诺的内容为准。

④ 承诺必须在承诺期限内发出。超过期限的,除要约人及时通知受要约人该承诺有效外,为新要约。

例如前例中甲向乙表示,愿将其一块手表作价300元卖给乙,乙表示同意,则乙的表示即为承诺。再如上例,如果乙答复甲称,同意购买手表,但价格定为250元为宜,则乙的答复不构成承诺,而构成新的要约。如甲同意250元成交,则甲的意思表示为承诺。

3. 承诺的期限

承诺应当在要约确定的期限内到达要约人。要约没有确定承诺期限的,承诺应当依照下列规定到达:

① 除非当事人另有约定,以对话方式作出的要约,应当即时作出承诺;

② 以非对话方式作出的要约,承诺应当在合理期限内到达。

以信件或者电报形式作出的要约,承诺期限自信件载明的日期或者电报交发之日开始计算。信件未载明日期的,自投寄该信件的邮戳日期开始计算。以电话、传真等快速通信方式作出的要约,承诺期限自要约到达受要约人时开始计算。

4. 承诺的生效

承诺通知到达要约人时生效。承诺不需要通知的,根据交易习惯或者要约的要求作出承诺的行为时生效。采用数据电文形式订立合同的,承诺到达的时间适用于要约到达受要约人时间的规定。受要约人在承诺期限内发出承诺,按照通常情形能够及时到达要约人,但因其他原因承诺到达要约人时超过承诺期限的,除要约人及时通知受要约人因承诺超过期限不接受该承诺以外,该承诺有效。

5. 承诺的撤回

承诺的撤回是指承诺人阻止已发生的承诺发生法律效力的意思表示。承诺可以撤回,撤回承诺的通知应当在承诺通知到达要约人之前或者与承诺通知同时到达要约人。

【引例2.2小结】

百货公司的广告构成要约。《合同法》第14条规定:要约是希望和他人订立合同的意思表示,该意思表示应当符合下列规定:① 内容具体确定。② 表明经受要约人承诺,要约人即受该意思表示约束。本题中的广告符合要约成立的两个条件。又根据《合同法》第15条第2款的规定:"商业广告的内容符合要约规定的,视为要约。"因此,百货公司的广告构成要约。

百货公司无权撤销要约,因为该广告规定了承诺期限,即5月1日这一天。根据《合同法》第19条的规定,要约人确定了承诺期限就不得撤销要约。所以,百货公司无权撤销要约。

【引例2.3小结】

乙单位不违约,因为合同还未成立。乙单位对甲厂的回函是一个附条件的新要约,因其对甲厂的要约作出了实质性变更,这一行为并不是承诺,而是一个新要约。《合同法》第30条规定"承诺的内容应当与要约的内容一致。受要约人对要约的内容作出实质性变更的,为新要约……"乙单位的回函对甲厂电话机的报价提出异议,属于实质性变更,故为新要约。因此,该合同没有成立,乙单位并不承担任何违约责任。

2.2.4 合同的成立

2.2.4.1 合同成立的时间

通常情况下,承诺生效时合同成立。当事人采用合同书形式订立合同的,自双方当事人签字或者盖章时合同成立。法律、行政法规规定或者当事人约定采用书面形式订立合同,当事人未采用书面形式,但一方已经履行主要义务,对方接受的,该合同成立。采用合同书形式订立合同,在签字或者盖章之前,当事人一方已经履行主要义务,对方接受的,该合同成立。

2.2.4.2 合同成立的地点

承诺生效的地点为合同成立的地点。采用数据电文形式订立合同的,收件人的主营业地为合同成立的地点;没有主营业地的,其经常居住地为合同成立的地点。当事人另有约定的,按照其约定。当事人采用合同书形式订立合同的,双方当事人签字或者盖章的地点为合同成立的地点。

知识梳理

```
                        ┌ 撤回 ┤ 目的:阻止要约发生效力
                        │      └ 条件:先于要约或者与要约同时到达
                        │
                        │      ┌ 目的:使要约的法律效力归于消灭
要约的撤回和撤销 ┤ 撤销 ┤ 条件:在受要约人发出承诺通知之前到达
                        │
                        │        ┌ 1. 确定承诺期限或者以其他形式明示的不可撤销
                        └ 不得撤销 ┤ 2. 受要约人有理由认为不可撤销,并为履行合同做了
                                   └    准备工作的不可撤销
```

2.3 合同的效力

2.3.1 合同生效的概念及法律规定

【引例 2.4】

由于甲一直在城里工作,遂将城郊房屋委托给其邻居乙照管并使用。由于乙是做生意的,甲的 5 间临街房正好适合他的需要,于是乙问甲是否愿意出售该房。甲想将房屋卖掉,但考虑到自己在外地工作的儿子想要调回本市工作,这房子可以给他住,但不知道他能不能

回来。于是,双方经商谈,订立了如下房屋买卖合同:"房价人民币 50 万元;在 2004 年 7 月 25 日前,如果甲的儿子调不回本市工作,卖方甲便将房屋卖给买方乙。房款在交房时一并付清。"合同订立后,甲的儿子在 2004 年 5 月 20 日顺利调回本市。6 月份,乙通过熟人了解到:由于城市规划的需要,该城郊结合部要扩建为城市,这 5 间房屋可能要升值。乙在得知该情况后,找到甲,要求其把房子卖给他。甲称由于其儿子已经调回本市工作,房子不能卖给乙。乙认为双方的买卖房屋的合同,与甲的儿子无关,甲应当履行合同。双方遂起争议,法院经审理认为:本案中的房屋买卖合同是一个附生效条件的房屋买卖合同,双方当事人约定的以甲的儿子调不回本市作为条件符合法律的规定,为有效的合同。该合同中约定的条件由于甲的儿子调回了本地而未成就,因此,甲没有义务将房屋卖给乙方。对于乙要求甲将房子卖给自己的诉讼请求,由于合同未生效,法院不予支持。

合同生效与合同成立是两个不同的概念。合同的成立,是指双方当事人依照有关法律对合同的内容进行协商并达成一致的意见。合同成立的判断依据是承诺是否生效。合同生效,是指合同产生法律上的效力,是合同对双方当事人的法律约束力的开始。在通常情况下,合同依法成立之时,就是合同生效之日,二者在时间上是同步的。但有些合同在成立后,并非立即产生法律效力,而是需要其他条件成就之后,才开始生效。

合同生效应当具备下列条件:

① 签订合同的当事人应具有相应的民事权利能力和民事行为能力,也就是主体要合法。在签订合同之前,要注意并审查对方当事人是否真正具有签订该合同的法定权利和行为能力,是否受委托以及委托代理的事项、权限等。

② 意思表示真实。合同是当事人意思表示一致的结果,因此,当事人的意思表示必须真实。但是,意思表示真实是合同的生效条件而非合同的成立条件。意思表示不真实包括意思与表示不一致及意思表示不自由两种。含有意思表示不真实的合同是不能取得法律效力的。如建设工程合同的订立,一方采用欺诈、胁迫的手段订立的合同,就是意思表示不真实的合同,这样的合同就欠缺生效的条件。

③ 合同的内容、合同所确定的经济活动必须合法,必须符合国家的法律、法规和政策要求,不得损害国家和社会公共利益。不违反法律或者社会公共利益,是合同有效的重要条件。所谓不违反法律或者社会公共利益,是对合同的目的和内容而言的。合同的目的是指当事人订立合同的直接内心原因;合同的内容是指合同中的权利义务及其指向的对象。不违反法律或者社会公共利益,实际上是对合同自由的限制。

2.3.2　附条件、附期限合同的效力

2.3.2.1　附条件合同的效力

《合同法》第 45 条规定:"当事人对合同的效力可以约定附条件。附生效条件的合同,自条件成就时生效;附解除条件的合同,自条件成就时失效。当事人为自己的利益不正当地阻止成就的,视为条件已成就;不正当地促成条件成就时,视为条件不成就。"

1. 附条件合同的概念

附条件合同是指合同当事人约定把一定的条件的成就与否作为合同效力是否发生或者

终止的依据的合同。所谓条件,是指合同当事人选定某种成就与否并不确定的将来事实作为制约合同效力发生或终止手段的合同附加条件。合同附加条件,是当事人在合同中特别设定、借以制约合同生效效力的意思表示,是合同的特别生效条件,是合同的组成部分。

2. 附条件合同的效力

(1)附生效条件的合同

附生效条件的合同是指合同生效以某种事实的发生作为条件的合同,即约定的事实发生了合同即生效,否则就不生效。附生效条件的合同虽已成立,但合同的效力处于停止状态,待条件成就时,该合同才发生法律效力。因此,附生效条件的合同又称附停止条件的合同。

(2)附解除条件的合同

附解除条件的合同是指已发生法律效力的合同,当条件成就时,合同则失效,当事人之间应解除已生效的合同;当条件未成就时,合同继续有效,当事人之间应继续履行合同。

当事人应依法正确地对待所订立的附条件的合同,附条件的合同一经成立,在条件成就前,任何一方对于所约定的条件是否成就,应顺其自然发展,而不得为了自己的利益,恶意地促成或阻碍条件的成就。凡因条件成就而可受益的当事人,如果以不正当行为恶意促成条件成就的,应视为条件不成就;凡因条件成就而对其不利的当事人,如果以不正当手段恶意阻碍条件成就的,应视为条件已经成就。

2.3.2.2　附期限合同的效力

《合同法》第 46 条规定:"当事人对合同的效力可以约定附期限。附生效期限的合同,自期限届至时生效。附终止期限的合同,自期限届满时失效。"

1. 附期限合同的概念

附期限合同是指合同当事人约定一定的期限作为合同的效力发生或者终止的条件的合同。所谓期限,是指合同当事人选定将来确定发生的事实以作为制约合同效力发生或者终止的合同附加条件。附期限合同可分为附生效期限合同和附终止期限合同。

2. 附期限合同的效力

(1)附生效期限的合同

附生效期限的合同是指合同虽已成立,但在期限到来之前暂不发生法律效力,待到期限到来时合同才发生法律效力。附生效期限的合同又称附延缓期限合同或附始期合同。在附生效期限的合同中,使合同得以生效的期限称为始期,始期的功能与停止条件相同。

(2)附终止期限的合同

附终止期限的合同是指已经发生法律效力的合同,在期限到来时,则合同的效力消失,合同解除。附终止期限的合同又称附解除条件的合同。在附终止期限的合同中,使合同终止效力的期限称为终期。终期的功能与解除条件相同。

【引例 2.4 小结】

本案涉及的是附条件的合同及其效力问题。《合同法》第 45 条规定:"当事人对合同的效力可以约定附条件。附生效条件的合同,自条件成就时生效。附解除条件的合同,自条件成就时失效。"附条件合同是指当事人在合同中约定一定的条件用以限制合同法律效力的合同。条件是指当事人在合同中约定的用以确定合同效力的将来客观上不确定的事实,其作用是决定合同效力的发生或终止。合同所附的条件依其对合同效力所起的作用,可以分为生效条件和解除条件。本案所涉正是附生效条件的合同。甲儿子的工作调动与否即是该买卖合同所附的条件,且该条件是双方协商决定的,是尚未发生的、将来能否发生不确定的事实,并且不违反法律,满足附条件合同对条件的要求。因此,本案的合同关系应认定为是附条件的合同,且所附的是生效条件,条件一旦成就,合同生效;条件不成就,合同则不生效。本案中由于甲的儿子调回了本地工作而导致合同未成就,合同不发生法律效力。所以,对于乙的诉讼请求,法院不予支持。

2.3.3 效力待定的合同

【引例 2.5】

甲与乙订立了一份建筑施工设备买卖合同,合同约定甲向乙交付 5 台设备,分别为设备 A、设备 B、设备 C、设备 D、设备 E,总价款为 100 万元;乙向甲交付定金 20 万元,余下款项由乙在半年内付清。双方还约定,在乙向甲付清设备款之前,甲保留该 5 台设备的所有权。甲向乙交付了该 5 台设备。

试分析:假设在设备款付清之前,乙与丁达成一项转让设备 D 的合同,在向丁交付设备 D 之前,该合同的效力如何? 理由是什么?

2.3.3.1 限制民事行为能力人订立的合同

当事人订立合同时,依法应当具有相应的民事权利能力和民事行为能力。因此,限制行为能力人依法不能独立地订立合同。如果限制行为能力人订立了合同,必须经过其法定代理人的承认才能生效。在法理学上这种合同又称为效力待定合同。

《合同法》第 47 条规定:"限制民事行为能力人订立的合同,经法定代理人追认后,该合同有效,但纯获利益的合同或者与其年龄、智力、精神健康状况相适应而订立的合同,不必经法定代理人追认。

相对人可以催告法定代理人在 1 个月内予以追认。法定代理人未作表示的,视为拒绝追认。合同被追认之前,善意相对人有撤销的权利。撤销应当以通知的方式作出。"

2.3.3.2 无权代理人订立的合同

在民事活动中,代理人应依法行使代理权。在订立合同过程中,代理人必须依据《民法通则》《合同法》等有关法律的规定订立合同,否则将会形成无效合同。

《合同法》第 48 条规定:"行为人没有代理权、超越代理权或者代理权终止后以被代理人名义订立的合同,未经被代理人追认,对被代理人不发生效力,由行为人承担责任。

相对人可以催告被代理人在 1 个月内予以追认。被代理人未作表示的,视为拒绝追认。

合同被追认之前,善意相对人有撤销的权利。撤销应当以通知的方式作出。"

2.3.3.3　表见代理人订立的合同

表见代理是善意相对人通过被代理人的行为足以相信无权代理人具有代理权的代理。基于此项信赖,该代理行为有效。善意第三人与无权代理人进行的交易行为(订立合同),其后果由被代理人承担。表见代理一般应当具备以下条件:

① 表见代理人并未获得被代理人的书面明确授权是无权代理;

② 客观上存在让相对人相信行为人具备代理权的理由;

③ 相对人善意且无过失。

2.3.3.4　法定代表人、负责人超越权限订立的合同

《合同法》第50条规定:"法人或者其他组织的法定代表人、负责人超越权限订立的合同,除相对人知道或者应当知道其超越权限的以外,该代表行为有效。"

法人的法定代表人或其他组织的负责人在履行职责时,应依据权限对外订立合同,而不得超越权限,否则,会形成无效合同。就是说,如果法人或其他组织将其法定代表人、负责人的代表权限制明确地告知了相对人,此项权限的限制有效,也即相对人知道或者应当知道法人或其他组织的法定代表人、负责人超越权限订立合同。如果法人或者其他组织不加以追认,此项合同属于无效合同。

2.3.3.5　无处分权人订立的合同

《合同法》第51条规定:"无处分权处分他人财产,经权利人追认或者无处分权的人订立合同后取得处分权的,该合同有效。"

无处分权人处分他人财产订立合同的行为,属于无处分权行为,它是指无处分权人以自己的名义对于他人权利标的所实施的处分行为。所谓"处分他人财产",是指处分人对他人财产的法律上的处分,包括财产的转让、赠与或设定抵押等。

依照《合同法》的规定,因无处分行为而订立的合同,经过权利人的追认或者无处分权人在订立合同后取得处分权后,属于有效合同。

【引例 2.5 小结】

该合同效力待定。因为设备款付清之前,设备 D 的所有权属于甲,乙无权处分。根据《合同法》第51条规定,无处分权的人处分他人财产的,经权利人追认或无处分权的人订立合同后取得处分权的,合同才有效。

2.3.4　无效合同

【引例 2.6】

甲公司与乙公司签订一份秘密从境外买卖免税香烟并运至国内销售的合同。甲公司依双方约定,按期将香烟运至境内,但乙公司提走货物后,以目前账上无钱为由,要求暂缓支付货款,甲公司同意。3 个月后,乙公司仍未支付货款,甲公司多次索要无果,遂向当地人民法院起诉要求乙公司支付货款并支付违约金。

试分析:该合同是否具有法律效力? 为什么? 应如何处理?

无效合同是指其内容和形式违反了法律、行政法规的强制性规定,或者损害了国家利益、集体利益、第三人利益和社会公共利益,因而不为法律所承认和保护、不具有法律效力的合同。无效合同自始没有法律约束力。在现实经济活动中,无效合同通常有两种情形,即整个合同无效(无效合同)和合同的部分条款无效。

2.3.4.1　无效合同的情形

我国《合同法》第 52 条规定,有下列情形之一的,合同无效:

1. 一方以欺诈、胁迫的手段订立合同,损害国家利益

根据《民法通则若干问题的意见》第 68 条的规定,所谓欺诈是指一方当事人故意告知对方虚假情况,或者故意隐瞒真实情况,诱使对方当事人作出错误的意思表示。因欺诈而订立的合同,是在受欺诈人因欺诈行为发生错误认识而作意思表示的基础上产生的。

根据《民法通则若干问题的意见》第 69 条的规定,所谓胁迫是以给公民及其亲友的生命健康、荣誉、名誉、财产等造成损害或者以给法人的荣誉、名誉、财产等造成损害为要挟,迫使对方做出违背真实意思表示的行为。胁迫也是影响合同效力的原因之一。依《合同法》第 52 条规定,一方以欺诈、胁迫等手段订立的合同,只有在有损国家利益时,该合同才为无效。

2. 恶意串通,损害国家、集体或者第三人利益

所谓恶意串通,是指当事人为实现某种目的,串通一气,共同实施订立合同的民事行为,造成国家、集体或者第三人的利益损害的违法行为。这种情况在建设工程领域中较为常见的是投标人串通投标或者招标人与投标人串通,损害国家、集体或第三人利益,投标人、招标人通过这样的方式订立的合同是无效的。

3. 以合法形式掩盖非法目的

以合法形式掩盖非法目的也称为隐匿行为,是指当事人通过实施合法的行为来掩盖其真实的非法目的,或者实施的行为在形式上是合法的,但是在内容上是非法的行为。如企业之间为了达到借款的非法目的,即使设计了合法的形式,也属于无效合同。

4. 损害社会公共利益

在法律、行政法规无明确规定,但合同又明显地违反了公共秩序和善良风俗(即公序良俗),损害了社会公共利益时,可以适用“损害社会公共利益”条款确认合同无效。如施工单位在劳动合同中规定员工应当接受搜身检查的条款,或者在施工合同的履行中规定以债务人的人身作为担保的约定,都属于无效的合同条款。

5. 违反法律、行政法规的强制性规定

违反法律、行政法规的强制性规定的合同,是指当事人在订约目的、订约内容上都违反法律和行政法规强制性规定的合同。如建设单位的质量标准是《标准化法》《建筑法》规定的强制性标准,如果建设工程合同当事人约定的质量标准低于国家标准,则该合同是无效的。

2.3.4.2　合同部分条款无效的情形

合同中的下列免责条款无效:

① 造成对方人身伤害的;

② 因故意或者重大过失造成对方财产损失的。

免责条款是当事人在合同中规定的某些情况下免除或者限制当事人所负未来合同责任的条款。一般情况下,合同中的免责条款都是有效的。但是,如果免责条款所产生的后果具有社会危害性和侵权性,侵害了对方当事人的人身权利和财产权利,则该免责条款将不具有法律效力。

【引例 2.6 小结】

该合同属于无效合同。依据《合同法》第 52 条的规定:"有下列情形之一的,合同无效:① 一方以欺诈、胁迫的手段订立合同,损害国家利益;② 恶意串通,损害国家、集体或者第三人利益;③ 以合法形式掩盖非法目的;④ 损害社会公共利益;⑤ 违反法律、行政法规的强制性规定。"甲公司与乙公司之间的买卖合同属于违反法律、行政法规强制性规定的合同,故为无效合同。由于合同为无效合同,合同自始、绝对、确定、永久没有法律约束力,因此法院应驳回甲公司的诉讼请求。同时,甲公司和乙公司的交易损害了国家利益,法院可以采取民事制裁措施,没收双方用于交易的财产。

2.3.5　可变更或者可撤销的合同

【引例 2.7】

某商场新进一种 CD 机,价格定为 2 598 元。柜台组长在制作价签时,误将 2 598 元写为 598 元。赵某在浏览该柜台时发现该 CD 机物美价廉,于是用信用卡支付 1 196 元购买了两台 CD 机。一周后,商店盘点时,发现少了 4 000 元,经查是柜台组长标错了价签所致。由于赵某用信用卡结算,所以商店查出是赵某少付了 CD 机货款,找到赵某,提出或补交 4 000 元或退回 CD 机,商店退还 1 196 元。赵某认为彼此的买卖关系已经成立并交易完毕,商店不能反悔,拒绝商店的要求。商店无奈只得向人民法院起诉,要求赵某返还 4 000 元或 CD 机。

试分析:① 商店的诉讼请求有法律依据吗? 为什么?

② 本案应如何处理?

2.3.5.1　可变更或可撤销合同的概念

可变更、可撤销合同是指欠缺一定的合同生效条件,但当事人一方可依照自己的意思使合同的内容得以变更或者使合同的效力归于终止的合同。如果合同当事人对合同的可变更或可撤销发生争议,只有人民法院或者仲裁机构有权变更或者撤销合同。可变更或可撤销的合同不同于无效合同,当事人提出请求是合同被变更、撤销的前提,人民法院或者仲裁机构不得主动变更或者撤销合同。当事人如果只要求变更,人民法院或者仲裁机构不得撤销其合同。

2.3.5.2　合同可以变更或者撤销的情形

当事人一方有权请求人民法院或者仲裁机构变更或者撤销的合同有:

1. 因重大误解订立的合同

重大误解是指由于合同当事人一方本身的原因,对合同主要内容发生误解,产生错误认识。这里的重大误解必须是当事人在订立合同时已经发生的误解,如果是合同订立后发生的事实,且一方当事人订立时由于自己的原因而没有预见到,则不属于重大误解。

2. 在订立合同时显失公平的合同

一方当事人利用优势或者利用对方没有经验,致使双方的权利与义务明显违反公平原则的,可以认定为显失公平。

3. 以欺诈、胁迫等手段或者乘人之危,使对方在违背真实意思的情况下订立的合同

一方以欺诈、胁迫等手段或者乘人之危,使对方在违背真实意思的情况下订立的合同,受损害方有权请求人民法院或者仲裁机构变更或者撤销。

2.3.5.3　撤销权的终止

撤销权是指受损害的一方当事人对可撤销的合同依法享有的、可请求人民法院或仲裁机构撤销该合同的权利。享有撤销权的一方当事人称为撤销权人。撤销权应由撤销权人行使,并应向人民法院或者仲裁机构主张该项权利。而撤销权的消灭是指撤销权人依照法律享有的撤销权由于一定法律事由的出现而归于消灭的情形。

有下列情形之一的,撤销权终止:

① 具有撤销权的当事人自知道或者应当知道撤销事由之日起 1 年内没有行使撤销权;

② 具有撤销权的当事人知道撤销事由后明确表示或者以自己的行为放弃撤销权。

由此可见,当具有法律规定的可以撤销合同的情形时,当事人应当在规定的期限内行使其撤销权,否则,超过法律规定的期限时,撤销权归于终止。此外,若当事人放弃撤销权,则撤销权也归于终止。

2.3.5.4　无效合同或者被撤销合同的法律后果

无效合同或者被撤销的合同自始没有法律约束力。合同部分无效,不影响其他部分效力的,其他部分仍然有效。合同无效、被撤销或者终止的,不影响合同中独立存在的有关解决争议方法的条款的效力。

合同无效或被撤销后,履行中的合同应当终止履行;尚未履行的,不得履行。对当事人依据无效合同或者被撤销的合同而取得的财产应当依法进行如下处理:

(1) 返还财产或折价补偿

当事人依据无效合同或者被撤销的合同所取得的财产,应当予以返还;不能返还或者没有必要返还的,应当折价补偿。

(2) 赔偿损失

合同被确认无效或者被撤销后,有过错的一方应赔偿对方因此所受到的损失。双方都有过错的,应当各自承担相应的责任。

(3) 收归国家所有或者返还集体、第三人

当事人恶意串通,损害国家、集体或者第三人利益的,因此取得的财产收归国家所有或者返还集体、第三人。

【引例 2.7 小结】

商店的诉讼请求有法律依据。《合同法》第 54 条规定:因重大误解订立的合同,当事人一方有权请求人民法院或者仲裁机构变更或撤销合同。第 58 条规定:合同被撤销后,因该合同取得的财产,应当予以返还……基于上述理由,商店的诉讼请求有法律依据。本案中,当事人因对标的物的价格的认识错误而实施的商品买卖行为。这一错误不是出卖人的故意造成,而是因疏忽标错价签造成的,这一误解对出卖人造成较大的经济损失。所以,根据本案的情况,符合重大误解的构成要件,应依法认定为属于重大误解的民事行为。赵某或补交 4 000 元货款或返还 CD 机。

知识梳理

合同的效力 {

　合同成立与生效 {
　　合同成立,生效
　　合同成立,不生效力:附条件和期限的合同
　　合同成立,效力有瑕疵:效力待定、可撤销、无效
　}

　合同的效力状态
　(是否符合生效条件) {
　　合同符合生效要件:有效的合同
　　合同主体不合格:效力未定的合同(先无效后有效)
　　意思表示不真实:可撤销的合同(先有效后无效)
　　合同内容违法:无效的合同
　}
}

2.4　合同的履行、变更和转让

2.4.1　合同的履行

【引例 2.8】

甲公司与乙公司签订一份买卖木材合同,合同约定买方甲公司应在合同生效后 15 日内

向卖方乙公司支付 40% 的预付款,乙公司收到预付款后 3 日内发货至甲公司,甲公司收到货物验收后即结清余款。乙公司收到甲公司 40% 预付款后的 2 日即发货至甲公司。甲公司收到货物后经验收发现木材质量不符合合同约定,遂及时通知乙公司并拒绝支付余款。

试分析:① 甲公司拒绝支付余款是否合法?

② 甲公司的行为若合法,法律依据是什么?

③ 甲公司行使的是什么权利? 若行使该权利必须具备什么条件?

【引例 2.9】

甲公司为开发新项目,急需资金。2000 年 3 月 12 日,向乙公司借钱 15 万元。双方谈妥,乙公司借给甲公司 15 万元,借期 6 个月,月息为银行贷款利息的 1.5 倍,至同年 9 月 12 日本息一起付清,甲公司为乙公司出具了借据。甲公司因新项目开发不顺利,未盈利,到了 9 月 12 日无法偿还欠乙公司的借款。某日,乙公司向甲公司催促还款无果,但得到一信息,某单位曾向甲公司借款 20 万元,现已到还款期,某单位正准备还款,但甲公司让某单位不用还款。于是,乙公司向法院起诉,请求甲公司以某单位的还款来偿还债务,甲公司辩称该债权已放弃,无法清偿债务。

试分析:① 甲公司的行为是否构成违约? 说明理由。

② 乙公司是否可针对甲公司的行为行使撤销权? 说明理由。

③ 乙公司是否可以行使代位权? 说明理由。

2.4.1.1　合同履行的概念

合同履行是指合同生效后,合同当事人为实现订立合同欲达到的预期目的而依照合同全面、适当地完成合同义务的行为。合同的履行,以有效的合同为前提和依据,因此,无效合同不存在履行问题。

2.4.1.2　合同履行的原则

1. 全面履行原则

全面履行是指合同当事人双方应当按照合同约定全面履行自己的义务,包括履行义务的主体、标的、数量、质量、价款或者报酬以及履行的方式、地点、期限等,都应当按照合同的约定全面履行。

第一,合同有明确约定的,按照约定履行。

第二,合同没有明确约定的,按照以下方式履行:

① 协议补充;

② 不能达成补充协议的,按照合同有关条款或者交易习惯确定。

第三,合同内容不明确,又不能达成补充协议时适用下列规定:

① 质量要求不明确的,按照国家标准、行业标准履行;没有国家标准、行业标准的,按照通常标准或者符合合同目的的特定标准履行。

② 价款或者报酬不明确的,按照订立合同时履行地市场价格履行;依法应当执行政府

定价或者政府指导价的,按照规定履行。

③ 履行地点不明确,给付货币的,在接受货币一方所在地履行;交付不动产的,在不动产所在地履行;其他标的,在履行义务一方所在地履行。

④ 履行期限不明确的,债务人可以随时履行,债权人也可以随时要求履行,但应当给对方必要的准备时间。

⑤ 履行方式不明确的,按照有利于实现合同目的的方式履行。

⑥ 履行费用的负担不明确的,由履行义务一方负担。

第四,执行政府定价或政府指导价的合同履行:

《合同法》规定:"执行政府定价或者政府指导价的,在合同约定的交付期限内政府价格调整时,按照交付时的价格计价。逾期交付标的物的,遇价格上涨时,按照原价格执行;价格下降时,按照新价格执行。逾期提取标的物或者逾期付款的,遇价格上涨时,按照新价格执行;价格下降时,按照原价格执行。"

2. 诚实信用原则

当事人应当遵循诚实信用原则,根据合同的性质、目的和交易习惯履行通知、协助、保密等义务。

诚实信用原则要求合同当事人在履行合同过程中维持合同双方的合同利益平衡,以诚实、真诚、善意的态度行使合同权利、履行合同义务,不对另一方当事人进行欺诈,不滥用权利。诚实信用原则还要求合同当事人在履行合同约定的主义务的同时,履行合同履行过程中的附随义务。

(1) 及时通知义务

有些情况需要及时通知对方的,当事人一方应及时通知对方。

(2) 提供必要条件和说明的义务

需要当事人提供必要的条件和说明的,当事人应当根据对方的需要提供必要的条件和说明。

(3) 协助义务

需要当事人一方予以协助的,当事人一方应尽可能地为对方提供所需要的协助。

(4) 保密义务

需要当事人保密的,当事人应当保守其在订立和履行合同过程中所知悉的对方当事人的商业秘密、技术秘密等。

2.4.1.3　合同履行中的抗辩权

抗辩权是指在双务合同的履行中,双方都应当履行自己的债务,一方不履行或者有可能不履行时,另一方可以据此拒绝对方的履行要求。《合同法》规定了同时履行抗辩权、后履行抗辩权和先履行抗辩权的相关条款。表 2.2 是《合同法》中各种抗辩权的区别。

表 2.2　《合同法》中各种抗辩权的区别

		同时履行抗辩权	后履行抗辩权	先履行抗辩权(不安抗辩权)
	共同点	由同一双务合同产生互负的对价给付债务	由同一双务合同产生互负的对价给付债务	由同一双务合同产生互负的对价给付债务
适用条件	不同点	1. 合同中未约定履行的顺序; 2. 对方当事人没有履行债务或者没有正确履行债务; 3. 对方的对价给付是可能履行的义务	1. 合同中约定了履行的顺序; 2. 应当先履行合同的当事人没有履行债务或者没有正确履行债务; 3. 应当先履行的对价给付是可能履行的义务	1. 合同中约定了履行的顺序; 2. 应当先履行债务的当事人,有确切证据证明对方有下列情形之一的,可以中止履行: ① 经营状况严重恶化; ② 转移财产、抽逃资金,以逃避债务; ③ 丧失商业信誉; ④ 有丧失或者可能丧失履行债务能力的其他情形
有权行使方		双方当事人均可行使	后履行义务的一方当事人有权行使	先履行义务的一方当事人有权行使
采取的措施		拒绝履行	拒绝履行	中止履行并及时通知对方
其他				对方提供适当担保时,应当恢复履行。对方在合理期限内未恢复履行能力并且未提供适当担保的,中止履行的一方可以解除合同

2.4.1.4　合同不当履行的处理

1. 因债权人的原因致使债务人履行困难

① 债务人可以暂时中止合同的履行或延期履行合同;

② 债务人可将标的物提存。

2. 提前或部分履行的处理

债务人提前履行债务或部分履行债务,债权人可以拒绝,由此增加的费用由债务人承担。但不损害债权人利益且债权人同意的情况除外。

3. 合同不当履行中的保全措施

保全措施是指为防止因债务人的财产不当减少而给债权人带来危害时,允许债权人为确保其债权的实现而采取的法律措施。这些措施包括代位权和撤销权两种。

(1) 代位权

代位权是指因债务人怠于行使其到期债权,对债权人造成损害的,债权人可以向人民法院请求以自己的名义代位行使债务人的债权。如建设单位拖欠施工单位工程款,施工单位拖欠施工人员工资,而施工单位不向建设单位追讨,同时,也不给施工人员发放工资,则施工人员有权向人民法院请求以自己的名义直接向建设单位追讨。例如,张三欠李四 10 万元,约定于 1998 年 10 月 1 日前偿还,而王五欠张三 6 万元,约定于 1998 年 9 月 15 日前偿还;但至约定还款时间王五未向张三还款,而张三至 1999 年元月 10 日一直未向王五追索,又未向李四清偿债务,此时,李四即可依法行使代位权,催促王五清偿债务 6 万元。

（2）撤销权

撤销权是指因债务人放弃其到期债权或者无偿转让财产,对债权人造成损害的,债权人可以请求人民法院撤销债务人的行为。债务人以明显不合理的低价转让财产,对债权人造成损害,并且受让人知道该情形的,债权人可以请求人民法院撤销债务人的行为。

撤销权自债权人知道或者应当知道撤销事由之日起 1 年内行使。自债务人的行为发生之日起 5 年内没有行使撤销权的,该撤销权终止。

【引例 2.8 小结】

甲公司拒绝支付余款是合法的。《合同法》第 67 条规定:"当事人互负债务,又先后顺序,先履行一方未履行的,后履行一方有权拒绝其履行要求。先履行一方履行债务不符合约定的,后履行一方有权拒绝其相应的履行要求。"乙公司虽然将木材如期运至甲公司,但其木材质量不符合合同约定的质量,及其履行债务不符合合同约定,根据第 67 条的规定,甲公司有权拒绝支付余款。甲公司行使的是先履行抗辩权。先履行抗辩权的行使应当具备以下 3 个条件:① 双方当事人须由同一双务合同互负债务。② 须双方所负的债务有先后履行顺序。③ 应当先履行的当事人未履行债务或履行债务不符合约定。

【引例 2.9 小结】

甲公司的行为已构成违约。甲公司与乙公司之间的借贷合同关系,系自愿订立,无违法内容,又有书面借据,是合法有效的。甲公司系债务人,负有按期清偿本息的义务;乙公司为债权人,享有按期收回本金、收取利息的权利。甲公司因新项目开发不顺利,不能如约履行清偿义务,构成违约。

乙公司可行使撤销权,请求法院撤销甲公司的放弃债权行为。债权人对于自己享有的债权,完全可以根据自己的意志,决定行使或者放弃。但是,当该债权人另外又系其他债权人的债务人时,如果他放弃债权的行为使他的债权人的权利无法实现时,他的债权人享有依法救济的权利。本案中,甲公司放弃对某单位享有的债权,表面上是处分自己的权益,但实际上却损害了乙公司的债权,依照我国合同法的规定,乙公司可以行使撤销权,撤销甲公司放弃债权的行为。

乙公司可以行使代位权。根据《合同法》第 73 条的规定,债权人可享有代位权,在债务人怠于行使自己的到期债权,危及债权人的权利时,债权人可以向人民法院请求以自己的名义代位行使债务人的权利,实现自己的债权。乙公司可以直接向某单位行使代位权。

2.4.2　合同变更

2.4.2.1　合同变更的概念

合同变更是指当事人对已经发生法律效力,但尚未履行或尚未完全履行的合同,进行修改或补充所达成的协议。《合同法》规定:"当事人协商一致,可以变更合同。法律、行政法规规定变更合同应当办理批准、登记手续的,依照其规定。"

合同变更有广义和狭义之分。广义的合同变更是指合同法律关系的主体和合同内容的变更。狭义的合同变更仅指合同内容的变更，不包括合同主体的变更。合同主体的变更是指合同当事人的变动，即原来的合同当事人退出合同关系而由合同以外的第三人替代，第三人称为合同的新当事人。合同主体的变更实质上就是合同的转让。合同内容的变更是指在合同成立以后、履行之前或者在合同履行开始之后尚未履行完毕之前，合同当事人对合同内容的修改或者补充。《合同法》所指的合同变更是指合同内容的变更。合同变更可分为协议变更和法定变更。

1. 协议变更

经当事人协商一致，可以变更合同。法律、行政法规规定变更合同应当办理批准、登记等手续的，应当办理相应的批准、登记手续。当事人对合同变更的内容约定不明确的，推定为未变更。

2. 法定变更

在合同成立后，当发生法律规定的可以变更合同的事由时，可根据一方当事人的请求对合同内容进行变更而不必征得对方当事人的同意。但这种变更合同的请求须向人民法院或者仲裁机构提出。

2.4.2.2   合同变更的法律特征

第一，合同变更仅是合同的内容发生变化，而合同的当事人保持不变。合同有效成立后，其主体和内容均可能因某一法律事实而发生变化，但此处的合同变更仅指合同内容的变化，合同主体的变动属合同转让的范畴。合同内容的变化，可表现为合同标的物的数量或质量、规格、价款数额或计算方法、履行时间、履行地点、履行方式等合同内容的某一项或数项发生变化（如标的物数量变化，价款也随之变化）。

第二，合同变更是合同内容的局部变更，是合同的非根本性变化。合同变更只是对原合同关系的内容作某些修改和补充，而不是对合同内容的全部变更。如果合同内容已全部发生变化，则实际上已导致原合同关系的消灭，一个新合同的产生，并且对原合同关系所作出修改和补充的内容仅限于非要素内容，例如，标的数量的增减、履行地点、履行时间、价款及结算方式的变更等。在非根本性变更的情况下，变更后的合同关系与原有的合同关系在性质上不变，属于同一法律关系，学说上称为具有"同一性"。如果合同的要素内容发生变化，即给付发生重要部分的变化，导致合同关系失去同一性，则构成合同的根本性变更，称为合同更新。何为重要部分，应依当事人的意思和一般交易观念加以确定，如合同标的的改变，履行数量或价款的巨大变化，合同性质的变化等，都是合同更新而非合同变更。

第三，合同变更通常是依据双方当事人的约定，也可以是基于法律的直接规定合同的变更有两种：一是根据当事人之间的约定对合同进行变更，即约定的变更；二是当事人依据法律规定请求人民法院或仲裁机构进行变更，即法定的变更。我国《合同法》第5章所规定的合同变更实际上就是约定的变更。

第四，合同变更只能发生在合同成立后，尚未履行或尚未完全履行之前合同未成立，当事人之间根本不存在合同关系，也就谈不上合同变更。合同履行完毕后，当事人之间的合同关系已经终止，也不存在变更的问题。

2.4.2.3 合同变更的效力

合同变更具有以下效力：

① 在合同发生变更后，当事人应当按照变更后的合同内容履行合同，否则，将构成违约。

② 合同变更原则上是向将来发生效力，未变更的权利义务继续有效，已经履行的债务不因合同的变更而失去法律依据。

③ 虽然主要是当事人协商一致的结果，但其并非意味着当事人放弃了损害赔偿的权利。

合同变更后，变更后的内容就取代了原合同的内容，当事人对合同变更的内容约定不明确的，推定为未变更。合同变更的效力原则上仅对未履行的部分有效，对已履行的部分没有溯及力，但法律另有规定或当事人另有约定的除外。

2.4.3 合同转让(合同主体变更)

【引例 2.10】

2003 年 10 月 15 日，甲公司与乙公司签订合同，合同约定由乙公司于 2004 年 1 月 15 日向甲公司提供一批价款为 50 万元电脑配件，2003 年 12 月 1 日甲公司因销售原因，需要乙公司提前提供电脑配件，甲公司要求提前履行的请求被乙公司拒绝，甲公司为了不影响销售，只好从外地进货，随后将对乙公司的债权转让给了丙公司，但未通知乙公司。丙公司于 2004 年 1 月 15 日去乙公司提货时遭拒绝。

试分析：① 乙公司拒绝丙公司提货有无法律依据？说明理由。

② 甲公司与丙公司的转让合同是否有效？如何处理。

【引例 2.11】

某区政府工业主管部门作出决定，把所属的 A 公司的两个业务部分立出再设 B 公司和 C 公司，并在决定中明确该公司以前所负的债务由新设的 B 公司承担。A 公司原欠李某货款 5 万元，现李某要求偿还，你认为该债务应当如何处理？（　　　）。

A. 由 B 公司承担债务　　　　　B. 由 A、B、C 三个公司分别承担债务

C. 由 A 公司承担债务　　　　　D. 由 A、B、C 三个公司连带承担债务

2.4.3.1 合同转让的概念

合同转让即合同的权利义务的转让，是指在不改变合同内容与客体的情况下，合同当事人一方将合同的权利义务全部或部分地转让给第三人。根据其转让的权利义务不同，合同的转让包括债权转让和债务承担、权利义务概括转让 3 种情形。法律、行政法规规定转让权利或者转移义务应当办理批准。

2.4.3.2　合同转让的法律特征

1. 内容的一致性

合同转让只是改变履行合同权利和义务的主体,并不改变原订的合同的权利义务,转让后的权利人或义务人所享有的权利或义务仍是原合同约定的。因此,转让合同并不引起合同内容的变更,其内容应与原合同内容一致。

2. 合同转让后形成新的合同关系人

合同转让只是改变了原合同权利义务履行人主体,其直接结果是原合同关系的当事人之间的权利义务消失,取而代之的是转让后的新的权利义务关系人,自转让成立起,第三人代替原合同关系的一方或加入原合同成为原合同的权利义务主体,形成新的合同关系人。

3. 合同转让改变了债权债务关系

合同转让会涉及原合同当事人之间的债权债务和转让人与受让人之间的债权债务关系,尽管合同转让是在转让人与受让人之间完成的,但是合同转让必然涉及原合同当事人的利益,所以合同义务的转让应征得债权人的同意,合同权利的转让应通知原合同债务人。

合同转让后,因转让合同纠纷提起的诉讼,债权人、债务人、出让人可列为第三人参与诉讼活动。

2.4.3.3　债权让与(合同权利的转让)

1. 定义

债权让与,是指不改变合同的内容,合同债权人将其债权的全部或部分转让给第三人享有。合同权利的转让可分为部分转让和全部转让。

2. 债权让与的构成要件

债权让与的构成要件如下:

① 须存在有效的债权,且不改变债权的内容;

② 债权让与人与受让人须就债权让与达成合意;

③ 被让与的债权具有可让与性;

④ 债权让与须通知债务人。未经通知,该转让对债务人不发生效力。

例如:甲对乙享有 100 万元的合同债权,假设甲将该 100 万元债权全部转让给了第三人丙,此时是合同权利的全部转让;假设甲只将该 50 万元债权转让给了第三人丙,此时是合同权利的部分转让。甲应当将该转让事项通知债务人乙。未经通知,该转让对乙不发生效力。

下列 3 种情形,债权人不得转让合同权利:

① 根据合同性质不得转让;

② 根据当事人约定不得转让;

③ 依照法律规定不得转让。

合同债权转让后,该债权由原债权人转移给受让人,受让人取代让与人(原债权人)成为新债权人,依附于主债权的从债权也一并移转给受让人,如抵押权、留置权等。但专属于原债权人自身的从债权除外。

为保护债务人利益,不致使其因债权转让而蒙受损失,债务人接到债权转让通知后债务人对让与人的抗辩,可以向受让人主张;债务人对让与人享有债权,并且债务人的债权先于转让的债权到期或者同时到期的,债务人可以向受让人主张抵销。

2.4.3.4 债务承担(合同义务的转让)

债务承担又称债务转移,是指债务人将合同的义务全部或部分转移给第三人承担。成立条件包括:

① 须有有效的债务存在;

② 被转移的债务应具有可转移性;

③ 须有以债务承担为内容的合同;

④ 债务承担须经债权人的同意。

债务转移的法律规定:

①《合同法》规定:债务人将合同的义务全部或者部分转移给第三人的,应当经债权人同意。

债务转移包括:债务全部转移和债务部分转移。当债务全部转移时,债务人即脱离了原来的合同关系,则由第三人取代原债务人而承担原合同债务,原债务人不再承担原合同中的义务和责任;当债务部分转移时,原债务人并未完全脱离债的关系,而是由第三人加入原来的债的关系,并与债务人共同向同一债权人承担原合同中的义务和责任。

②《合同法》规定:债务人转移义务的,新债务人可以主张原债务人对债权人的抗辩。

依据法律规定,债务转移发生效力后,债务承担人将全部或部分地取代原债务人的地位而成为合同当事人,即新债务人,这是债务承担的效力表现。为了使新债务人的利益不受损害,基于原债务所产生的抗辩权对于新债务人应当具有法律效力。

2.4.3.5 合同权利义务的概括转让(权利和义务同时转让)

概括转让又称为概括承受,即指当事人一方经对方同意,将自己在合同中的权利和义务一并转让给第三人。此外,当事人订立合同后合并的,由合并后的法人或者其他组织行使合同权利,履行合同义务。当事人订立合同后分立的,除债权人和债务人另有约定的以外,由分立的人或者其他组织对合同的权利和义务享有连带债权,承担连带债务。例如,甲与乙签订了一份 100 万元的买卖合同,后乙经甲同意将合同的全部债权债务一并转让给了丙,则乙的债权债务消灭。

概括转让的成立条件包括:

① 须有有效的合同存在;

② 承受的合同须为双务合同;

③ 须经原合同相对人的同意。

【引例 2.10 小结】

乙公司拒绝丙公司的提货有法律依据。我国《合同法》第 80 条规定:"债权人转让权利的,应当通知债务人。未经通知,该转让对债务人不发生效力。"本案中,甲公司将债权转让给丙公司,但未通知乙公司,因而对乙公司不发生效力。

依《合同法》第79条的规定:"债权人可以将合同的权利全部或者部分转让给第三人,但有下列情形之一的除外:① 根据合同性质不得转让;② 当事人约定不得转让;③ 依照法律规定不得转让。"

【引例2.11 小结】

选D。《合同法》第90条规定:"当事人订立合同后合并的,由合并后的法人或者其他组织行使合同权利,履行合同义务。当事人订立合同后分立的,除债权人和债务人另有约定的以外,由分立的法人或者其他组织对合同的权利和义务享有连带债权,承担连带债务。"

知识梳理

$$\text{双务合同中的履行抗辩权} \begin{cases} \text{无先后履行顺序:双方均有同时履行抗辩权} \\ \text{有先后履行顺序} \begin{cases} \text{先履行一方(不安抗辩权)} \\ \text{后履行一方(先履行抗辩权)} \end{cases} \end{cases}$$

合同项目		原债权人与债务人之间	效力
合同权利的转让		原则上通知生效	丧失债权人地位或就转让部分丧失债权
合同义务的转移		同意	债务人全部免责或就转让部分免责
合同权利义务的概括承受	合同承受（意定概括转移）	同意	原当事人丧失债权人、债务人地位
	企业合并、分立（法定概括转移）	合并	合并后的主体承继债权、债务
		分立	分立后的主体连带债权、债务

2.5　合同终止

2.5.1　合同终止的概念

合同终止是指当事人之间根据合同确定的权利和义务在客观上不复存在,据此合同不再对双方具有约束力。

按照《合同法》规定,有下列情形之一的,合同的权利和义务终止:

① 债务已经按照约定履行;

② 合同解除;

③ 债务相互抵销;

④ 债务人依法将标的物提存;

⑤ 债权人免除债务;

⑥ 债权债务同归于一人;

⑦ 法律规定或者当事人约定终止的其他情形。

2.5.2　合同已按照约定履行

债务已按照约定履行是指债务人按照约定的标的、质量、数量、价款或报酬、履行期限、履行地点和方式全面履行,又称为债的清偿,这是按照合同约定实现债权目的的行为。其含义与履行相同,但履行侧重于合同动态的过程,而清偿则侧重于合同静态的实现结果。

清偿是合同的权利义务终止的最主要和最常见的原因。合同双方当事人按照合同约定,各自完成了自己的义务,实现了自己的权利,便是清偿。清偿一般由债务人为之,但不以债务人为限,也可能由债务人的代理人或者第三人进行合同的清偿。清偿的标的物一般是合同规定的标的物,但是债权人同意,也可用合同规定的标的物以外的物品来清偿其债务。

2.5.3　合同解除

【引例 2.12】

兴达公司与山川厂于某年 12 月 30 日签订了一份财产租赁合同。合同规定兴达公司租用山川厂 5 台翻斗车拉运土方,租赁期为 1 年,租金必须按月付清,逾期未付,承租人承担滞纳金;超过 30 天仍不付清租金的,出租方有权解除合同。次年 2 月 1 日兴达公司接车后。未付租金。山川厂两次书面通知兴达公司按约付租金,并言明逾期将依约解除合同。但兴达公司仍未付。同年 6 月 10 日,山川厂单方通知解除与兴达公司的合同,并向兴达公司提起诉讼,要求赔偿其损失 12 000 元。

试问:① 山川厂是否有权解除合同?

② 山川厂的损失应由谁承担?

2.5.3.1　合同解除的概念

合同解除是指对已经发生法律效力,但尚未履行或者未完全履行的合同,因当事人一方的意思表示或者双方的协议而使债权债务关系提前归于终止的行为。合同解除具有如下法律特征:

① 合同解除只适用于有效成立的合同;

② 合同解除必须具备一定的条件;

③ 合同解除必须有解除行为;

④ 合同解除的效力是使合同的权利义务关系自始终止或将来终止。

合同解除包括:约定解除和法定解除。

2.5.3.2　约定解除合同

约定解除是当事人通过行使约定的解除权或者双方协商决定而进行的合同解除。

① 当事人协商一致，可以解除合同。是指合同当事人双方经协商后，一致同意解除合同，而不是单方行使解除权的解除。

② 约定一方解除合同条件的解除。是指当事人在合同中约定有解除合同的条件，当合同成立之后，全部履行之前，由当事人一方在某种条件出现后享有解除权，从而终止合同关系。

2.5.3.3　法定解除合同

法定解除是解除条件直接由法律规定的合同解除。当法律规定的解除条件具备时，当事人可以解除合同。它与合同约定解除的解除都是在具备一定解除条件时，由一方行使解除权，区别在于解除条件的来源不同。

《合同法》规定，有下列情形之一的，当事人可以解除合同：

① 因不可抗力致使不能实现合同目的；

② 在履行期限届满之前，当事人一方明确表示或者以自己的行为表明不履行主要债务（先期违约）；

③ 当事人一方迟延履行主要债务，经催告后在合理期限内仍未履行；

④ 当事人一方迟延履行债务或者有其他违约行为致使不能实现合同目的（根本违约）；

⑤ 法律规定的其他情形。

2.5.3.4　合同解除的法律后果

当事人一方依照法定解除的规定主张解除合同的，应当通知对方。合同自通知到达对方时解除。对方有异议的，可以请求人民法院或者仲裁机构确认解除合同的效力。

法律、行政法规规定解除合同应当办理批准、登记等手续的，则应在办理完相应的手续后解除。

合同解除后，尚未履行的，终止履行；已经履行的，根据履行情况和合同性质，当事人可以要求恢复原状或采取其他补救措施，并有权要求赔偿损失。合同的权利义务终止，不影响合同中结算和清理条款的效力。

【引例 2. 12 小结】

山川厂有权解除合同。《合同法》第 93 条规定，当事人协商一致，可以解除合同。当事人可以约定一方解除合同的条件。解除合同的条件成就时，解除权人可以解除合同。本案中双方当事人在合同中约定，租金必须按月付清，逾期未付，承租人承担滞纳金，超过 30 天仍不付清租金的，出租方有权解除合同。兴达公司 1992 年 2 月 1 日起接车后，未付租金，山川厂两次通知其给付租金，并言明逾期将依约解除合同，兴达公司仍未付，至 1992 年 6 月 10 日长达 4 个月时间，合同约定的解除条件已成就，故山川厂有权单方解除合同。根据《合同法》第 96 条规定,当事人一方依照本法第 93 条第 2 款、第 94 条的规定主张解除合同的,应当通知对方。山川厂通知兴达公司解除合同的做法也是合理的。

山川厂的损失应由兴达公司承担赔偿责任。《合同法》第 97 条规定,合同解除后,尚未履行的,终止履行;已经履行的,根据履行情况和合同性质,当事人可以要求恢复原状,采取其他补救措施,并有权要求赔偿损失。据此,山川厂有权要求兴达公司赔偿损失。兴达公司应承担山川厂损失的赔偿责任。

2.5.4　债务相互抵销

债务相互抵销是指两个人彼此互负债务,各以其债权充当债务的清偿,使双方的债务在等额范围内归于消灭。债务抵销可以分为法定债务抵销和约定债务抵销两类。

2.5.4.1　法定债务抵销

《合同法》第 99 条规定,当事人互负到期债务,该债务的标的物种类、品质相同的,任何一方可以将自己的债务与对方的债务抵销,但依照法律规定或者按照合同性质不得抵销的除外。当事人主张抵销的,应当通知对方。通知自到达对方时生效。抵销不得附条件或者附期限。

2.5.4.2　约定债务抵销

《合同法》第 100 条规定,当事人互负债务,标的物种类、品质不相同的,经双方协商一致,也可以抵销。

但下列债务不能抵销:

① 按合同性质不能抵销;

② 按照约定应当向第三人给付的债务;

③ 因故意实施侵权行为产生的债务;

④ 法律规定不得抵销的其他情形。

2.5.5　标的物的提存

有下列情形之一,难以履行债务的,债务人可以将标的物提存:

① 债权人无正当理由受领;

② 债权人下落不明;

③ 债权人死亡未确定继承人或者丧失民事行为能力未确定监护人;

④ 法律规定的其他情形。

标的物不适于提存或者提存费用过高的,债务人可以依法拍卖或者变卖标的物,提存所得的价款。债权人可以随时领取提存物,但债权人对债务人负有到期债务的,在债权人未履行债务或者提供担保之前,提存部门根据债务人的要求应当拒绝其领取提存物。债权人领取提存物的权利期限为 5 年,超过该期限,提存物扣除提存费用后归国家所有。

2.5.6 其他导致合同终止的情形

1. 债权人免除债务

《合同法》第 105 条规定,债权人免除债务人部分或者全部债务的,合同的权利义务部分或者全部终止。

2. 债权债务混同

《合同法》第 106 条规定,债权和债务同归于一人的,合同的权利义务终止,但涉及第三人利益的除外。

例如,由于甲乙两企业合并,甲乙企业之间原先订立的合同中的权利义务同归于合并后的企业,债权债务关系自然终止。

合同解除
　协议解除
　单方解除
　　约定解除
　　法定解除
　　　不可抗力
　　　履行迟延
　　　预期违约
　　　根本违约

2.6 违 约 责 任

2.6.1 违约责任及其特点

违约责任是指合同当事人不履行或者不适当履行合同义务所应承担的民事责任。当事方明确表示或者以自己的行为表明不履行合同义务的,对方可以在履行期限届满之前要求其承担违约责任。违约责任具有以下特点:

① 与侵权责任和缔约过失责任不同,要以双方事先存在的有效合同关系为前提;

② 以合同当事人不履行或者不适当履行合同义务为要件;

③ 可由合同当事人在法定范围内约定,违约责任主要是一种赔偿责任,因此,可由合同当事人在法律规定的范围内自行约定;

④ 是一种民事赔偿责任,首先,它是由违约方向守约方承担的民事责任,无论是违约金还是赔偿金,均是平等主体之间的支付关系;其次,违约责任的确定,通常应以补偿守约方的

损失为标准。

2.6.2 违约责任的承担

【引例 2.13】

甲与乙订立了一份钢材购销合同,合同约定:甲向乙交付 20 吨钢材,货款为 10 万元,乙向甲支付定金 4 万元;如任何一方不履行合同,应支付违约金 6 万元。甲因将钢材卖给丙而无法向乙交付钢材,乙提出的如下诉讼请求中,既能最大限度保护自己的利益,又能获得法院支持的诉讼请求是哪一项?(   )。

A. 请求甲双倍返还定金 8 万元

B. 请求甲双倍返还定金 8 万元,同时请求甲支付违约金 6 万元

C. 请求甲支付违约金 6 万元,同时请求返还支付的定金 4 万元

D. 请求甲支付违约金 6 万元

2.6.2.1 违约责任的承担方式

当事人一方不履行合同义务或者履行合同义务不符合约定的,应当承担继续履行、采取补救措施或者赔偿损失等违约责任。

1. 继续履行

继续履行是指在合同当事人一方不履行合同义务或者履行合同义务不符合合同约定时,另一方合同当事人有权要求其在合同履行期限届满后继续按照原合同约定的主要条件履行合同义务的行为。继续履行是合同当事人一方违约时,其承担违约责任的首选方式。

2. 采取补救措施

如果合同标的物的质量不符合约定的,应当按照当事人的约定承担违约责任。对违约责任没有约定或者约定不明确的,可以协议补充;不能达成补充协议的,按照合同有关条款或者交易习惯确定。依照上述办法仍不能确定的,受损害方根据标的的性质以及损失的大小,可以合理选择要求对方承担修理、更换、重做、退货、减少价款或者报酬等违约责任。

3. 赔偿损失

当事人一方不履行合同义务或者履行合同义务不符合约定的,在履行义务或者采取补救措施后,对方还有其他损失的,应当赔偿损失。损失赔偿额应当相当于因违约所造成的损失,包括合同履行后可以获得的利益,但不得超过违反合同一方订立合同时预见到或者应当预见到的因违反合同可能造成的损失。当事人一方违约后,对方应当采取适当措施防止损失的扩大;没有采取适当措施致使损失扩大的,不得就扩大的损失要求赔偿。当事人因防止损失扩大而支出的合理费用,由违约方承担。

4. 违约金

当事人可以约定一方违约时应当根据违约情况向对方支付一定数额的违约金,也可以约定因违约产生的损失赔偿额的计算方法。约定的违约金低于造成的损失的,当事人可以请求人民法院或者仲裁机构予以增加;约定的违约金过分高于造成的损失的,当事人可以请

求人民法院或者仲裁机构予以适当减少。当事人就迟延履行约定违约金的,违约方支付违约金后,还应当履行债务。

5. 定金

当事人可以依照《中华人民共和国担保法》约定一方向对方给付定金作为债权的担保。债务人履行债务后,定金应当抵作价款或者收回。给付定金的一方不履行约定的债务的,无权要求返还定金;收受定金的一方不履行约定的债务的,应当双倍返还定金。

当事人既约定违约金,又约定定金的,一方违约时,对方可以选择适用违约金或者定金条款。

2.6.2.2 违约责任的承担主体

1. 合同当事人双方违约时违约责任的承担

当事人双方都违反合同的,应当各自承担相应的责任。

2. 因第三人原因造成违约时违约责任的承担

当事人一方因第三人的原因造成违约的,应当向对方承担违约责任。当事人一方和第三人之间的纠纷,依照法律规定或者依照约定解决。

3. 违约责任与侵权责任的选择

因当事人一方的违约行为,侵害对方人身、财产权益的,受损害方有权选择依照《合同法》要求其承担违约责任或者依照其他法律要求其承担侵权责任。

2.6.2.3 不可抗力

不可抗力是指不能预见、不能避免并不能克服的客观情况。因不可抗力不能履行合同的,根据不可抗力的影响,部分或者全部免除责任,但法律另有规定的除外。当事人迟延履行后发生不可抗力的,不能免除责任。当事人一方因不可抗力不能履行合同的,应当及时通知对方,以减轻可能给对方造成的损失,并应当在合理期限内提供证明。

【引例 2.13 小结】

选择 C。按照《合同法》第 116 条规定,当事人既约定违约金,又约定定金的,一方违约时,对方可以选择适用违约金或者定金条款。乙不可能请求双倍返还定金 8 万元并支付违约金 6 万元。甲违约,乙可以解除合同,要求甲返还财产,即返还已经支付的 4 万元定金。解除合同的,不影响损害赔偿,乙还可以请求支付违约金 6 万元。

知识梳理

$$
违约责任的承担方式
\begin{cases}
继续履行 \\
采取补救措施 \\
违约金 \\
赔偿损失 \\
定金
\end{cases}
$$

2.7　合同争议的解决

【引例 2.14】

某物业管理公司受广州市天河区某小区业主委员会委托,对小区进行管理,同时收取小区内业主的物业管理费、水电费。谁知道,物业管理公司摊上了一个难对付的业主陈伯,每次上门收钱他都采取抗拒态度,3 年下来没交 1 分钱。物业管理公司找出当年与业主委员会签订的物业管理委托合同,上面签订了仲裁条款,于是将这个有"赖账"嫌疑的业主告到广州仲裁委员会。由于双方未能共同选定独任仲裁员,广州仲裁委员会指定一名独任仲裁员。仲裁庭上,双方都陈述了自己的理由,物业公司说陈伯享受了物业管理服务却不交钱,是典型的赖账,要求他支付欠缴的物业管理费、水电费以及相应的滞纳金总计人民币近 8 000 元,并承担全部仲裁费用。陈伯却认为物业公司不具有收钱的资格,因为当初与业主委员会签订的和第二年续签的物业管理委托合同是不合法的,没有经过业主大会或业主代表大会同意,是无效合同,而且合同约定的物业管理费过高,收费不合理。

仲裁庭认为,业主委员会代表业主与物业管理公司签订的合同是得到广州市天河区房地产管理局批准的,没有违反国家法律和行政法规的禁止性规定,合法有效。物业公司要陈伯支付管理服务费,有合同依据,合理合法。但是逾期交纳管理费滞纳金的请求因没有合同依据,不予支持。业主陈伯应缴纳物业管理费约 4 500 元,仲裁费由双方共同承担。试分析这种合同争议的处理方式和我们比较常见的"打官司"相比,有什么优点?

合同争议也称合同纠纷,是指合同当事人之间对合同履行状况和合同违约责任承担等问题所产生的意见分歧。

2.7.1　合同争议的和解与调解

和解与调解是解决合同争议的常用有效方式。当事人可以通过和解或者调解解决合同争议。

1. 和解

和解是合同当事人之间发生争议后,在没有第三人介入的情况下,合同当事人双方在自愿、互谅的基础上,就已经发生的争议进行商谈并达成协议自行解决争议的一种方式。和解方式简便易行,有利于加强合同当事人之间的协作,使合同能更好地得到履行。

2. 调解

调解是指合同当事人于争议发生后,在第三人的主持下,根据事实、法律和合同,经过第三人的说服与劝解,使发生争议的合同当事人双方互谅、互让,自愿达成协议,从而公平、合理地解决争议的一种方式。

与和解相同,调解也具有方法灵活、程序简便、节省时间和费用、不伤害发生争议的合同当事人双方的感情等特征,而且由于有第三人的介入,可以缓解发生争议的合同双方当事人之间的对立情绪,便于双方较为冷静、理智地考虑问题。同时,由于第三人常常能够站在较为公正的立场上,较为客观、全面地看待、分析争议的有关问题并提出解决方案,从而有利于争议的公正解决。

参与调解的第三人不同,调解的性质也就不同。调解有民间调解、仲裁机构调解和法庭调解3种。

2.7.2 合同争议的仲裁

仲裁也称公断,是指发生争议的合同当事人双方根据合同中约定的仲裁条款或者争议发生后由其达成的书面仲裁协议,将合同争议提交给仲裁机构并由仲裁机构按照仲裁法律规范的规定集中裁决,从而解决合同争议的法律制度。当事人不愿协商、调解或协商、调解不成的,可以根据合同中的仲裁条款或事后达成的书面仲裁协议,提交仲裁机构仲裁。涉外合同的当事人可以根据仲裁协议向中国仲裁机构或者其他仲裁机构申请仲裁。

根据我国《仲裁法》,对于合同争议的解决,实行"或裁或审制",即发生争议的合同当事人双方只能在"仲裁"或者"诉讼"两种方式中选择一种方式解决其合同争议。

仲裁裁决具有法律约束力,合同当事人应当自觉执行裁决。不执行的,另一方当事人可以申请有管辖权的人民法院强制执行。裁决作出后,当事人就同一争议再申请仲裁或者向人民法院起诉的,仲裁机构或者人民法院不予受理。但当事人对仲裁协议的效力有异议的,可以请求仲裁机构作出决定或者请求人民法院作出裁定。

2.7.3 合同争议的诉讼

诉讼是指合同当事人依法将合同争议提交人民法院受理,由人民法院依司法程序通过调查、作出判决、采取强制措施等来处理争议的法律制度。有下列情形之一的,合同当事人可以选择诉讼方式解决合同争议:

① 合同争议的当事人不愿和解、调解;

② 经过和解、调解未能解决合同争议;

③ 当事人没有订立仲裁协议或者仲裁协议无效;

④ 仲裁裁决被人民法院依法裁定撤销或者不予执行。

合同当事人双方可以在签订合同时约定选择诉讼方式解决合同争议,并依法选择有管辖权的人民法院,但不得违反《民事诉讼法》关于级别管辖和专属管辖的规定。对于一般的合同争议,由被告住所地或者合同履行地人民法院管辖。建设工程合同的纠纷一般都适用不动产所在地的专属管辖,由工程所在地人民法院管辖。

【引例2.14 小结】

引例让我们发现,当出现民事经济纠纷时,除了可以选择法院诉讼外,还有另一种快速且有效的解决途径便是仲裁。仲裁和诉讼相比,具有一定的优点,主要有灵活性、承认和执行的简易性、简捷性和低费用性。

2.8　建设工程合同

《合同法》中分列出了包括买卖合同、租赁合同、运输合同、建设工程合同在内的共计15 种有名合同的法律规定,这些合同条款是订立合同文本、解决合同纠纷的直接法律依据。其中,建设工程合同在《合同法》中为第 16 章,条款号从第 269 条开始到第 287 条。大致包括如下几个方面:

1. 建设工程合同的基本定义

第 269 条指出,建设工程合同是承包人进行工程建设,发包人支付价款的合同。建设工程合同包括工程勘察、设计、施工合同。

该条明确了建设工程合同的定义:建设工程合同是勘察、设计、施工合同的统称。

2. 关于合同订立方式的规定

第 270 条明确指出,建设工程合同应当采用书面形式。

由于建设工程合同的特殊性,合同的订立方式必须采用书面形式,在特定条件下,合同双方可以采用口头方式约定,但是事后也必须及时补办相关书面手续。

3. 关于工程承包合同当事人的规定

第 272 条规定:发包人可以与总承包人订立建设工程合同,也可以分别与勘察人、设计人、施工人订立勘察、设计、施工承包合同。发包人不得将应当由一个承包人完成的建设工程肢解成若干部分发包给几个承包人。总承包人或者勘察、设计、施工承包人经发包人同意,可以将自己承包的部分工作交由第三人完成。第三人就其完成的工作成果与总承包人或者勘察、设计、施工承包人向发包人承担连带责任。承包人不得将其承包的全部建设工程转包给第三人或者将其承包的全部建设工程肢解以后以分包的名义分别转包给第三人。禁止承包人将工程分包给不具备相应资质条件的单位。禁止分包单位将其承包的工程再分包。建设工程主体结构的施工必须由承包人自行完成。

这一条和《建筑法》的基本规定一致,建设工程合同当事人必须是合法的当事人,而且要通过合法途径取得工程承揽业务。

4. 勘察、设计合同的主要内容

第 274 条规定,勘察、设计合同的内容包括提交有关基础资料和文件(包括概预算)的期限、质量要求、费用以及其他协作条件等条款。

5. 施工合同的主要内容

第 275 条规定,施工合同的内容包括工程范围、建设工期、中间交工工程的开工和竣工时间、工程质量、工程造价、技术资料交付时间、材料和设备供应责任、拨款和结算、竣工验收、质量保修范围和质量保证期、双方相互协作等条款。

6. 监理合同的订立规定

第 276 条明确指出,建设工程实行监理的,发包人应当与监理人采用书面形式订立委托监理合同。发包人与监理人的权利和义务以及法律责任,应当依照本法委托合同以及其他有关法律、行政法规的规定。

7. 施工合同实施中承、发包人双方的权利和义务

第 277 条规定了发包人对工程实施质量的检查权。该条规定:发包人在不妨碍承包人正常作业的情况下,可以随时对作业进度、质量进行检查。

第 278 条规定了隐蔽工程的验收程序和承包人的索赔权。该条规定:隐蔽工程在隐蔽以前,承包人应当通知发包人检查。发包人没有及时检查的,承包人可以顺延工程日期,并有权要求赔偿停工、窝工等损失。

第 279 条规定了发包人验收和接收工程的方式。该条规定:建设工程竣工后,发包人应当根据施工图纸及说明书、国家颁发的施工验收规范和质量检验标准及时进行验收。验收合格的,发包人应当按照约定支付价款,并接收该建设工程。建设工程竣工经验收合格后,方可交付使用;未经验收或者验收不合格的,不得交付使用。

第 281 条规定了施工质量问题的处理办法。该条规定:因施工人的原因致使建设工程质量不符合约定的,发包人有权要求施工人在合理期限内无偿修理或者返工、改建。经过修理或者返工、改建后,造成逾期交付的,施工人应当承担违约责任。

第 282 条规定了承包人的损害赔偿责任。该条规定:因承包人的原因致使建设工程在合理使用期限内造成人身和财产损害的,承包人应当承担损害赔偿责任。

第 283 条、第 284 条、第 286 条规定了发包人在建设工程合同中的义务及责任。具体规定:发包人未按照约定的时间和要求提供原材料、设备、场地、资金、技术资料的,承包人可以顺延工程日期,并有权要求赔偿停工、窝工等损失。因发包人的原因致使工程中途停建、缓建的,发包人应当采取措施弥补或者减少损失,赔偿承包人因此造成的停工、窝工、倒运、机械设备调迁、材料和构件积压等损失和实际费用。发包人未按照约定支付价款的,承包人可以催告发包人在合理期限内支付价款。发包人逾期不支付的,除按照建设工程的性质不宜折价、拍卖的以外,承包人可以与发包人协议将该工程折价,也可以申请人民法院将该工程依法拍卖。建设工程的价款就该工程折价或者拍卖的价款优先受偿。

知识梳理

建设工程合同的定义(《合同法》第 269 条)

建设工程合同订立方式的规定(《合同法》第 270 条)

工程承包合同当事人的规定(《合同法》第 272 条)

勘察设计合同的主要内容(《合同法》第 274 条)

施工合同的主要内容(《合同法》第 275 条)

监理合同的订立规定(《合同法》第 276 条)

施工合同中承发包人双方权利和义务(《合同法》第 277～279 条、第 281～284 条、第 286 条)

2.9　案 例 分 析

本节内容以《合同法》及相关法律法规依据,对建设工程合同中常见纠纷的处理,以案例的形式进行介绍。案例中所涉及的其他法律法规,如《建筑法》《民法通则》《建筑工程质量管理条例》的详细内容,读者可以查找相关法律资料。

2.9.1　建设工程合同的订立相关案例

【案例 2.1】　建设工程合同的订立形式

承包人和发包人签订了物流货物堆放场地平整工程合同,规定工程按我市工程造价管理部门颁布的《综合价格》进行结算。在履行合同过程中,因发包人未解决好征地问题,使承包人 7 台推土机无法进入场地,窝工 200 天,致使承包人没有按期交工。经发包人和承包人口头交涉,在征得承包人同意的基础上按承包人实际完成的工程量变更合同,并商定按"冶金部广东省某厂估价标准机械化施工标准"结算。工程完工结算时因为窝工问题和结算依据发生争议。承包人起诉,要求发包人承担全部窝工责任并坚持按第一次合同规定的计价依据和标准办理结算,而发包人在答辩中则要求承包人承担延期交工责任。法院经审理判决第一个合同有效,第二个回头交涉的合同无效,工程结算的依据应当依双方第一次签订的合同为准。

【案例 2.1 评析】

本案的关键在于如何确定工程结算计价的依据,即当事人所订立的两份合同哪个有效。依《合同法》第 270 条:"建设工程合同应当采用书面形式"有关规定,建设工程合同的有效要件之一是书面形式,而且合同的签订、变更或解除,都必须采取书面形式。本案中的第一个合同是有效的书面合同,而第二个合同是口头交涉而产生的口头合同,并未经书面固定,属无效合同。所以,法院判决第一个合同为有效合同。

【案例 2.2】　建设工程合同当事人之间的法律关系

某市 A 服务公司因建办公楼与 B 建设工程总公司签订了建筑工程承包合同。其后,经 A 服务公司同意,B 建设工程总公司分别与市 C 建筑设计院和市 D 建筑工程公司签订了建设工程勘察设计合同和建筑安装合同。建筑工程勘察设计合同约定由 C 建筑设计院对 A 服务公司的办公楼水房、化粪池、给水排水、空调及煤气外管线工程提供勘察、设计服务,做出工程设计书及相应施工图纸和资料。建筑安装合同约定由 D 建筑工程公司根据 C 建筑设计院提供的设计图纸进行施工,工程竣工时依据国家有关验收规定及设计图纸进行质量验收。合同签订后,C 建筑设计院按时做出设计书并将相关图纸资料交付 D 建筑工程公司,D 建筑公司依据设计图纸进行施工。工程竣工后,发包人会同有关质量监督部门对工程进行验收,发现工程存在严重质量问题,主要是由于设计不符合规范所致。原来 C 建筑设计院未对现场进行仔细勘察即自行进行设计导致设计不合理,给发包人带来了重大损失。由于设计人拒绝承担责任,B 建设工程总公司又以自己不是设计人为由推卸责任,发包人遂以 C 建筑设计院为被告向法院起诉。法院受理后,追加 B 建设工程总公司为共同被告,让其与 C 建筑设计院一起对工程建设质量问题承担连带责任。

【案例 2.2 评析】

本案中,市 A 服务公司是发包人,市 B 建设工程总公司是总承包人,C 建筑设计院和市 D 建筑工程公司是分包人。对工程质量问题,B 建设工程总公司作为总承包人应承担责任,而 C 建筑设计院和 D 建筑工程公司也应该依法分别向发包人承担责任。总承包人以不是自己勘察设计和建筑安装的理由企图不对发包人承担责任,以及分包人以与发包人没有合同关系为由不向发包人承担责任是没有法律依据的。所以本案判决 B 建设工程总公司和 C 建筑设计院共同承担连带责任是正确的。

依《合同法》第 272 条:"发包人可以与总承包人订立建设工程合同,也可以分别与勘察人、设计人、施工人订立勘察、设计、施工承包合同。发包人不得将应当由一个承包人完成的建设工程肢解成若干部分发包给几个承包人。总承包人或者勘察、设计、施工承包人经发包人同意,可以将自己承包的部分工作交由第三人完成。第三人就其完成的工作成果与总承包人或者勘察、设计、施工承包人向发包人承担连带责任。承包人不得将其承包的全部建设工程转包给第三人或者将其承包的全部建设工程肢解以后以分包的名义分别转包给第三人。禁止承包人将工程分包给不具备相应资质条件的单位。禁止分包单位将其承包的工程再分包。建设工程主体结构的施工必须由承包人自行完成。"《建筑法》第 28 条、第 29 条的规定:"禁止承包单位将其承包的全部工程转包给他人,施工总承包的,建筑工程主体结构的施工必须由总承包单位自行完成。"本案中 B 建设工程总公司作为总承包人不自行施工,而将工程全部转包他人,虽经发包人同意,但违反禁止性规定,亦为违法行为。

【案例 2.3】　施工合同条款必须完备

原告某房产开发公司与被告某建筑公司签订一施工合同,修建某一住宅小区。小区建成后,经验收质量合格。验收后 1 个月,房产开发公司发现楼房屋顶漏水,遂要求建筑公司负责无偿修理,并赔偿损失,建筑公司则以施工合同中并未规定质量保证期限,以工程已经验收合格为由,拒绝无偿修理要求。房产开发公司遂诉至法院。法院判决施工合同有效,认为合同中虽然并没有约定工程质量保证期限,但依建设部 1993 年 11 月 16 日发布的《建设工程质量管理办法》的规定,屋面防水工程保修期限为 3 年,因此本案工程交工后两个月内出现的质量问题,应由施工单位承担无偿修理并赔偿损失的责任。故判令建筑公司应当承担无偿修理的责任。

【案例 2.3 评析】

《合同法》第 275 条规定:施工合同的内容包括工程范围、建设工期、中间交工工程的开工和竣工时间、工程质量、工程造价、技术资料交付时间、材料和设备供应责任、拨款和结算、竣工验收、质量保修范围和质量保证期、双方相互协作等条款。本案争议的施工合同虽欠缺质量保证期条款,但并不影响双方当事人对施工合同主要义务的履行,故该合同有效。由于合同中没有质量保证期的约定,故应当依照法律、法规的规定或者其他规章确定工程质量保证期。法院依照《建设工程质量管理办法》的有关规定对欠缺条款进行补充,无疑是正确的。依据该办法规定,出现的质量问题在保证期内,故认定建筑公司承担无偿修理和赔偿损失责任是正确的。

【案例 2.4】 签订合同资料必须齐全

甲工厂与乙勘察设计单位签订一份《厂房建设设计合同》,甲委托乙完成厂房建设初步设计,约定设计期限为支付定金后 30 天,设计费按国家有关标准计算。另约定,如甲要求乙增加工作内容,其费用增加 10%,合同中没有对基础资料的提供进行约定。开始履行合同后,乙向甲索要设计任务书以及选厂报告和燃料、水、电协议文件,甲答复除设计任务书之外,其余都没有。乙自行收集了相关资料,于第 37 天交付设计文件。乙认为收集基础资料增加了工作内容,要求甲按增加后的数额支付设计费。甲认为合同中没有约定自己提供资料,不同意乙的要求,并要求乙承担逾期交付设计书的违约责任。乙遂诉至法院。法院认为,合同中未对基础资料的提供和期限予以约定,乙方逾期交付设计书属乙方过错,构成违约;另按国家规定,勘察、设计单位不能任意提高勘察设计费,有关增加设计费的条款认定无效,判定:甲按国家规定标准计算给付乙设计费;乙按合同约定向甲支付逾期违约金。

【案例 2.4 评析】

本案的设计合同缺乏一个主要条款,即基础资料的提供。按照《合同法》第 274 条"勘察、设计合同的内容包括提交有关基础资料和文件(包括概预算)的期限、质量要求、费用以及其他协作条件等条款。合同的主要条款是合同成立的前提,如果合同缺乏主要条款,则当事人无据可依,合同自身也就无效力可言,勘察、设计合同不仅要条款齐备,还要明确双方各自责任,以避免合同履行中的互相推诿,保障合同的顺利执行。"及《建设工程勘察、设计合同条例》有关规定,设计合同中应明确约定由委托方提供基础资料,并对提供时间、进度和可靠性负责。本案因缺乏该约定,虽工作量增加,设计时间延长,乙方却无向甲方追偿由此造成的损失的依据。其责任应自行承担,增加设计费的要求违背国家有关规定不能成立,故法院判决乙按规定收取费用并承担违约责任。

【案例 2.5】 签订监理合同要按规定执行

某房地产开发企业投资开发建设某住宅小区,与某工程咨询监理公司签订委托监理合同。在监理职责条款中,合同约定:"乙方(监理公司)负责甲方(房地产开发企业)小区工程设计阶段和施工阶段的监理业务……房产开发企业应于监理业务结束之日起 5 日内支付最后 20% 的监理费用。"小区工程竣工一周后,监理公司要求房产开发企业支付剩余 20% 的监理费,房产开发企业以双方有口头约定,监理公司监理职责应履行至工程保修期满为由,拒绝支付,监理公司索款未果,诉至法院。法院判决双方口头商定的监理职责延至保修期满的内容不构成委托监理合同的内容,房产开发企业到期未支付最后一笔监理费,构成违约,应承担违约责任,支付监理公司剩余20%监理费及延期付款利息。

【案例2.5评析】

根据《合同法》第276条规定:"建设工程实行监理的,发包人应当与监理人采用书面形式订立委托监理合同。发包人与监理人的权利和义务以及法律责任,应当依照本法委托合同以及其他有关法律、行政法规的规定。"本案房地产开发企业开发住宅小区,属于需要实行监理的建设工程,理应与监理人签订委托监理合同。本案争议焦点在于确定监理公司监理义务范围。依书面合同约定,监理范围包括工程设计和施工两阶段,而未包括工程的保修阶段;双方只是口头约定还应包括保修阶段。依本条规定,委托监理合同应以书面形式订立,口头形式约定不成立委托监理合同。因此,该委托监理合同关于监理义务的约定,只能包括工程设计和施工两阶段,不应包括保修阶段,也就是说,监理公司已完全履行了合同义务,房产开发企业逾期支付监理费用,属违约行为,故判决其承担违约责任,支付监理费及利息,无疑是正确的。此类案件中,当事人还应注意监理单位的资质条件。另外,倘若监理单位不履行义务,给委托人造成损失的,监理单位应与承包单位承担连带赔偿责任。

2.9.2　建设工程合同履行的相关案例

【案例2.6】　总包与分包有连带责任

某市服务公司因建办公楼与建设工程总公司签订了建筑工程承包合同。其后,经服务公司同意,建设工程总公司分别与市建筑设计院和市××建筑工程公司签订了建设工程勘察设计合同和建筑安装合同。建筑工程勘察设计合同约定由市建筑设计院对服务公司的办公楼、水房、化粪池、给水排水及采暖外管线工程提供勘察、设计服务,做出工程设计书及相应施工图纸和资料。建筑安装合同约定由××建筑工程公司根据市建筑设计院提供的设计图纸进行施工,工程竣工时依据国家有关验收规定及设计图纸进行质量验收。合同签订后,建筑设计院按时做出设计书并将相关图纸资料交付××建筑工程公司,建筑公司依据设计图纸进行施工。工程竣工后,发包人会同有关质量监督部门对工程进行验收,发现工程存在严重质量问题,是由于设计不符合规范所致。原来市建筑设计院未对现场进行仔细勘察即自行进行设计导致设计不合理,给发包人带来了重大损失。由于设计人拒绝承担责任,建设工程总公司又以自己不是设计人为由推卸责任,发包人遂以市建筑设计院为被告向法院起诉。法院受理后,追加建设工程总公司为共同被告,让其与市建筑设计院一起对工程建设质量问题承担连带责任。

【案例2.6评析】

本案中,某市服务公司是发包人,市建设工程总公司是总承包人,市建筑设计院和××建筑工程公司是分包人。对工程质量问题,建设工程总公司作为总承包人应承担责任,而市建筑设计院和××建筑工程公司也应该依法分别向发包人承担责任。总承包人以不是自己勘察设计和建筑安装的理由企图不对发包人承担责任,以及分包人以与发包人没有合同关系为由不向发包人承担责任,都是没有法律依据的。

根据《合同法》第272条中的"总承包人或者勘察、设计、施工承包人经发包人同意,可以将自己承包的部分工作交由第三人完成。第三人就其完成的工作成果与总承包人或者勘察、设计、施工承包人向发包人承担连带责任。承包人不得将其承包的全部建设工程转包给第三人或者将其承包的全部建设工程肢解以后以分包的名义分别转包给第三人"的规定,所以本案判决市建设工程总公司和市建筑设计院共同承担连带责任是正确的。值得说明的是,依《合同法》这一条及《建筑法》第 28 条、第 29 条的规定,禁止承包单位将其承包的全部工程转包给他人,施工总承包的建筑工程主体结构的施工必须由总承包单位自行完成。本案中建设工程总公司作为总承包人不自行施工,而将工程全部转包他人,虽经发包人同意,但违反禁止性规定,亦为违法行为。

【案例 2.7】 工程施工要符合质量规定要求

原告某房产开发公司与被告某建筑公司签订一施工合同,修建某一住宅小区。小区建成后,经验收质量合格。验收后 1 个月,房产开发公司发现楼房屋顶漏水,遂要求建筑公司负责无偿修理,并赔偿损失,建筑公司则以施工合同中并未规定质量保证期限,以工程已经验收合格为由,拒绝无偿修理要求。房产开发公司遂诉至法院。法院判决施工合同有效,认为合同中虽然并没有约定工程质量保证期限,但依建设部 1993 年 11 月 16 日发布的《建设工程质量管理办法》的规定,屋面防水工程保修期限为 3 年,因此本案工程交工后两个月内出现的质量问题,应由施工单位承担无偿修理并赔偿损失的责任。故判令建筑公司应当承担无偿修理的责任。

【案例 2.7 评析】

本案争议的施工合同虽欠缺质量保证期条款,但并不影响双方当事人对施工合同主要义务的履行,故该合同有效。《合同法》第 275 条规定:施工合同的内容包括工程范围、建设工期、中间交工工程的开工和竣工时间、工程质量、工程造价、技术资料交付时间、材料和设备供应责任、拨款和结算、竣工验收、质量保修范围和质量保证期、双方相互协作等条款。由于合同中没有质量保证期的约定,故应当依照法律、法规的规定或者其他规章确定工程质量保证期。法院依照《建设工程质量管理办法》的有关规定对欠缺条款进行补充,无疑是正确的。依据该办法规定,出现的质量问题在保证期内,故认定建筑公司承担无偿修理和赔偿损失责任是正确的。

【案例 2.8】 发包方的监督和检查权

某企业为扩大生产规模,欲扩建厂房 30 间,欲与某建筑公司签订建设工程合同。关于施工进度,合同规定:2 月 1 日至 2 月 20 日,地基完工;2 月 21 日至 4 月 30 日,主体工程竣工;5 月 1 日至 10 日,封顶,全部工程竣工。2 月初工程开工,该企业产品在市场极为走俏,为尽早使建设厂房使用投产,企业便派专人检查监督施工进度,检查人员曾多次要求建筑公司缩短工期,均被建筑公司以质量无法保证为由拒绝。为使工程尽早完工,企业所派检查人员遂以承包人建筑公司名义要求材料供应商提前送货至目的地。造成材料堆积过多,管理困难,部分材料损坏。建筑公司遂起诉企业,要求承担损失赔偿责任。企业以检查作业进度,督促企业完工为由抗辩,法院判决企业抗辩不成立,应依法承担赔偿责任。

【案例 2.8 评析】

本案涉及发包方如何行使检查监督权问题。根据《合同法》第 277 条规定:"发包人在不妨碍承包人正常作业的情况下,可以随时对作业进度、质量进行检查。"企业派专人检查工程施工进度的行为本身是行使检查权的表现。但是,检查人员的检查行为已超出了法律规定的对施工进度和质量进行检查的范围,且以建筑公司名义促使材料供应商提早供货,在客观上妨碍了建筑公司的正常作业,因而构成权利滥用行为,理应承担损害赔偿责任。

【案例 2.9】　隐蔽工程应及时检查

　　某建筑公司负责修建某学校学生宿舍楼一幢,双方签订建设工程合同。由于宿舍楼设有地下室,属隐蔽工程,因而在建设工程合同中,双方约定了对隐蔽工程(地下层)的验收检查条款。规定:地下室的验收检查工作由双方共同负责,检查费用由校方负担。地下室竣工后,建筑公司通知校方检查验收,校方则答复:因校内事务繁多由建筑公司自己检查出具检查记录即可。其后 15 日,校方又聘请专业人员对地下室质量进行检查,发现未达到合同所定标准,遂要求建筑公司负担此次检查费用,并返工地下室工程。建筑公司则认为,合同约定的检查费用由校方负担,本方不应负担此项费用,但对返工重修地下室的要求予以认可。校方多次要求公司付款未果,诉至法院。

【案例 2.9 评析】

　　本案争议焦点在于隐蔽工程(地下室)隐蔽后,发包方事后检查的费用由哪方负担的问题。按《合同法》第 278 条:"隐蔽工程在隐蔽以前,承包人应当通知发包人检查。发包人没有及时检查的,承包人可以顺延工程日期,并有权要求赔偿停工、窝工等损失。"本条法律规定,承包方在隐蔽工程竣工后,应通知发包方检查,发包方未及时检查,承包方可以停工。在本案中,对于校方不履行检查义务的行为,建筑公司有权停工待查,停工造成的损失应当由校方承担。但建筑公司未这样做,反而自行检查,并出具检查记录交与校方后,继续进行施工。对此,双方均有过失。至于校方的事后检查费用,则应视检查结果而定,如果检查结果是地下室质量未达到标准,因这一后果是承包方所致,检查费用应由承包方承担;如果检查质量符合标准,重复检查的结果是校方未履行义务所致,则检查费用应由校方承担。

【案例 2.10】　工程未经验收,不得交付使用

　　1995 年 2 月 24 日,甲建筑公司与乙厂就乙厂技术改造工程签订建设工程合同。合同约定:甲公司承担乙厂技术改造工程项目 56 项,负责承包各项目的土建部分;承包方式按预算定额包工包料,竣工后办理工程结算。合同签订后,甲公司按合同的约定完成该工程的各土建项目,并于 1996 年 11 月 14 日竣工。孰料,乙厂于 1996 年 9 月被丙公司兼并,由丙公司承担乙厂的全部债权债务,承接乙厂的各项工程合同、借款合同及各种协议。甲公司在工程竣工后多次催促丙公司对工程进行验收并支付所欠工程款。丙公司对此一直置之不理,既不验收已竣工工程,也不付工程款。甲公司无奈将丙公司诉至法院。法院判决丙公司对已完工的土建项目进行验收,验收合格后向甲公司支付所欠工程款。

【案例 2.10 评析】

　　此案签订建设工程承包合同的是甲公司与乙厂,但乙厂在被丙公司兼并后,丙公司承担了乙厂的全部债权债务并承接了乙厂的各项工程合同,当然应当履行原甲公司与乙厂签订的建设工程承包合同,对已完工的工程项目进行验收,验收合格无质量争议的,应当按照合同规定向甲公司支付工程款,接收该工程项目,办理交接手续。根据《合同法》第 279 条规定:"建设工程竣工后,发包人应当根据施工图纸及说明书、国家颁发的施工验收规范和质量检验标准及时进行验收。验收合格的,发包人应当按照约定支付价款,并接收该建设工程。""建设工程竣工经验收合格后,方可交付使用;未经验收或者验收不合格的,不得交付使用。"因此,法院的判决是正确的。

【案例 2.11】　承包商应提供约定的产品

　　1992 年 2 月 4 日,某外国语学院与某建筑公司签订了一项建设工程承包合同,由建筑公司为外语学院建设图书馆。合同约定：建筑面积 7 600 平方米，高 9 层，总造价 1 080 万元；由外语学院提供建设材料指标，建筑公司包工包料；1993 年 8 月 10 日竣工验收，验收合格后交付使用；交付使用后，如果在一年之内发生较大质量问题，由施工方负责修复；工程费的结算，开工前付工程材料费 50%，主体工程完工后付 30%，余额于验收合格后全部结清；如延期竣工，建筑公司偿付延期交付的违约金。1993 年该工程如期竣工。验收时，外语学院发现该图书馆的阅览室隔音效果不符合约定，楼顶也不符合要求，地板、墙壁等多处没有能达到国家规定的建筑质量标准。为此，外语学院要求建筑公司返工修理后再验收，建筑公司拒绝返工修理，认为不影响使用。双方协商不成，外语学院以建设工程质量不符合约定为由诉至法院。法院判决建筑公司对不合格工程进行返工、修理。

【案例 2.11 评析】

在该案中，外语学院与建筑公司签订的建设工程承包合同意思表示真实，合法有效。建筑公司应当履行合同约定的义务，保证建设工程的质量，向发包人外语学院交付验收合格的工程。既然建筑公司承建的图书馆经验收查明质量不符合合同的约定，发包人外语学院又要求建筑公司对质量不合格的该工程进行返工、修理，那么建筑公司理应承担返工、修理的责任。根据《合同法》第 281 条"施工人的原因致使建设工程质量不符合约定的，发包人有权要求施工人在合理期限内无偿修理或者返工、改建。经过修理或者返工、改建后，造成逾期交付的，施工人应当承担违约责任。"建筑公司无理拒绝外语学院的正当要求，显然既违反了双方订立的合同，又违反了法律的规定。因此，法院认定建筑公司承担修理、返工的责任，是完全正确的。如果本法生效后遇到同类案件，建筑公司还应承担修理、返工后逾期交付的违约责任。

【案例 2.12】　承包人应承担损害赔偿责任

某学校为建设教职工宿舍楼，与市建筑公司签订了一份建设工程承包合同。合同约定：工程采用大包干形式，由建筑公司包工包料，主体工程和内外承重砖一律使用国家标准红机砖，每层有水泥圈加固；学校可先提供建筑材料和必要的用工等款项和费用；工程的全部费用于验收合格后一次付清；交付使用后，如果在 8 个月内发生严重质量问题，由承包人负责修复等。1 年后，职工宿舍楼如期完工，在学校和建筑公司共同进行竣工验收时，学校发现工程 4~6 层的内承重墙体裂缝较多，要求建筑公司修复后再验收，建筑公司认为不影响使用而拒绝修复。因为很多教职工等着分房，学校接收了宿舍楼。在使用了 6 个月之后，宿舍楼 5 层和 6 层的内承重墙倒塌，致使 2 人死亡，8 人受伤，其中两人致残，5 家住户的财产受到不同程度的损失。受害者与学校要求建筑公司赔偿损失，并修复倒塌工程。建筑公司以使用不当为由拒绝赔偿。无奈之下，受害者与学校诉至法院，请法院主持公道。法院在审理期间对工程事故原因进行了鉴定，鉴定结论为建筑公司偷工减料导致宿舍楼内承重墙倒塌。因此，法院认定建筑公司应当向受害者承担损害赔偿责任，并负责修复倒塌的部分工程。

【案例 2.12 评析】

在该案中，学校与建筑公司之间有合同关系，并且约定了建设工程的保修期限和保修责任，事故发生时尚在合同约定的保修期内，建筑公司应依合同约定承担保修责任，无偿修复倒塌的宿舍楼。而对于其他人身和财产损害的受害者，即被侵权者，建筑公司是侵权行为人，是加害者，建筑公司以建设工程已验收并交付使用为由拒绝赔偿没有任何依据。所以，根据《合同法》第 282 条"因承包人的原因致使建设工程在合理使用期限内造成人身和财产损害的,承包人应当承担损害赔偿责任"的规定以及建筑公司质量事故与损害结果之间的因果关系,建筑公司应当向受害者承担损害赔偿责任。

【案例 2.13】　发包人应承担的赔偿责任

某工厂与某建筑工程队于 1994 年 7 月 21 日签订了一份工厂土地平整工程合同。合同约定:承包人为发包人平整土地工程,造价 22 万元,交工日期是 1994 年 11 月底。在合同履行中因发包人未解决征用土地问题,承包人施工时被当地群众阻拦,使承包人 7 台推土机无法进入施工场地,窝工 328 个台班日。后经双方协商同意将原合同规定的交工日期延迟到1994 年 12 月底。在施工过程中,发包人接到上级主管部门关于工程定额标准的规定后,与承包方口头交涉,同意按实际完成的工作量,按主管部门规定的机械化施工标准结算。工程完工结算时,因承包人要求按省标准结算,发包人要求按本行业定额标准结算,又因停工、窝工问题发生争议,发包人拒付工程款。承包人诉至法院要求支付工程款,赔偿窝工损失。法院判决发包人依合同约定的结算标准支付工程款,并且赔偿给承包人造成的停工、窝工的实际损失。

【案例 2.13 评析】

在本案中,发包人应当为承包人提供施工场地和施工条件,既然该承包工程为平整土地工程,发包人在施工之前就应负责将土地征用事宜办理完毕。而发包人不仅没有办妥土地征用手续,没有为承包人提供施工条件,而且也没有通知承包人暂不能如期开工,致使承包人按期开始施工时受到当地群众阻拦,推土机无法进入施工场地,窝工 328 个台班日。事后虽经双方协商将交工日期延迟,但是已经给承包人造成了不可挽回的经济损失。而且承包人的经济损失是因为发包人未能按合同约定提供施工场地造成的,发包人当然应当赔偿因此给承包人造成的窝工损失。这是完全符合《合同法》的第 283 条规定,按"发包人未按照约定的时间和要求提供原材料、设备、场地、资金、技术资料的,承包人可以顺延工程日期,并有权要求赔偿停工、窝工等损失"处理。

【案例 2.14】　发包人停建应赔偿损失

某市建筑工程公司与 A 娱乐公司签订一份建筑歌舞厅的建设工程承包合同。合同约定:由建筑公司包工包料建一座 3 层高、建筑面积为 1 405 平方米的歌舞厅,工程造价为230 万元,工期为 1 年。当第 1 层建设一半时,A 娱乐公司不能按期支付工程进度款,建筑公司被迫停工。在停工期间,A 娱乐公司被 B 公司收购。B 公司根据市场行情,决定将正在建设的歌舞厅改建成保龄球城,不仅重新进行设计,而且与某国家级建筑公司重新签订了建设工程承包合同,同时欲解除原建设工程承包合同。在协议解除原建设工程承包合同时,因工程欠款及停工停建等损失问题双方未能达成一致意见。至此,市建筑公司已停工 8 个月。为追回工程欠款,要求 B 公司赔偿损失,市建筑公司起诉到法院。法院判决 B 公司赔偿损失。

【案例 2.14 评析】

由于 A 公司拖欠工程款导致在建工程停工,又因为 B 公司收购了 A 公司,应承担 A 公司原订合同的权利与义务。B 公司变更原设计导致工程停建,依法应当承担给市建筑公司造成的损失。根据《合同法》第 284 条:"因发包人的原因致使工程中途停建、缓建的,发包人应当采取措施弥补或者减少损失,赔偿承包人因此造成的停工、窝工、倒运、机械设备调迁、材料和构件积压等损失和实际费用"的规定。首先,应当由 B 公司采取措施弥补或减少建筑公司的损失,将积压的材料和构件按实际价值买回;其次,按已完工的工程量结算工程价款;第三,赔偿市建筑公司的停工、中途停建的损失,如支付停工期间的工人工资等;第四,赔偿因中途停建而发生的实际费用,如机械设备调迁的费用等;第五,支付合同约定的一方单方提前解除合同的违约金。

【案例 2.15】 发包人应按时支付工程款

某市轮胎厂与某市建筑公司于 1993 年 5 月 10 日签订了一份建设工程承包合同。合同规定:工程项目为 6 层楼招待所,建筑面积为 4 247.4 平方米,总造价 108 万元;1993 年 5 月 20 日开工,同年 12 月 25 日竣工;合同生效后 10 日预付 48 万元的材料款,工程竣工后办理竣工决算;工程按施工详图及国家施工、验收规范施工,执行国家质量标准。轮胎厂在工程竣工验收时又付款 22 万元,尚欠 38 万元,轮胎厂在 1994 年 3 月 8 日写有欠条,表示分期给付欠款。1995 年 1 月轮胎厂被省外贸公司兼并。同年 5 月,外贸公司在某市报纸上刊登启事通知与原轮胎厂有业务联系者,见报后一个月内来该厂办理有关手续,过期不予办理。同年 12 月建筑公司持欠条向外贸公司要款,外贸公司以原轮胎厂的账上无此款反映,要款已超过报上规定的时间为由拒付此款。建筑公司遂向法院起诉,请求外贸公司支付欠款和银行利息。法院判决外贸公司偿还建筑公司工程欠款 38 万元及利息。

【案例 2.15 评析】

轮胎厂与建筑公司签订建设工程承包合同,双方均具有签约主体资格,且内容合法,意思表示真实,依法应确认为有效合同。工程竣工后,双方验收结算,明确了工程价款,轮胎厂扣除预付款 48 万元,竣工后支付工程款 22 万元,还应向建筑公司支付余款 38 万元。1994 年 3 月 8 日,轮胎厂又书面表示分期给付欠款。按《合同法》第 286 条:"发包人未按照约定支付价款的,承包人可以催告发包人在合理期限内支付价款。发包人逾期不支付的,除按照建设工程的性质不宜折价、拍卖的以外,承包人可以与发包人协议将该工程折价,也可以申请人民法院将该工程依法拍卖。建设工程的价款就该工程折价或者拍卖的价款优先受偿"的规定,轮胎厂拖欠建筑公司的工程款本应由轮胎厂承担法律责任,但该厂已被外贸公司兼并,其债权债务应由外贸公司承担,外贸公司拒绝付款无法律依据,建筑公司可与外贸公司协议将该工程折价以支付工程价款,也可以直接申请人民法院将该工程依法拍卖,建筑公司可就该工程折价或者拍卖的价款优先受偿。

本 章 小 结

1. 合同法的基本原则有:平等原则、自愿原则、公平原则和诚实信用原则。

2. 合同的订立,是订立合同的双方当事人作出意思表示并达成一致的一种状态。当事人订立合同有书面形式、口头形式和其他形式。建设工程合同应当采用书面形式。

3. 当事人订立合同采取要约、承诺方式。通常情况下,承诺生效时合同成立。当事人采用合同书形式订立合同的,自双方当事人签字或者盖章时合同成立。

4. 合同生效是指合同产生法律上的效力,是合同对双方当事人的法律约束力的开始。按合同的效力状态,合同分为:有效合同、无效合同、效力待定合同和可撤销可变更合同。

5. 合同履行应遵循全面履行和诚实信用原则。

6. 合同变更是指当事人对已经发生法律效力,但尚未履行或尚未完全履行的合同,进行修改或补充所达成的协议。合同转让,即合同的权利义务的转让,是指在不改变合同内容与客体的情况下,合同当事人一方将合同权利、义务全部或部分地转让给第三人。

7. 按照《合同法》规定,有下列情形之一的,合同的权利义务终止:

① 债务已经按照约定履行;

② 合同解除;

③ 债务相互抵消;

④ 债务人依法将标的物提存;

⑤ 债权人免除债务;

⑥ 债权债务同归于一人;

⑦ 法律规定或者当事人约定终止的其他情形。

8. 当事人一方不履行合同义务或者履行合同义务不符合约定的,应当承担继续履行、采取补救措施或者赔偿损失等违约责任。

9. 合同争议的解决方式有:和解、调解、仲裁和诉讼。

10. 建设工程合同是承包人进行工程建设,发包人支付价款的合同。建设工程合同包括工程勘察、设计、施工合同。

习　题

1. 单项选择题

(1) 某建设单位与甲公司签订了一份施工合同,约定甲公司为其承建某工程。甲公司又与乙公司签订了一份施工合同,约定由乙公司承建该工程的主体部分。则甲公司与乙公司签订的合同为(　　)。

　　A. 转包合同,合同有效　　　　　　　　B. 转包合同,合同无效

　　C. 分包合同,合同有效　　　　　　　　D. 分包合同,合同无效

(2) 甲、乙于4月1日签订一份施工合同。合同履行过程中,双方于5月1日发生争议,甲于5月20日单方要求解除合同。乙遂向法院提起诉讼,法院于6月30日判定该合同无效。则该合同自(　　)无效。

　　A. 4月1日　　　　　B. 5月1日　　　　　C. 5月20日　　　　　D. 6月30日

(3) 甲公司将其塔吊租给乙公司使用,乙公司却将该塔吊卖给丙公司。依据我国《合同法》的规定,乙公司与丙公司的塔吊买卖合同属于(　　)合同。

　　A. 无效　　　　　B. 可撤销　　　　　C. 效力待定　　　　　D. 可变更

(4) 建设工程施工合同履行时,若部分工程价款约定不明,则应按照(　　)履行。

　　A. 订立合同时承包人所在地的市场价格　　B. 订立合同时工程所在地的市场价格

　　C. 履行合同时工程所在地的市场价格　　　D. 履行合同工程造价管理部门发布的价格

(5) 某电梯采购合同中约定,甲方向乙方订购5部电梯,约定由乙直接将其中2部电梯交付给丙,但乙一直未向丙交付电梯。则该合同中应由(　　)承担违约责任。

　　A. 甲向丙　　　　　B. 乙向丙　　　　　C. 乙向甲　　　　　D. 丙向甲

(6) 施工单位因为违反施工合同而支付违约金后,建设单位仍要求其继续履行合同,则施工单位应(　　)。

A. 拒绝履行   B. 继续履行

C. 缓期履行   D. 要求对方支付一定费用后履行

(7) 张某是某施工单位的材料采购员,一直代理本单位与甲建材公司的材料采购业务。后张某被单位开除,但甲公司并不知情。张某用盖有原单位公章的空白合同书与甲公司签订材料采购合同,则该合同为( )合同。

A. 效力待定   B. 无效   C. 可撤销   D. 有效

(8) 甲、乙签订房屋买卖合同,甲为出卖人,乙为买受人。随后甲将合同中的全部权利转让给丙,则此合同转让属于( )转让。

A. 主体   B. 标的   C. 权利   D. 义务

(9) 甲与乙签订工程设计合同,合同约定设计费用为 80 万元,甲方向乙方支付 16 万元定金。合同订立后,甲方实际向乙方支付了 12 万元定金,乙收取定金后拒不履行合同,则甲可以要求乙返还( )万元。

A. 12   B. 24   C. 16   D. 32

(10) 因欺诈、胁迫而订立的施工合同可能是无效合同,也可能是可撤销合同。认定其为无效合同的必要条件是( )。

A. 违背当事人的意志   B. 乘人之危

C. 显示公平   D. 损害国家利益

(11) 承包商为了追赶工期,向水泥厂紧急发函要求按市场价格订购 200 吨 425# 硅酸盐水泥,并要求 3 日内运抵施工现场。承包商的订购行为( )。

A. 属于要约邀请,随时可以撤销

B. 属于要约,在水泥运抵施工现场前可以撤回

C. 属于要约,在水泥运抵施工现场前可以撤销

D. 属于要约,而且不可撤销

(12) 建设单位按照与施工单位订立的施工合同,负责电梯设备的采购。于是建设单位向电梯生产厂家发函要求购买两部电梯。电梯厂回函表示"其中一部可以按要求期限交付,另一部则需延期 10 日方能交付"。电梯厂的回函属于( )。

A. 要约邀请   B. 要约撤销   C. 承诺   D. 新要约

(13) 招标人于 2006 年 4 月 1 日发布招标公告,2006 年 4 月 20 日发布资格项目预审公告,2006 年 5 月 10 日发售招标文件,投标人于投标截止日 2006 年 6 月 10 日及时递交了投标文件,2006 年 7 月 20 日招标人发出中标通知书,则要约生效的时间是( )。

A. 2006 年 4 月 1 日   B. 2006 年 5 月 10 日

C. 2006 年 6 月 10 日   D. 2006 年 7 月 20 日

(14) 小张今年 17 周岁,到城里打工一年挣得工资 2 万元。现小张回到家乡承包一小型砖厂,则关于该承包协议效力的说法,正确的是( )。

A. 因小张是限制民事行为能力人,该协议效力待定

B. 因小张不具备相应的民事行为能力,该协议无效

C. 因小张具备相应的民事行为能力,该协议有效

D. 因小张不具备相应的民事行为能力,该协议可撤销

(15) 建设单位与供货商签订的钢材供货合同未约定交货地点,后双方对此没有达成补充协议,也不能依其他方法确定,则供货商备齐钢材后( )。

A. 应将钢材送到施工现场   B. 应将钢材送到建设单位的办公所在地

C. 应将钢材送到建设单位的仓库　　　　　　D. 可通知建设单位自提

(16) 某房地产开发商拖欠承包商工程款 700 万元,承包商认为可以用开发的商品房抵账,因此并不急于追索。同时承包商拖欠劳务分包商报酬 150 万元已达 6 个月,则此劳务分包商有权( )。

　　A. 以自己名义向人民法院请求开发商付款

　　B. 以承包商的名义向人民法院请求开发商付款

　　C. 以自己的名义向政府行政主管部门请求付款

　　D. 以承包商的名义向开发商请求付款

(17) 甲与乙订立了一份水泥购销合同,约定甲向乙交付 200 吨水泥,货款 6 万元,乙向甲支付定金 1 万元;如任何一方不履行合同应支付违约金 1.5 万元。甲因将水泥卖给丙而无法向乙交付,给乙造成损失 2 万元。乙提出的如下诉讼请求中,不能获得法院支持的是( )。

　　A. 要求甲双倍返还定金 2 万元

　　B. 要求甲双倍返还定金 2 万元,同时支付违约金 1.5 万元

　　C. 要求甲支付违约金 2 万元

　　D. 要求甲支付违约金 1.5 万元

(18) 甲受到欺诈的情况下与乙订立了合同,后经甲向人民法院申请,撤销了该合同,则该合同自( )起不发生法律效力。

　　A. 人民法院决定撤销之日　　　　　　　　B. 合同订立时

　　C. 人民法院受理请求之日　　　　　　　　D. 权利人知道可撤销事由之日

(19) 甲、乙两公司签订一份建筑材料采购合同,合同履行期间因两公司合并致使该合同终止。该合同终止的方式是( )。

　　A. 免除　　　　　　B. 抵消　　　　　　C. 混合　　　　　　D. 提存

(20) 某施工单位与丙企业订立合同后,分立为甲、乙两个施工单位,但未将此情况告知道丙,则丙有权要求( )。

　　A. 甲、乙对合同承担连带责任　　　　　　B. 解除合同

　　C. 撤销合同　　　　　　　　　　　　　　D. 原施工单位上级主管部门承担责任

(21) 根据《合同法》的规定,下列情形中,权利人不享有法定解除权的是( )。

　　A. 运输建材的货车途中遭遇洪水,货物全部变质

　　B. 施工过程中,承包人不满工程师的指令,将全部工人和施工机械撤离现场

　　C. 发包人拒不支付工程款,双方又不能达成延期付款协议

　　D. 施工单位夜间施工扰民,被行政主管部门责令停工,致使工期延误

(22) 某施工单位向一建筑机械厂发出要约,欲购买一台挖掘机,则下列情形中,会导致要约失效的是( )。

　　A. 建筑机械厂及时回函,对要约提出非实质性变更

　　B. 承诺期限届满,建筑机械厂未作出承诺

　　C. 建筑机械厂发出承诺后,收到撤销该要约的通知

　　D. 建筑机械厂发出承诺前,收到撤回该要约的通知

(23) 某施工单位分别对两个建设单位的工程项目投标,但是,在提交标书时,不慎将两个项目的投标文件互相错投。则此施工单位的两个投标文件均不构成要约,其原因是( )。

　　A. 要约内容不明确　　　　　　　　　　　B. 要约人不特定

　　C. 受要约人错误　　　　　　　　　　　　D. 无订立合同的意思表示

(24) 某施工单位以电子邮件的方式向某设备供应商发出要约,该供应商铬镍钢提供了 3 个电子邮箱,

并且没有特别指定,则此要约的生效时间是( )。

  A. 该要约进入任一电子邮箱的首次时间 B. 该要约进入 3 个电子邮箱的最后时间

  C. 该供应商获悉该要约收到的时间 D. 该供应商理解该要约内容的时间

(25) 下列由第三人向债权人履行债务的说法,错误的是( )。

  A. 必须征得债权人同意 B. 第三人并不因此成为合同当事人

  C. 不得损害债权人的利益 D. 第三人应向债权人承担违约责任

(26) 甲施工单位向乙预制件厂订制非标购件,合同约定乙收到支票之日三日内发货,后甲顾虑乙经营状况严重恶化,遂要求其先行发货,乙表示拒绝。则乙的行为属于( )。

  A. 违约行为 B. 行使同时履行抗辩权

  C. 行使先履行抗辩权 D. 行使不安抗辩权

(27) 甲供应商向同一项目中的乙、丙两家专业分包单位供应同一型号材料,两份供货合同对材料质量标准均未约定。乙主张参照其他企业标准,丙主张执行总承包单位关于该类材料的质量标准,甲提出以降低价格为条件,要求执行行业标准,乙、丙表示同意,则该材料质量标准应达到( )。

  A. 国家标准 B. 行业标准

  C. 总承包单位确定的标准 D. 其他企业标准

2. 简答题

(1) 要约应当符合哪些条件?要约与要约邀请有什么区别?

(2) 哪些合同是可变更或者可撤销的合同?

(3) 哪些情形中的当事人一方有权请求人民法院或者仲裁机构变更或者撤销其合同?

(4) 解决合同争议的方法有哪些?

(5) 仲裁的原则有哪些?

(6) 合同当事人在哪些情形下可以行使不安抗辩权?

第 3 章　建设工程的招标与投标

 教学目标

知识要点	知识目标	专业能力目标
建筑市场	1. 掌握建筑市场主体的资质界定； 2. 熟悉建设工程交易中心性质； 3. 掌握我国招标投标法律体系的构成及适用范围	1. 能根据用户的要求及实际情况编制招标文件； 2. 能够根据发包人的要求及实际情况编制投标文件； 3. 会收集资料，对投标价格进行了解和研究，会利用投标技巧，订出既中标又盈利的标价
建设工程的招标	1. 熟悉招标的条件、招标方式和组织形式； 2. 掌握招标的程序； 3. 熟悉招标公告和投标邀请书的内容； 4. 熟悉对投标人资格审查的内容； 5. 掌握招标文件的编制、澄清或修改等内容	
建设工程的投标	1. 熟悉投标的基本条件和要求； 2. 掌握联合体投标； 3. 熟悉投标文件的内容； 4. 掌握投标报价及决策方法； 5. 掌握投标文件的递交、修改和撤回程序	
建设工程的开标、评标及定标	1. 掌握开标的时间地点、参与人、开标程序； 2. 掌握评标委员会的形成； 3. 熟悉评标方法； 4. 掌握定标的原则，合同签订的时限	
建设工程监理的招投标	1. 熟悉建设工程监理的主要工作内容； 2. 掌握建设工程监理范围； 3. 掌握建设工程监理招标、投标文件的编制	
国际工程的招投标	1. 熟悉国际工程招投标的概念及特点； 2. 掌握国际工程招投标与国内的区别及联系	

3.1　建　筑　市　场

【引例 3.1】

某市城管综合执法支队日常巡查某 3A 级风景名胜区时,发现风景名胜区特别保护范围内的一栋简易的仓库被悄悄拆除,而一栋建筑面积为 130 平方米的混合结构建筑物拔地而起。此建筑物由张某负责的施工队承建,由张某自行设计施工,拟建施工队办公用房;张某负责的施工队"挂靠"于该市的某建筑公司,是某管理局长长期聘用进行工程建设的施工队。

经过询问调查和进一步取证,确认该建筑物为违法建设,遂对违法建设主体发出了责令限期整改的通知书,要求其在规定的期限内将违法建筑自行拆除,否则依法强制拆除。不久此违法建设在规定的期限内被当事人自行拆除。

试问:此案中的违法建设主体是谁? 是张某、某建筑公司还是某管理局? 该如何认定该建设项目的违法建设的主体?

3.1.1　建筑市场概念

建筑市场是指进行建筑商品或服务交换的市场,是以建筑产品的承发包活动为主要内容的市场,是建筑产品有关服务的交换关系的总和。一般称作建设市场或建筑工程市场。

建筑市场有广义和狭义之分。狭义的建筑市场是指以建筑产品为交换内容的市场,是建设项目的建设单位和建筑产品的供给者通过一定的方式进行承发包建筑产品的交换关系。广义的建筑市场是指除了以建筑产品为交换内容外,还包括与建筑产品的生产和交换密切相关的勘察设计、劳动力需求、生产资料、资金和技术服务市场等。

3.1.2　建筑市场的主体

建筑市场的主体是指参与建筑生产交易过程的各方,主要有业主(建设单位或发包人)、承包商、工程咨询服务机构等。

3.1.2.1　发包人(业主)

发包人是指具有工程发包主体资格和支付工程价款能力的当事人,以及取得该当事人资格的合法继承人。发包人也称建设单位或业主。发包人一般是拥有相应的建设资金,办妥项目建设的各种准建手续,在建筑市场中发包工程项目勘察、设计、施工任务并最终得到建筑产品,达到其经营使用目的的政府部门、企事业单位和个人。

3.1.2.2　承包商

承包商是指有一定生产能力、机械装备、技术专长、流动资金,具有承包工程建设任务的营业资质,在工程市场中能按业主方的要求提供不同形态的建筑产品,并最终得到相应工程价款的建筑企业。

承包商从事建设生产一般需要具备以下3方面的条件:

① 拥有符合国家规定的注册资本;

② 拥有与其等级相适应且具有注册执业资格的专业技术和管理人员;

③ 具有从事相应建筑活动所需的技术培训装备。

3.1.2.3　工程服务咨询机构

工程服务咨询机构是指具有一定注册资金和相应的专业服务能力,持有从事相关业务的资质证书和营业执照,能对工程建设提供估算测量、管理咨询、建设监理等智力型服务或代理,并取得服务费用的咨询服务机构和其他为工程建设服务的专业中介组织。

在建筑市场中,咨询单位虽然不是工程承发包的当事人,但其受业主聘用,围绕工程建设的主体各方在建筑法规的约束下,与其构成相互制约的合同关系。在这种机制中,咨询方对项目建设的成败起着非常关键的作用。因为他们掌握着工程建设所需的技术、经济、管理方面的知识、技能和经验,将指导和控制工程建设的全过程。许多情况下,咨询的任务贯穿于自项目可行性研究直至工程验收的全过程。

3.1.3　建筑市场的客体

建筑市场的客体则为有形的建筑产品(建筑物、构筑物)和无形的建筑产品(咨询、监理等智力型服务)。

3.1.3.1　建筑市场的客体

建筑市场的客体一般称作建筑产品,它包括有形的建筑产品(建筑物、构筑物)和无形的建筑产品(设计、咨询、监理)等智力型服务。建筑产品凝聚着承包商的劳动,发包人(业主)以投入资金的方式取得它的使用价值。

3.1.3.2　建筑产品特点

建筑产品的特点如下:

1. 建筑产品的固定性及生产过程的流动性

建筑物与土地相连,不可移动,这就要求施工人员和施工机械只能随着建筑物不断流动,从而带来施工管理的多变性和复杂性。

2. 建筑产品的多样性

建筑产品的功能要求是多种多样的,使每个建筑或构筑物都有其独特的形式和独特的结构,因而需要单独设计。即使功能要求相同,建筑类型相似,但由于地形、地质、水文、气象等自然条件的不同以及交通运输、材料供应等社会条件的不同,在建造时,往往也需要对设计图纸及施工方法、施工组织等做相应的修改。由于建筑产品的多样性,因而可以说建筑产品具有单件性的特点。

3. 建筑产品的体积庞大性

建筑产品在建造过程中所消耗的材料是十分惊人的,不仅数量大,而且品种繁多,规格繁多。同时,使用者还要在建筑产品内部布置各种生产和生活所需要的设备与用具,并且要在其中进行生产与生活活动,因而同一价值的建筑产品和其他产品相比,其所占的空间要大得多。

4. 建筑产品的投资数额大,生产周期和使用周期长

由于建筑产品工程量巨大,消耗的人力和物力极多。建筑材料消耗量占社会总消耗量的比例大致为:钢材 30%、水泥 70%、玻璃 60%、塑料制品 25%、运输 8% 等。人力大致为每平方米房屋建筑面积约 4 个工日。建设工程的生产周期长达数月甚至数年,使庞大的资金呆滞在生产过程中,只有投入,没有产出。在如此之长的期间内,投资可能受到物价涨落、国内国际形势等影响,因而投资管理业越加重要,给予这一特点,建筑市场与国民经济的发展息息相关。

5. 建筑生产的不可逆性

建筑产品一旦进入生产阶段,其产品不可能退换,更难以重新建造,否则双方都将承受极大的损失。所以,建筑最终产品质量是由各阶段的质量决定的,设计、施工只有按照规范和标准进行,才能保证生产出合格的建筑产品。

3.1.4　建筑市场主体的资质管理

资质管理是指对从事建设工程的单位进行审查,以保证建设工程质量和安全符合我国相关法律法规的规定。从事建筑活动的建筑施工企业、勘察单位、设计单位和工程监理单位,按照其拥有的注册资本、专业技术人员、技术装备和已完成的建筑工程业绩等资质条件,划分为不同的资质等级,经资质审查合格,取得相应等级的资质证书后,方可在其资质等级许可的范围内从事建筑活动。

我国建筑市场中的资质管理包括从业单位的资质管理与从业人员的执业资格注册管理相结合的市场准入制度。

3.1.4.1　从业单位的资质管理

在建筑市场中,工程建设活动的主体主要是业主、承包商、勘察设计、招标代理、工程监理、造价咨询等单位。我国《建筑法》规定,对从事建筑活动的施工企业、勘察、设计、监理、招标代理、造价咨询等单位实行资质管理。

1. 工程勘察设计企业的资质管理

从事建设工程勘察、工程设计活动的企业,应当按照其拥有的注册资本、专业技术人员、技术装备和勘察、设计业绩等条件申请资质,经审查合格,取得建设工程勘察、工程设计企业的资质及业务范围有关法规定见表 3.1。

表 3.1　我国勘察、设计企业的资质及业务范围

企业类别	资质分类	资质等级	承揽业务范围
工程勘察企业	综合资质	甲级	可在全国范围内承接各专业(海洋工程勘察除外)、各等级工程勘察业务
	专业资质(分专业设立)	甲级	本专业工程勘察业务范围和地区不受限制
		乙级	可承担本专业工程勘察中小型项目承担工程勘察业务的地区不受限制
		丙级	可承担本专业小型工程项目,承担工程勘察业务限定在省、自治区、直辖市所辖行政区范围内(设置丙级勘察资质的地区经建设部批准后方可设置)
	劳务资质	不分等级	可以承接岩土工程治理、工程钻探、凿井等工程勘察劳务业务,地区不受限制
工程设计企业	综合资质(21个行业)	甲级	可承担各行业建设工程项目主体工程及其配套工程的设计,其范围和规模不受限制
	行业资质(分行业设立)	甲级	可承担本行业建设工程项目主体工程及其配套工程的设计,其范围和规模不受限制
		乙级	可承担本行业中小型建设工程项目的主体工程及其配套工程的工程设计业务
		丙级	可承担本行业小型建设项目的工程设计任务
	专业资质(分专业设立)	甲级	可承担行业相应设计类型建设工程项目主体工程及其配套工程的设计,其范围和规模不受限制(设计施工一体化资质除外)
		乙级	可承担行业相应设计类型中小型建设工程项目的主体工程及其配套工程的工程设计业务
		丙级	可承担相应行业设计类型小型建设项目的工程设计业务
		丁级	个别专业承担本专业的小型建设项目的工程设计任务(边远地区及经济不发达地区经省、自治区、直辖市建设行政主管部门报建设部同意后可批准设置)
	专项资质(根据行业需要设置)	甲级	(建筑装饰工程为例)可承担建筑装饰工程项目的主体工程及其配套工程设计,其设计范围和规模不受限制
		乙级	(建筑装饰工程为例)可以承担 1 000 万元以下的建筑装饰主体工程和配套工程设计
		丙级	(建筑装饰工程为例)可以承担 500 万元以下的建筑装饰工程(仅限住宅装饰装饰装修)的设计与咨询

2. 建筑业企业资质管理

建筑业企业,是指从事土木工程、建筑工程、线路管道设备安装工程、装修工程的新建、扩建、改建等活动的企业。

建筑业企业资质分为施工总承包、专业承包和劳务分包 3 个序列。施工总承包企业又按工程性质分为房屋建筑、公路、铁路、港口、水利、电力、矿山、冶金、化工石油、市政工用、通信、机电等 12 个类别;专业承包企业又根据工程性质和技术特点划分为 60 个类别;劳务分包企业按技术特点划分为 13 个类别。

① 取得施工总承包资质的企业(以下简称施工总承包企业),可以承接施工总承包工程。施工总承包企业可以对所承接的施工总承包工程内各专业工程全部自行施工,也可以将专业工程或劳务作业依法分包给具有相应资质的专业承包企业或劳务分包企业。

② 取得专业承包资质的企业(以下简称专业承包企业),可以承接施工总承包企业分包的专业工程和建设单位依法发包的专业工程。专业承包企业可以对所承接的专业工程全部自行施工,也可以将劳务作业依法分包给具有相应资质的劳务分包企业。

③ 取得劳务分包资质的企业(以下简称劳务分包企业),可以承接施工总承包企业或专业承包企业分包的劳务作业。

经审查合格的建筑业企业,由资质管理部门颁发《建筑业企业资质证书》,由国务院建设行政主管部门统一印制,分为正本和副本,具有同等法律效力。我国建筑业企业承包工程范围见表 3.2。

表 3.2　建筑业企业资质及承包工程范围

企业类别	资质等级	承包工程范围
施工总承包企业(12 类)	特级	可承担本类别各等级工程施工总承包、设计及开展工程总承包和项目管理业务;(房屋建筑工程)限承担施工单项合同额 3 000 万元以上的房屋建筑工程
	一级	(房屋建筑工程)可承担单项建安合同额不超过企业注册资本金 5 倍的下列房屋建筑工程的施工:① 40 层及以下、各类跨度的房屋建筑工程。② 高度 240 米及以下的构筑物。③ 建筑面积在 20 万平方米及以下的住宅小区或建筑群体
	二级	(房屋建筑工程)可承担单项建安合同额不超过企业注册资本金 5 倍的下列房屋建筑工程的施工:① 28 层及以下、单跨跨度 36 米及以下的房屋建筑工程。② 高度 120 米及以下的构筑物。③ 建筑面积在 12 万平方米及以下的住宅小区或建筑群体
	三级	(房屋建筑工程)可承担单项建安合同额不超过企业注册资本金 5 倍的下列房屋建筑工程的施工:① 14 层及以下、单跨跨度 24 米及以下的房屋建筑工程。② 高度 70 米及以下的构筑物。③ 建筑面积在 6 万平方米及以下的住宅小区或建筑群体
专业承包企业(60 类)	一级	(地基与基础工程)可承担各类地基与基础工程的施工
	二级	(地基与基础工程)可承担工程造价在 1 000 万元及以下各类地基与基础工程的施工
	三级	(地基与基础工程)可承担工程造价 300 万元及以下各类地基与基础工程的施工
劳务分包企业(13 类)	一级	(木工作业)可承担各类工程的木工作业分包业务,但单项业务合同额不超过企业注册资本金的 5 倍
	二级	(木工作业)可承担各类工程的木工作业分包业务,但单项业务合同额不超过企业注册资本金的 5 倍

3. 工程咨询单位资质管理

我国对工程咨询单位也实行了资质管理。目前,已有明确资质等级评定条件的有招标代理、工程监理、造价咨询等中介机构。

（1）工程招标代理机构

工程建设项目招标代理机构，是指工程招标代理机构接受招标人的委托，从事工程的勘察、设计、施工、监理以及工程建设相关的重要设备（进口机电设备除外）、材料采购招标的代理业务。根据《工程建设项目招标代理机构资格认定办法》（建设部154号令）规定：工程招标代理机构资格分为甲级、乙级和暂定级。

招标代理机构不得无权代理、越权代理、不得明知委托其他事项违法而进行代理，不得接受同一招标代理和投标咨询业务。

（2）工程监理公司

《工程监理企业资质管理规定》（建设部158号令）规定：工程监理企业资质分为综合资质、专业资质和事务所资质。其中，专业资质按照工程性质和技术特点划分为14个专业工程类别。综合资质只设甲级；专业资质分为甲级、乙级，其中，房屋建筑、水利水电、公路和市政公用专业资质可设丙级；事务所资质不分级别。工程监理企业资质与业务范围见表3.3。

表3.3　工程监理企业资质等级及业务范围

资质类别	资质等级	审批机构	承包工程范围
综合类	甲级	国务院建设主管部门审批（其中，涉及铁路、交通、水利、通信、民航等专业工程监理资质的，先由国务院有关部门审核）	可以承担所有专业工程类别建设工程项目的工程监理业务，以及建设工程的项目管理、技术咨询等相关服务
专业资质	甲级	省、自治区、直辖市人民政府建设主管部门审批	可承担相应专业工程类别建设工程项的工程监理业务，以及相应建设工程的项目管理、技术咨询等相关服务
	乙级		可承担相应专业工程类别二级（含二级）以下建设工程项目的工程监理业务，以及相应类别和级别建设工程的项目管理、技术咨询等相关服务
	丙级		可承担相应专业工程类别三级建设工程项目的工程监理业务，以及相应类别和级别建设工程的项目管理、技术咨询等相关服务
事务所	不分级		可承担三级建设工程项目的工程监理业务，以及相应类别和级别建设工程的项目管理、技术咨询等相关服务。但是，国家规定必须实行强制监理的建设工程监理业务除外

（3）工程造价咨询企业

《工程造价咨询企业管理办法》（建设部149号令）规定：工程造价咨询企业资质等级分为甲级、乙级。工程造价咨询企业依法从事工程造价咨询活动，不受行政区域限制。工程造价咨询企业资质等级与业务范围见表3.4。

表 3.4　工程造价咨询企业资质等级与业务范围

资质等级	审批机构	承包工程范围
甲级	国务院建设主管部门审批	可以从事各类建设项目的工程造价咨询业务
乙级	省、自治区、直辖市人民政府建设主管部门审批	可以从事工程造价 5 000 万元以下的各类建设项目的工程造价咨询业务

3.1.4.2　专业人士的资格管理

在建筑市场中,把具有从事工程咨询资格的专业工程师称为专业人士。

专业人士属于高智能工作者,其工作是利用他们的知识和技能为项目业主提供咨询服务。由于他们的工作水平对工程项目建设成败具有重要的影响,所以对专业人士的资格条件要求很高。各专业的资格取得和注册条件基本上都为大专以上学历、参加全国统一考试和注册条件,具体条件规定应以报考条件为准。

目前,我国已经确定的专业人士的种类有注册建筑师、勘察设计注册工程师、注册监理工程师、房地产估价师、注册资产评估师、注册造价师、注册城市规划师等。我国目前执行的是以单位市场准入资质管理制度为主,个人执业制度为辅,通过对企业的管制实现对个人的管理的市场准入制度。在勘察设计企业、建筑业企业、工程咨询机构的资质管理规定中,都要求有一定数量的注册执业人员。

《中华人民共和国建筑法》(以下简称《建筑法》)第 14 条规定,从事建筑活动的专业技术人员,应当依法取得相应的执业资格证书,并在执业资格证书许可范围内从事建筑活动。在这一方面我国的管理制度还有待完善,以便逐步与国际接轨。

3.1.5　建设工程交易中心

3.1.5.1　建设工程交易中心的性质

建设工程交易中心是服务性机构,是由建设工程招投标管理部门或政府建设行政主管部门授权的其他机构建立的、自收自支的非盈利性事业法人,旨在为建立公开、公正,平等竞争的招投标制度服务,只可经批准收取一定的服务费。它根据政府建设行政主管部门委托实施对市场主体的服务、监督和管理。

3.1.5.2　建设工程交易中心的基本功能

根据我国有关规定,所有建设项目的报建、招标信息发布、招标投标、合同签订、施工许可证的申领等活动均应在建设工程交易中心进行,并接受政府有关部门的监督。其具有以下 3 大功能:

1. 集中办公功能

由于众多建设项目进入有形建筑市场报建、进行招投标交易和办理有关批准手续,这就要求政府及有关建设主管部门的各职能机构进驻建设工程交易中心,分别开设对外服务窗口,实行一站式服务。

2. 信息服务功能

信息服务功能包括收集、存储和发布各类工程信息、法律法规、造价信息、建材价格、承包商信息、咨询单位和专业人士信息等。在设施上备有大型电子墙、计算机网络工作站,为承发包交易提供广泛的信息服务。

3. 为承发包交易活动提供场所及相关服务

对于政府部门、国有企业、事业单位的投资项目,我国明确规定,一般情况下必须进行公开招标,只有在特殊情况下才允许采用邀请招标。所有建设项目进行招标投标必须在有形建筑市场内进行,必须由有关管理部门进行监督。按照这个要求,建设工程交易中心必须为工程承发包双方提供建设工程的招标、评标、定标、合同谈判等设施和场所。一般设有信息发布大厅、开标室、封闭评标室、计算机室、资料室、洽谈室、会议室等有关设施和场所。

3.1.5.3 建设工程交易中心运行原则

为了保证建设工程交易中心能够有良好的运行秩序和市场功能的充分发挥,必须坚持市场运行的一些基本原则。

1. 信息公开原则

建设工程交易中心必须充分掌握工程发包、政策法规、招投标和咨询单位资质、造价指数、招标规则、评标标准、专家评委会等各项信息,并保证市场各方主体均能及时获得所需要的信息资料。

2. 依法管理原则

建设工程交易中心应严格按照法律、法规开展工作,尊重建设单位依照法律法规选择投标单位和选定中标单位的权利。尊重符合资质条件的建筑业企业提出的投标要求和接受邀请参加投标的权利。任何单位和个人不得非法干预交易活动的正常进行。避免规避招标、擅自采取邀请招标、围标、串标行为现象,以及招标代理机构虚假代理,串通招投标、高价出售招标文件等违法违规行为的发生。监察机关应当进驻建设工程交易中心实施监督。

3. 公平竞争原则

建立公平竞争的市场秩序是中心的一项重要原则。进驻的有关行政监督管理部门应严格监督招标、投标单位的行为,防止地方保护、行业和部门垄断等各种不正当竞争,不得侵犯交易活动各方的合法权益。

4. 属地进入原则

按照我国有形建筑市场的管理规定,中心实行属地进入。每个城市原则上只能设立一个建设工程交易中心,特大城市可增设若干个分中心,在业务上由上属中心领导。对于跨省、自治区、直辖市的铁路、公路、水利等工程,可在政府有关部门的监督下,通过公告由项目法人组织招标、投标。

5. 办事公正原则

建设工程交易中心是政府建设行政主管部门批准的服务性机构,须配合进场的各行政管理部门做好相应的工程交易活动管理和服务工作。要建立监督制约机制,公开办事规则和程序,应当向政府有关管理部门报告,并协助进行处理。

3.1.6 《中华人民共和国招标投标法》的立法目的和适用范围

《招标投标法》是由第 9 届全国人民代表大会常务委员会第 11 次会议于 1999 年 8 月 30 日通过的,自 2000 年 1 月 1 日起正式施行。这是一部标志我国社会主义市场经济法律体系进一步完善的法律,是招标投标领域的基本法律。

《招标投标法》共 6 章,68 条。第 1 章总则,主要规定了立法目的、适用范围、调整对象、必须招标的范围、招标投标活动必须遵循的基本原则等;第 2 章招标,主要规定了招标人的定义、招标方式、招标代理机构资格认定和招标代理权限范围以及招标文件编制要求等;第 3 章投标,主要规定了投标主体资格、编制投标文件要求、联合体投标等;第 4 章开标、评标和中标,主要规定了开标、评标和中标各个环节具体规则和时限要求等内容;第 5 章法律责任,主要规定了违反招标投标活动中具体规定各方应承担的法律责任;第 6 章附则,规定了招标投标法的例外情形及施行日期。

3.1.6.1 立法目的

《招标投标法》第 1 条规定:"为了规范招标投标活动,保护国家利益、社会公共利益和招标投标活动当事人的合法权益,提高经济效益,保证项目质量,制定本法。"由此,可以看出招标投标法的立法目的如下:

1. 规范招标投标活动

招标投标是在市场经济条件下进行大宗货物的买卖、工程建设项目的发包与承包,以及服务项目的采购与提供时所采用的一种交易方式。采用招标投标方式进行交易活动是将竞争机制引入交易过程。但在这一制度推行过程中,也存在着一些突出的问题,例如,按规定应当招标而不进行招标;在明确供应商、承包商的过程中采用"暗箱操作",直接指定供应商、承包商;招标投标程序不规范,违反公开、公平、公正的原则;招标人与投标人进行权钱交易,行贿受贿,搞虚假招标;投标人串通投标,进行不公平竞争;有的还利用行政权利强行指定中标人等。因此,以法律的形式规范招标投标活动,正是制定招标投标法的基本目的。

2. 保护国家利益

通过招标投标法必须招标范围的规定,保障财政资金和其他国有资金的节约和合理有效地使用。通过依法进行招标投标,按照公开、公平、公正的原则,对于节约和合理使用国有建设资金有重要意义。同时,有利于反腐倡廉,防止国有资产的流失。

3. 保护社会公共利益

社会公共利益是全体社会成员的共同利益。国家利益的保护也是对社会公共利益的保护。

4. 保护招标投标活动当事人的合法权益

招标投标法对招标投标当事人应当享有的基本权利作了规定,例如,招标投标法中规定,依法进行的招标投标活动不受地区或者部门的限制,任何单位和个人不得以任何方式非法干涉招标投标活动等。

5. 提高经济效益

对国家投资、融资建设的生产经营性项目实行招标投标制度,有利于节省投资,缩短工期,保证质量,从而有利于提高投资效益以及项目建成后的经济效益。

6. 提高项目质量

依照法定的招标投标程序,通过竞争,选择技术强、信誉好、质量保障体系可靠的投标人中标,对于保证采购项目的质量是十分重要的。

3.1.6.2　适用范围

1. 地域范围

《招标投标法》第2条规定:"在中华人民共和国境内进行招标投标活动,适用本法。"即《招标投标法》适用于在我国境内进行的各类招标投标活动,这是《招标投标法》的空间效力。"我国境内"包括我国全部领域范围,但依据《中华人民共和国香港特别行政区基本法》和《中华人民共和国澳门特别行政区基本法》的规定,并不包括实行"一国两制"的中国香港、澳门地区。

2. 主体范围

《招标投标法》的适用主体范围很广泛,只要是在我国境内进行的招标投标活动,无论是哪类主体都要执行此法。具体包括两类主体:第一类是国内各类主体,既包括各级权利机关、行政机关和司法机关及其所属机构等国家机关,也包括国有企事业单位、外商投资企业、私营企业以及其他各类经济组织,同时还包括允许个人参与招标投标活动的公民个人;第二类是在我国境内的各类外国主体,即指在我国境内参与招标投标活动的外国企业,或者外国企业在我国境内设立的能够独立承担民事责任的分支机构等。

3. 例外情形

按照《招标投标法》第67条规定,使用国际组织或者外国政府贷款、援助资金的项目进行招标,贷款方、资金提供方对招标投标的具体条件和程序有不同规定的,可以适用其规定。但违背我国的社会公共利益的除外。

【引例3.1小结】

违法主体是指在行政法律关系中承担违法责任的违法当事人(公民、法人及其他组织)。谁投资、谁建设,谁就是违法建设的主体,这是认定违法建设主体的一条基本原则。

(1) 能否把某建筑公司作为此违法建设的主体?

经调查证实,某建筑公司对此建筑物没有投资,张某与某建筑公司之间是所谓"挂靠"关系,该建筑公司为张某提供了资质和营业执照复印件。建筑中"挂靠"是什么? 所谓的"挂靠"就是单位和个人用其他建设施工企业的名义承揽工程。此现象目前是存在的,一些无资质、无规模的施工单位和个人为了能承揽到建设工程,往往挂靠一些大的建筑公司,并以公司的名义施工建设,建筑公司提供资质、营业执照和转账账户,并按期收取一定的管理费。仅仅是"挂靠"关系是不能将被挂靠者认定为违法建设主体的。因此,不能将某建筑公司作为此违法建设的主体。

(2) 能否把某管理局作为此违法建设的主体?

在此案的调查过程中,张某反映此建筑物经某管理局领导口头同意,但口说无凭。经证实某管理局只是长期聘用张某负责的施工队进行工程建设,而未同意该建筑物的建设,也未投入资金。因此,不能将某建管理局作为此违法建设的主体。

(3) 能否把建筑公司、管理局、张某三者同时作为此违法建设的主体?

把建筑公司、某管理局、张某三者同时作为此违法建设的主体必须是在三者彼此无关系的情况下,对此建筑物均有资金投入,或者是某建筑公司与某管理局共同出资由张某施工建设,张某负责的施工队为任何一方的下属单位。

$$
\text{建筑市场} \begin{cases} \text{建筑市场主体} \\ \text{建筑市场客体} \\ \text{建筑市场资质管理} \end{cases}
$$

$$
\text{工程交易中心} \begin{cases} \text{性质} \\ \text{基本功能(3项)} \\ \text{运行原则(5项)} \end{cases}
$$

$$
\text{中华人民共和国招标投标法} \begin{cases} \text{立法目的} \\ \text{适用范围} \end{cases}
$$

3.2　建设工程的招标

【引例 3.2】

某国家重点建设项目,已通过招标审批手续,拟采用邀请招标方式进行招标。在施工招标文件中规定的部分内容如下:

① 投标准备时间为 15 天。

② 投标单位在收到招标文件后,若有问题需澄清,应在投标预备会之后以书面形式向招标单位提出,招标单位以书面形式单独进行解答。

③ 明确了投标保证金的数额及支付方式。为便于投标人提出问题并得到解决,招标单位将勘察现场和投标预备会安排在同一天进行。投标预备会由评标委员会组织并主持召开。各投标单位经过调研、收集资料,编制了投标文件,在规定的时间内递交评标委员会,准备评标。

试问:① 该项目采用邀请招标是否正确? 说明理由。

② 施工招标文件中规定的部分内容有何不妥之处? 并逐一改正。

③ 勘察现场和投标预备会的安排是否合理? 如不合理应怎样安排?

④ 投标预备会由评标委员会组织是否妥当? 如不妥当,应由谁组织?

⑤ 投标单位投标文件的递交程序是否正确? 如不正确,请改正。

3.2.1　建设工程招标概述

3.2.1.1　建设工程招标概念

建设工程招标是指招标人在发包建设项目之前,依据法定程序,以公开招标或邀请招标的方式,鼓励潜在的投标人依据招标文件参与工程建设任务的竞争,通过评定,从中择优选定得标人(承包人)的一种经济活动。

3.2.1.2　建设工程招标投标活动的基本原则

1. 公开原则

公开原则是指招标投标活动应有较高的透明度,招标人应当将招标信息公布于众,以招引投标人作出积极反映。在招标采购制度中,公开原则要贯穿于整个招标投标程序中。具体表现在建设工程招标投标信息公开、条件公开、程序公开和结果公开。公开原则的意义在于使每一个投标人获得同等的信息,知悉招标的一切条件和要求,避免"暗箱操作"。

2. 公平原则

公平原则要求招标人平等地对待每一个投标竞争者,使其享有同等的权利并履行相应的义务,不得对不同的投标竞争者采用不同的标准。按照这个原则,招标人不得在招标文件中要求或标明含有倾向或排斥潜在投标人的内容,不得以不合理的条件限制或者排斥潜在投标人,不得对潜在投标人实行歧视待遇。

3. 公正原则

公正原则即程序规范,标准统一,要求所有招投标活动必须按照招标文件中的统一标准进行,做到程序合法、标准公正。按照这个原则,招标人必须按照招标文件事先确定的招标、投标、开标的程序和法定时限进行,评标委员会必须按照招标文件确定的评标标准和方法进行评审,招标文件中没有规定的标准和方法的不得作为评标和中标的依据。

4. 诚实信用原则

诚实信用原则即招标投标当事人应以诚实、守信的态度行使权利,履行义务,以保护双方的利益。诚实是指真实合法,不可用歪曲或隐瞒真实情况的手段去欺骗对方。违反诚实原则的行为是无效的,且应承担由此带来的损失和损害责任。信用是指遵守承诺,履行合同,不弄虚作假,损害他人、国家和集体的利益。

3.2.2　建设工程招标方式

目前国内外市场上使用的建设工程招标形式主要有以下两种。

3.2.2.1　公开招标

公开招标是指招标人以招标公告方式邀请不特定的法人和其他组织投标。招标人在指定的报刊、电子网络或者其他媒体上发布招标公告,吸引众多的投标人参加竞争,招标人从中择优选择中标单位。招标公告内容包括招标人的名称、地址、招标项目的性质、数量、实施地点和时间以及获取招标文件的办法等事项。公开招标方式一般对投标人的数量不作限制,也称为"无限竞争性招标"。

3.2.2.2 邀请招标

邀请招标也称为"有限招标"或"选择性招标",是指招标人以投标邀请书的方式邀请特定法人或者其他组织投标。由招标人根据自己的经验和有关供应商、承包商资料,如企业信誉、设备性能、技术力量、工作业绩等情况,选择一定数目的企业(一般应邀请 5～10 家为宜,不能少于 3 家),向其发出投标邀请书,邀请他们参加投标竞争。

公开招标与邀请招标方式各具特色,其主要区别在于:

(1) 发布信息的方式不同

公开招标采用招标公告的形式发布,邀请招标采用投标邀请书的形式发布。

(2) 竞争强弱不同

公开招标是向不特定对象发出招标公告,面向全社会,只要有竞争能力的法人和其他经济组织都可以参加,竞争性极强。邀请招标师向特定投标人发出邀请书,面向事先了解和掌握的企业法人,竞争性相对于公开招标要弱些。

(3) 时间和费用不同

公开招标竞争者多,程序复杂,所耗时间长,工作量大,费用高;邀请招标的竞争者数量有限,所耗时间相对较短,工作量相对较小,费用相对较低。

(4) 公开程度不同

公开招标必须按照规定程序和标准进行,透明度高;邀请招标的公开程度相对要低些。

(5) 招标程序不同

公开招标必须对投标单位进行资格审查,审查其是否具有与工程要求相近的资质条件;邀请招标对投标单位不进行资格预审。

3.2.3 建设工程招标范围

3.2.3.1 法律和行政法规规定必须招标的范围和规模标准

《中华人民共和国招标投标法》第3条规定:"在中华人民共和国境内进行下列工程建设项目包括项目的勘察、设计、施工、监理以及与工程建设有关的重要设备、材料等的采购,必须进行招标。"

1. 工程项目必须招标的范围

2000 年 5 月 1 日依据《招标投标法》的规定颁布了《工程建设项目招标范围和规模标准规定》,对必须招标的工程建设项目的具体范围和规模作出了进一步细化的规定。

(1) 关系社会公共利益、公众安全的基础设施项目的范围

① 煤炭、电力、新能源等能源生产和开发项目;

② 铁路、公路、管道、航空以及其他交通运输业等交通运输项目；

③ 邮政、电信枢纽、通信、信息网络等邮电通信项目；

④ 防洪、灌溉、排涝、引水、滩涂治理、水土保持、水利枢纽等水利项目；

⑤ 道路、桥梁、地铁和轻轨交通、地下管道、公共停车场等城市设施项目；

⑥ 污水排放及其处理、垃圾处理、河湖水环境治理、园林、绿化等生态环境建设和保护项目；

⑦ 其他基础设施项目。

(2) 关系社会公共利益、公众安全的公用事业项目的范围

① 供水、供电、供气、供热等市政工程项目；

② 科技、教育、文化等项目；

③ 体育、旅游等项目；

④ 卫生、社会福利等项目；

⑤ 商品住宅，包括经济适用住房；

⑥ 其他公用事业项目。

(3) 使用国有资金投资项目的范围

① 使用各级财政预算内资金的项目；

② 使用纳入财政管理的各种政府性专项建设基金的项目；

③ 使用国有企业事业单位自有资金，并且国有资产投资者实际拥有控制权的项目。

(4) 使用国家融资项目的范围

① 使用国家发行债券所筹资金的项目；

② 使用国家对外借款、政府担保或者承诺还款所筹资金的项目；

③ 使用国家政策性贷款资金的项目；

④ 政府授权投资主体融资的项目；

⑤ 政府特许的融资项目。

(5) 使用国际组织或者外国政府贷款、援助资金项目的范围

① 使用世界银行、亚洲开发银行等国际组织贷款资金的项目；

② 使用外国政府及其机构贷款资金的项目；

③ 使用国际组织或者外国政府援助资金的项目。

2. 必须招标项目的规模标准

按照《工程建设项目招标范围和规模标准规定》第 7 条规定，各类工程建设项目，包括项目的勘察、设计、施工、监理以及与工程建设有关部门设备、材料的采购，达到下列规模标准之一者，必须进行招标：

① 施工单项合同估算价在 200 万元人民币以上的；

② 重要设备，材料等货物的采购，单项合同估算价在 100 万元人民币以上的；

③ 勘察、设计、监理等服务采购，单项合同估算价在 50 万元人民币以上的；

④ 单项合同估算价低于①、②、③ 项规定的标准，但项目总投资额在 3 000 万元人民币以上的。

3.2.3.2　可以不进行招标的施工项目

我国《招标投标法》第 66 条规定:"涉及国家安全、国家秘密、抢险救灾或者属于利用扶贫资金实行以工代赈、需要农民工等特殊情况,不适宜进行招标的项目,按照国家有关规定可以不进行招标。"为此,国务院有关部委在规定必须招标项目的范围和规模标准的同时,对可以不招标的情况分别作出了如下规定:

按《工程建设项目施工招标投标办法》第 12 条规定,需要审批的工程建设项目有下列情形之一的,经审批部门批准,可以不进行施工招标:

① 涉及国家安全、国家秘密或者抢险救灾而不适宜招标的;

② 属于利用扶贫资金实行以工代赈需要使用农民工等特殊情况的;

③ 施工主要技术采用特定的专利或者专有技术的;

④ 施工企业自建自用的工程,且该施工企业资质等级符合工程要求的;

⑤ 在建工程追加的附属小型工程或者主体加层工程,原中标人仍具备承包能力的;

⑥ 法律、行政法规规定的其他情形。

3.2.4　建设工程招标的条件及程序

3.2.4.1　建设工程招标的条件

为建立和维护建设工程招投标秩序,招标人必须在正式招标前做好准备工作,满足招标条件。建设工程招标的主要条件有:

① 按照国家有关规定需要履行项目审批手续的,已经履行审批手续;

② 工程资金或者资金来源已经落实;

③ 施工招标的,有满足招标需要的设计图纸及其他技术资料;

④ 法律、法规、规章规定的其他条件。

具备上述条件,招标人进行招标时,应向当地工程招标投标管理办公室提供立项批准文件、规划许可证、施工许可申请表,方能进入招标程序,办理各项备案事宜。

3.2.4.2　建设工程招标的程序

1. 招标前的准备工作

招标前的准备工作由招标人独立完成,主要有以下几个方面的工作:

(1) 确定招标范围

工程建设招标可以分为:整个建设过程各个阶段全部工作的招标,称为工程建设总承包招标或全过程总体招标;或者其中某个阶段的招标;还有某个阶段中某一专项的招标。

(2) 工程报建

按照《工程建设项目报建管理办法》规定,工程建设项目由建设单位或其代理机构在工程项目可行性研究报告或其他立项文件被批准后,须向当地建设行政主管部门或其授权机构进行报建。

工程建设项目报建范围包括各类房屋建筑、土木工程、设备安装、管道线路敷设、装饰装修等固定资产投资的新建、扩建、改建以及技改等建设项目。

(3) 招标申请备案

招标人自行办理招标的,招标人在发布招标公告或投标邀请书5日前,应向建设行政主管部门办理招标备案,建设行政主管部门自收到备案资料之日起5个工作日内没有异议的,招标人可以发布招标公告或投标邀请书;不具备招标条件的,责令其停止办理招标事宜。

(4) 选择招标方式

招标人应按照我国《招标投标法》及其他相关法律法规以及建设项目特点确定招标方式。

(5) 编制资格预审文件

招标人编制的资格预审文件一般包括:投标申请人资格预审须知、投标申请人资格预审申请书及投标申请人资格预审合格通知书。

(6) 编制招标文件

招标人应当根据招标项目的特点和需要编制招标文件。招标文件一般包括工程情况综合说明、招标范围和要求、设计文件和图样、主要合同条款、评标办法等主要内容。

(7) 编制工程标底或招标控制价

招标人根据项目的特点,招标前可以预设标底,也可以不设标底。设有标底的招标项目,在评标时应当参考标底。招标人设有标底的,开标前标底必须保密。

工程标底是招标人控制投资、掌握招标项目造价的重要手段。工程标底由招标人自行编制或委托经建设主管部门批准的具有编制工程标底资格和能力的中介服务机构代理编制。

招标控制价是由招标人或招标人委托的造价咨询机构,依据招标图纸、市场材料价格、当地的规费取费等编制的该项目的工程最高限价。在投标时,投标价超过招标控制价的为废标。

招标控制价的作用主要有两个:

① 控制工程造价。招标控制价是招标人对招标项目所能接受的最高价格,超过该价格的,招标人不予接受。

② 防止投标人围标。无限制地哄抬标价,会给招标人造成损失。

2. 招标与投标阶段的主要工作

(1) 招标人发布招标公告或投标邀请书

招标人采用公开招标方式的,招标人应在指定的报刊、网络等大众传媒及工程交易中心公告栏上发布招标公告。

招标人采用邀请招标方式的,招标人应当向3个以上具备承担招标项目的能力、资信良好的、特定的承包商发出投标邀请书。投标邀请书应当载明招标人的名称和地址、招标项目的性质、数量、实施地点和时间以及获取招标文件的办法等事项。

(2) 资格预审文件的递交

投标人获取资格预审文件后,按要求填写资格预审申请书,并将填写好的资格预审申请书递交给招标人。

（3）对投标单位进行资格预审

公开招标时设置资格预审程序，一是保证参与投标的法人或组织在资质和能力等方面满足完成招标工作的要求；二是通过评审优选出综合实力较强的一批申请投标人，再请他们参加投标竞争，以减小评标的工作量。

（4）招标文件的发售、澄清或修改

① 招标文件的发售。招标人向合格的投标申请人分发招标文件，招标文件可适当收取工本费及设计文件押金，招标活动中的其他费用（如发布招标广告等）不应计入该成本。投标申请人收到招标文件、图样等有关资料后，应认真核对，无误后以书面形式予以确认。按招投标法规定，招标文件发售的开始时间至结束时间不少于 5 个工作日。

② 招标文件的澄清或修改。招标文件发出后，招标人不得擅自变更其内容，若确需进行必要的澄清、修改或补充的，招标人应当在招标文件要求提交投标文件截止时间至少15 天前，以书面形式通知所有获得招标文件的投标人。该澄清或者修改的内容为招标文件的组成部分。如果澄清或者修改招标文件的时间距投标截止时间不足 15 天，则相应推后投标截止时间。

（5）踏勘现场

踏勘现场是指招标人组织投标人对工程现场的场地和周围环境等客观条件进行的现场勘查，目的是为投标人编制施工组织设计、施工方案以及计算各种措施费用获取必要的信息。招标人应主动向投标申请人介绍施工现场的有关情况。

（6）召开投标预备会（答疑会议）

投标预备会一般安排在踏勘现场后 1～2 天，由招标人主持召开，其目的在于解答投标人对招标文件和在踏勘现场中提出的问题，包括书面提出的和在预备会上口头提出的问题。

投标预备会结束后，由招标人整理会议记录和解答内容，形成会议纪要，并以书面形式将会议纪要向所有获得招标文件的投标人发放，作为招标文件的一部分。

（7）投标人投标

① 投标文件的编制。投标人根据施工项目的情况进行投标报价、编制投标文件。这部分内容将在下一章详细介绍。

② 投标文件的递交。投标人应当在招标文件规定的提交投标文件的截止时间前，将投标文件密封送达投标地点。截止时间后送达或未送达指定地点的投标文件，为无效的投标文件，招标人不予受理。按招投标法规定，招标文件开始发售之日到投标截止日不少于20 天。

投标人在规定的投标有效期内撤销或修改其投标文件；投标人在递交投标文件的同时，应按规定的金额、担保形式和投标保证金格式递交投标保证金，并作为其投标文件的组成部分。招标人与中标人签订合同后的 5 个工作日内，向未中标的投标人退还投标保证金。出现下列情况的，投标保证金将不予返还：

① 在投标有效期内，投标人撤回其投标文件的；

② 在中标通知书发出之日起 30 日内，中标人未按该工程的招标文件和中标人的投标文件与招标人签订合同的；

③ 在投标有效期内，中标人未按招标文件的要求向招标人提交履约担保的；

④ 在招标投标活动中被发现有违法违规行为，正在立案查处的。

3. 开标、决标成交阶段的主要工作

决标成交阶段的工作主要有开标、评标和定标,具体内容在本章 3.4 节中详细讲解。

（1）开标

开标应当在招标文件确定的提交报标文件截止时间的同一时间公开进行。

（2）评标

在招标管理机构的监督下,按相关规定成立的评标委员会依据评标原则、评标方法对各投标单位递交的投标文件进行综合评价,公正合理,择优向招标人推荐中标单位。

（3）定标

中标单位由招标管理机构核准,获准后由招标单位向中标人发出"中标通知书"。

3.2.5　建设工程施工招标的资格审查

招标人可以根据招标项目本身的特点和需要,要求潜在投标人或投标人提供满足其资格要求的文件,对潜在投标人或投标人进行资格审查。

3.2.5.1　资格审查的主要内容

在招标实践中,招标人应专门发布资格预审公告,明确资格审查的要求和标准并平等地适用于所有潜在投标人。主要审查潜在投标人或投标人是否符合以下几方面的条件:

① 具有独立订立合同的权利;

② 具有圆满履行合同的能力,包括专业、技术资格和能力,资金、设备和其他物质设施状况,管理能力,经验,信誉和相应的工作人员;

③ 以往承担类似项目的业绩情况;

④ 没有处于被责令停业,财产被接管、冻结、破产状态;

⑤ 在最近 3 年内没有与骗取合同有关的犯罪或严重违法行为;

⑥ 法律、行政法规规定的其他资格条件。

在不损害商业秘密的前提下潜在投标人应向招标人提交能证明上述有关资质和业绩情况的法定证明文件或其他资料。招标人必要时,可以在网上查寻或要求其提供复印件的原件,进行验证,也可以实地调查取证。对确需提高资质等级的特殊情况如招标项目技术复杂、专业性强受自然区域和地理环境限制等一般相应资质承担不了的工程,经招标投标管理机构依法审批后方可进行。

3.2.5.2　资格审查的方法与程序

1. 资格审查的方法

资格审查办法一般分为合格制和有限数量制两种。合格制即不限定资格审查合格者数量,凡通过各项资格审查设置的考核因素和标准者均可参加投标。有限数量制则预先限定通过资格预审的人数,依据资格审查标准和程序,将审查的各项指标量化,最后按得分由高到低的顺序确定通过资格预审的申请人。通过资格预审的申请人不得超过限定的数量。

2. 资格审查的程序

(1) 初步审查

初步审查是一般符合性审查。由审查委员会按资格预审文件规定的标准,对资格预审申请文件进行初步审查。一般情况下,有一项因素不符合审查标准的,不能通过资格预审。

(2) 详细审查

通过第一阶段的初步审查后,即可进入详细审查阶段。审查重点在于投标人财务能力、技术能力和施工经验等。

(3) 资格预审申请文件的澄清

在审查过程中,审查委员会可以以书面形式,要求申请人当场对所提交的资格预审申请文件中不明确的内容进行必要的澄清或说明。申请人的澄清或说明应采用书面形式,并不得改变资格预审申请文件的实质性内容。申请人的澄清和说明内容属于资格预审申请文件的组成部分。招标人和审查委员会不接受申请人主动提出的澄清或说明。

(4) 评分

通过详细评审的申请人不得少于 3 个,通常不超过规定的数量(10～13 家)的,均通过资格预审,不再进行评分。若数量超过规定数量(10～13 家)以上的,审查委员会依据评分标准进行评分,按得分由高到低的顺序进行排序。

(5) 提交审查报告

审查委员会按照规定的程序对资格预审申请文件完成审查后,确定通过资格预审的申请人名单,并向招标人提交书面审查报告。

通过资格预审申请数量不足 3 个的,招标人重新组织资格预审或不再组织资格预审而直接招标。

3.2.5.3　资格审查文件的编制

1. 资格审查文件编制目的

招标人利用资格预审程序可以较全面地了解申请投标人各方面的情况,并将不合格或竞争力较差的投标人淘汰,以节省评标时间。一般情况下,招标人只通过资格预审文件了解申请投标人的各方面情况,不向投标人当面了解,所以资格预审文件编制水平直接影响后期招标工作。在编制资格预审文件时应结合招标工程的特点,突出对投标人实施能力要求所关注的问题,不能遗漏某一方面的内容。

2. 资格审查文件的内容

根据发改法规【2007】3419 号文件,为规范招标文件的编制,进一步规范招标投标活动,国务院九部委在总结现有行业施工招标文件范本实施经验,针对实践中存在的问题,并借鉴世界银行、亚洲开发银行做法的基础上编制了《标准施工招标资格预审文件》。

(1)《标准施工招标资格预审文件》适用范围

《标准施工招标资格预审文件》在政府投资项目中试行。国务院有关部门和地方人民政府有关部门可选择若干政府投资项目作为试点,由试点项目招标人按本规定使用该文件。试点项目招标人结合招标项目具体特点和实际需要,按照公开、公平、公正和诚实信用原则编写施工招标资格预审文件。

（2）《标准施工招标资格预审文件》内容

中华人民共和国房屋建筑和市政工程《标准施工招标资格预审文件》（2010 年版）包括资格预审公告、申请人须知、资格审查办法、资格预审申请文件格式和项目建设概况 5 章。

　　　第 1 章　资格预审公告

　　　第 2 章　申请人须知

　　　第 3 章　资格审查办法

　　　第 4 章　资格预审申请文件格式

　　　第 5 章　项目建设概况

3.2.6　建设工程施工招标文件的编制

为了规范招标文件编制活动，招标文件编制质量，促进招标投标活动的公开、公平和公正，由国家发展和改革委员会等九部委在原 2002 年版招标文件范本基础上，联合编制了《标准施工招标文件》（2007 年版），并于 2008 年 5 月 1 日试行。

3.2.6.1　《标准施工招标文件》（2010 年版）的实施原则和特点

招标文件的编制是招标投标活动的一个重要环节。规范招标文件的编制是进一步规范招标投标活动的重要措施。该文件是国务院九部委在总结现有行业施工招标文件范本实施经验，针对实践中存在的问题，并借鉴世界银行、亚洲开发银行做法的基础上编制的。它定位于通用性，着力解决各行业施工招标文件编制中带有普遍性和共同性的问题，规范了招标投标活动当事人的权利义务。《标准施工招标文件》（2007 年版）标志着政府对招标投标活动的管理已经从单纯依靠法律制度深化到结合运用技术操作规程进行科学管理。

目前，为了更好地与工程项目建设实践结合，在此《标准施工招标文件》（2007 年版）基础上，编制了《标准施工招标文件》（2010 年版），由于工程建设项目规模和范围不同，现着重介绍《标准施工招标文件》（2010 年版）供读者学习编制施工招标文件。

3.2.6.2　《标准施工招标文件》（2010 年版）的内容

《标准施工招标文件》（2010 年版）与《标准施工招标文件》（2007 年版）包含项目内容大体一致，主要有 4 卷 8 章。

　　　第 1 卷

　　　第 1 章　招标公告（投标邀请书）

　　　第 2 章　投标人须知

　　　第 3 章　评标办法

　　　第 4 章　合同条款及格式

　　　第 5 章　工程量清单

　　　第 2 卷

　　　第 6 章　图纸

第3卷

　第7章　技术标准和要求

第4卷

　第8章　投标文件格式

【引例3.2小结】

① 该项目采用邀请招标方式不正确。

理由:该项目是国家重点建设项目,应采取公开招标。

② 施工文件中的不妥之处及需改正之处:

(a) 不妥之处:投标准备时间为15天。

改正:投标准备时间不得少于20天。

(b) 不妥之处:若有问题需澄清并应在投标预备会之后提出。

改正:应在投标预备会之前提出。

③ 勘察现场和投标预备会安排在同一天不合理。正确做法:勘察现场一般安排在投标预备会前的1~2天。

④ 投标预备会由评标委员会组织不妥当。应该由招标单位组织并主持召开。

⑤ 投标文件的内容如下:

(a) 投标函;

(b) 施工组织设计和施工方案;

(c) 投标报价;

(d) 招标文件要求提供的其他资料。

⑥ 投标单位投标文件的递交程序不正确。

改正:投标单位应将投标文件递交招标人或招标代理机构。

知识梳理

$$
\text{招标方式}
\begin{cases}
公开招标 \\
邀请招标
\end{cases}
$$

$$
\text{招标范围}
\begin{cases}
必须招标范围(5项) \\
可不进行招标范围(5项和其他)
\end{cases}
$$

招标应具备的条件

招标程序(3阶段)

《标准施工招标资格预审文件》(2010年版)

《标准施工招标文件的编制》(2010年版)

3.3 建设工程的投标

【引例 3.3】

某大型工程项目招标,招标文件中规定:投标担保可采用投标保证金或投标保函方式担保。投标有效期为 60 天。开标后发现:

① A 投标人在开标后又递交了一份补充说明,提出可以降价 5%;

② B 投标人提交的银行保函有效期为 70 天;

③ C 投标人投标文件的投标函盖有企业及企业法定代表人的印章,但没有加盖项目负责人的印章;

④ D 投标人与其他投标人组成了联合体投标,附有各方资质证书,但没有联合体共同投标协议书;

⑤ E 投标人的投标报价最高,故 E 投标人在开标后第 2 天撤回了其投标文件。

分析:A、B、C、D、E 投标人的投标文件是否有效? 说明理由。对 E 投标人撤回投标文件的行为应如何处理?

3.3.1 建设工程投标概述

3.3.1.1 建设工程投标的概念

投标是与招标相对应的概念,它是指投标人应招标人的邀请,按照招标的要求和条件,在规定的时间内参与竞争,以获得工程承包权的法律活动。

建设工程投标人主要是指工程总承包单位、勘察设计单位、施工企业、工程材料设备供应单位、监理单位、造价咨询单位等。

3.3.1.2 建设工程投标人应具备的条件

建设工程投标人应具备以下条件:

① 具有招标条件要求的资质证书,并为独立的法人实体。

② 投标人应具备承担招标项目的能力。承担过类似建设项目的相关工作,并有良好的工作业绩和履约记录。

③ 财产状况良好,没有处于财产被接管、破产或其他关、停、并、转状态。

④ 在最近 3 年没有骗取合同以及其他经济方面的严重违法行为。

⑤ 近几年有较好的安全纪录,投标当年内没有发生重大质量和特大安全事故。

3.3.2　建设工程投标的工作程序

3.3.2.1　获取招标信息

建设工程项目投标中首先是获取项目招标信息,为使投标工作有个良好的开端,投标人必须做好工程项目信息的查证工作。多数公开招标项目属于政府投资或国家融资的工程,在报刊等媒体刊登招标公告或资格预审通告。但是,经验告诉我们,对于一些大型或复杂的项目,招标公告后再做投标准备这项工作,时间仓促,投标就会处于被动。因此,要提前注意信息、资料的积累整理,提前跟踪项目。

3.3.2.2　投标决策

建设工程投标决策是指承包商为实现其生产经营目标,针对工程招标项目,寻求并实现最优化投标行动方案的活动。

承包商通过投标项目取得项目是市场经济条件下的必然,但是,作为承包商来讲并不是每标必投。投标决策的正确与否,关系到能否中标和中标后的效益问题,关系到施工企业的信誉和发展前景及职工的切身经济利益,甚至关系到国家的荣誉和经济发展问题。因此,企业的领导决策班子必须充分认识到投标决策的重要意义。

通过对工程项目信息调研综合分析,作出投标决策。投标决策贯穿在整个投标过程中,在投标前期关键是确定以下两点:一是根据招标信息和所了解的招标项目的具体情况决定是否参加投标;二是根据招标项目的特点和竞争对手情况确定投什么性质的标,如何争取中标。

3.3.2.3　筹建投标小组,委托投标代理机构

投标过程竞争十分激烈,需要有专门的机构和人员对投标全过程加以组织与管理,以提高工作效率和中标的可能性,建立一个强有力、内行的投标班子是投标获得成功的根本保证。投标小组一般应包括下列 3 类人才:

(1) 经营管理类人才

经营管理类人才是指专门从事工程业务承揽工作的公司经营部门管理人才和拟定的项目经理。这类人才既要具有经营管理知识,对相关学科也有相当的知识水平,又要具有一定的法律知识和实际工作经验,具有较强的社会活动能力。

(2) 专业技术人才

专业技术人才主要是指从事各类专业的工程技术人员,如造价师、建造师等。他们具有较高的学历和技术职称,掌握本学科最新的专业知识,具备较强的实际操作能力,在投标时能从本公司的实际技术水平出发,确定各项专业实施方案及合理的工程造价。

(3) 商务金融人才

商务金融人才是指从事预算、财务和商务等方面的人才。他们具有概预算、材料设备采购、财务会计、金融、保险和税务等方面的专业知识。投标报价主要由这类人才进行具体

编制。

如果投标人的技术、经济方面的技术力量不能满足招标项目的要求。投标人可以委托具有相应资质的工程造价咨询机构代为编制投标文件或委托投标代理机构。

3.3.2.4　参加资格预审并购买招标文件

投标企业按照招标公告或投标邀请书的要求向招标企业提交相关材料。投标人在通过资格预审后,就应该在招标公告或投标邀请书规定的时间内,尽可能早地向招标人购买招标文件,以便为投标争取尽可能多的准备时间。

投标人购买招标文件后,应立即组织投标小组人员熟悉并仔细研读招标文件,明确工程的招标范围以及招标文件中对投标报价、工期、质量等要求,同时对招标文件中的废标的条件、合同条款、材料设备和施工技术要求等主要内容进行认真分析,理解招标文件隐含的涵义。对可能发生的疑义或不清楚的地方应做好记录,准备在招标预备会时向招标人提出。

购买招标文件或提交投标文件时,投标人应当按照招标文件的要求的方式和金额,将投标保证金提交给招标人。投标保证金除现金外,可以是银行出具的银行保函、保兑支票、银行汇票或现金支票。

3.3.2.5　参加现场踏勘和投标预备会

投标人在认真研读招标文件的基础上,有针对性地拟出踏勘现场提纲,确定重点需要澄清和解答的问题,做到心中有数,然后按照招标文件规定的时间参加由招标人组织的工程项目的地理、地质、气候等客观条件的现场踏勘。

投标预备会也称标前会议或答疑会,一般在现场踏勘之后1~2天内举行。目的是解答投标人对招标文件及踏勘现场中所提的问题,并对图纸进行交底。招标人对所有投标人提出疑问的书面澄清,是招标文件的组成部分,同时也是投标人投标报价和编制投标文件的重要依据。

3.3.2.6　编制投标文件

经过现场踏勘和投标预备会后,由企业领导层根据收集到的自然环境、社会环境、竞争对手等情况,作出最终投标报价和相应决策。投标人可以着手分析招标文件,进行投标报价,编制投标文件。投标团队按照招标文件的要求,汇总相关材料,形成完整的投标文件,并检查是否有遗漏和瑕疵。

3.3.2.7　递交投标文件、参加开标会议

投标人在编制完投标文件后,应按招标文件规定的时间、地点提交投标文件,参加开标会议。《招标投标法》规定投标截止时间即是开标时间。为了投标的顺利,通常的做法是在投标截止时间前1~2个小时递交投标书和投标保证金。

经过评标,如果投标人被确定为中标人,应接受中标通知书,与招标人签订合同。

3.3.3　联合体投标

3.3.3.1　联合体的构成

《招标投标法》第 31 条规定:"两个以上法人或者其他组织可以组成一个联合体,以一个投标人的身份共同投标。招标人不得强制投标人组成联合体共同投标,不得限制投标人之间的竞争。"

《工程建设项目施工招标投标办法》第 42 条规定:"联合体各方签订共同投标协议后,不得再以自己名义单独投标,也不得组成新的联合体或参加其他联合体在同一项目中投标。"

3.3.3.2　联合体的资格条件

《招标投标法》第 31 条规定:"联合体各方均应当具备承担招标项目的相应能力;国家有关规定或者招标文件对投标人资格条件有规定的,联合体各方均应当具备规定的相应资格条件。由同一专业的单位组成的联合体,按照资质等级较低的单位确定资质等级。"

《工程建设项目施工招标投标办法》第 43 条规定:"联合体参加资格预审并获通过的,其组成的任何变化都必须在提交投标文件截止之日前征得招标人的同意。如果变化后的联合体削弱了竞争,含有事先未经过资格预审或者资格预审不合格的法人或者其他组织,或者使联合体的资质降到资格预审文件中规定的最低标准以下,招标人有权拒绝。"

3.3.3.3　联合体投标

《招标投标法》第 31 条规定:"联合体各方应当签订共同投标协议,明确约定各方拟承担的工作和责任,将共同投标协议连同投标文件一并提交招标人。联合体中标的,联合体各方应当共同与招标人签订合同,就中标项目向招标人承担连带责任。"

《工程建设项目施工招标投标办法》第 44 条规定:"联合体各方必须指定牵头人,授权其代表所有联合体成员负责投标和合同实施阶段的主办、协调工作,并应当向招标人提交由所有联合体成员法定代表人签署的授权书。"

《工程建设项目施工招标投标办法》第 45 条规定:"联合体投标的,应当以联合体各方或者联合体中牵头人的名义提交投标保证金。以联合体中牵头人名义提交的投标保证金,对联合体各成员具有约束力。"

《工程建设项目施工招标投标办法》第 50 条规定:"联合体投标未附联合体各方共同投标协议的按废标处理。"

3.3.4　投标报价

投标报价是投标的关键性工作,也是投标书的核心组成部分。招标人往往将投标人的报价作为主要标准来选择中标人,同时也是招标人与中标人就工程标价进行谈判的基础。

3.3.4.1　投标价的概念

投标价是投标人投标时报出的工程造价。它是工程采用招标发包的过程中,由投标人按照招标文件的要求,根据工程特点,并结合自身的施工技术、装备和管理水平,依据有关计价规定自主确定的工程造价,是投标人希望达成工程承包交易的期望价格,它不能高于招标人设定的招标控制价。

投标报价应由投标人或受其委托具有相应资质的工程造价咨询人编制。

3.3.4.2　投标报价的依据

投标报价应根据招标文件中的计价要求,按照下列依据自主报价:

① 工程量清单计价规范;
② 国家及省级、行业建设主管部门颁发的计价办法;
③ 企业定额,国家或省级、行业建设主管部门颁发的计价定额;
④ 招标文件、工程量清单及其补充通知、答题纪要;
⑤ 建设工程设计文件及相关资料;
⑥ 施工现场情况、工程特点及拟定的投标施工组织设计及施工方案;
⑦ 与建设项目相关的标准、规范等技术资料;
⑧ 市场价格信息或工程造价管理机构发布的工程造价信息;
⑨ 其他相关资料。

3.3.4.3　投标报价策略

建设工程项目招标过程中,评标办法中一般投标报价所占比重达到60%左右,报价策略在投标中所占比重也非常高。投标报价策略和技巧是指工程承包商在投标报价中的指导思想和在投标过程中所运用的操作技能和诀窍。它是保证投标人在满足招标文件各项要求的条件下,赢得投标,获得预期效益的关键,常见的投标报价策略主要有以下几种:

1. 不平衡报价法

不平衡报价法是指对工程量清单中各项目的单价,按投标人预定的策略作上下浮动,但不变动按中标要求确定的总价,使中标后能获取较好收益的报价技巧。

一个项目总报价确定后,在不影响总报价和评标的前提下,可以通过调整内部各子项的单价利润,使得在工程结算和付款中得到较多实惠和收益。一般为早施工的子目,结算时工程量要增加的子目,设计图纸不明确,估计明确后工程量可能增加的子目等单价适当抬高。仔细分析施工图纸,根据现场的实际情况,可能取消、减少工程量的子目,图纸设计不明确、设计不合理,估计实施阶段有可能改变的子目,业主可能指定分包的子目等可以适当降低单价。

不平衡报价法的优点是有助于工程量表进行仔细校核和统筹分析,总价相对稳定,不会过高;缺点是单价报高和报低的合理幅度难以掌握,单价报得过低会因执行中工程量增多而造成承包商损失,报得过高会因招标人要求压价而使承包人得不偿失。因此,在运用不平衡报价法时,要特别注意工程量有无错误,具体问题具体分析,避免盲目报价。

2. 多方案报价法

多方案报价法是投标人针对招标文件中的某些不足,提出有利于业主的替代方案(也称备选方案),用合理化建议吸引业主争取中标的一种投标技巧。

对于一些招标文件,如果发现工程范围不很明确,条款不清楚或很不公正,或技术要求过于苛刻时,则要在充分考虑估计投标风险的基础上,按多方案报价法处理。即是按原招标文件报一个价,然后再提出,如果某某条款作某些变化,报价可降低多少。这样总报价就可以降低多少,以此吸引业主。但是,如有规定,政府工程合同的方案是不容许改动的,该方法不能使用。

多方案报价法主要适用以下两种情况:

① 如果发现招标文件中的工程范围不很明确,合同条款内容不清楚或很不公正,或对技术规范的要求过于苛刻,可先按招标文件的要求报一个单价,然后再说明假如招标人对合同要求作某些修改,报价可降低多少。

② 如发现设计图纸中存在某些不合理并可以改进的地方,或者可以利用某项新技术、新工艺、新材料替代的地方,或者发现自己的技术和设备满足不了招标文件中设计图纸的要求,可以先按设计图纸的要求报一个单价,然后再附上一个修改设计的建议方案,并根据修改的建议方案再报出一个新的单价。

3. 突然降价法

投标报价中各竞争对手往往通过多种渠道和手段来打听和刺探标底及对手的情况,因而在报价时可以采用迷惑对手的方法,即先按一般情况报价或表现出自己对该项目兴趣不大,到快投标截止时,再突然降价,为最后中标打下基础。采用这种方法时,一定要在投标过程中考虑好降价的幅度。以报价修正函形式,如不行要提前做好报价不同的标书,分别密封好,在临近截止投标时间内,根据情况信息与分析判断,再决定。有时也可利用投标询标规则突然降价或调整报价的策略,在这种报价中一定要考虑本工程报价中的降价的额度,降价的理由,在询标期间突然降价,这样令竞争对手防不胜防。

4. 扩大标价法

扩大标价法是投标人针对招标项目中的某些要求不明确、工程量出入较大等有可能承担重大风险的部分提高报价,从而规避意外损失的一种技巧。例如,在建设工程施工投标中,校核工程量清单时发现某些分部分项工程的工程量,图纸与工程量清单有较大的差异,并且业主不同意调整而投标人也不愿意让利的情况下,就可对有差异部分采用扩大标价法报价,其余部分仍按原定策略报价。

在国内外的建筑市场上,经常运用的投标技巧还有很多,例如开口升级法、突然降价法、先亏后赢法等,投标人在多次投标中摸索总结各种情况,积累总结,才能不断提高自己的编标报价水平。

3.3.5　建设工程投标文件的编制

投标文件是投标人对招标文件提出的实质性要求和条件作出响应,也是评标委员会进行评审和比较的对象,中标的投标文件还和招标文件一起成为招标人和中标人订立合同的法律依据。因此,投标人对投标文件的编制工作应加倍重视。

3.3.5.1 投标文件的组成

投标文件一般由以下几部分组成:

① 投标函及投标函附录;

② 法定代表人身份证明附有法定代表人身份证明的授权委托书;

③ 联合体协议书;

④ 投标保证书;

⑤ 已标价的工程量清单;

⑥ 施工组织设计;

⑦ 项目管理机构;

⑧ 拟分包的项目情况表;

⑨ 资格审查资料;

⑩ 按招标文件规定提交的其他资料。

3.3.5.2 投标文件的编制要求

投标人应按招标文件的要求编制投标文件,必须符合以下条件:

① 投标文件应按招标文件、《标准施工招标文件》(2007 年版)和《行业标准施工招标文件》(2012 年版)投标文件格式进行编写;

② 投标文件应当对招标文件有关工期、投标有效期、质量要求、技术标准和要求、招标范围等实质性内容作出响应;

③ 投标文件应用不褪色的材料书写或打印,并由投标人的法定代表人或其委托代理人签字或盖单位章;

④ 投标文件正本一份,副本份数见投标人须知前附表。正本和副本的封面上应清楚地标记"正本"或"副本"的字样。当副本和正本不一致时,以正本为准;

⑤ 投标文件的正本与副本应分别装订成册,并编制目录,具体装订要求见投标人须知前附表规定。

【引例 3.3 小结】

① A 投标人的投标文件有效,但补充说明无效。《招标投标法》第 29 条规定:"投标人在招标文件要求提交投标文件的截止时间前,可以补充、修改或者撤回已提交的投标文件,并书面通知招标人。"开标后投标人不能变更投标文件的实质性内容。

B 投标人的投标文件无效。《工程建设项目施工招标投标办法》第 37 条规定:"投标保证金有效期应当超出投标有效期 30 天。"

C 投标人投标文件投标文件有效。

D 投标人无效。因为根据《招标投标法》第 31 条规定:"联合体各方应当签订共同投标协议"。

E 投标人的投标文件有效。

② 招标人可以没收 E 投标人的投标保证金,给招标人造成损失超过投标保证金的,招标人可以要求其赔偿。

```
        ┌ 投标人条件
        │ 投标的工作程序(7 项)
        │ 联合体投标
        │              ┌ 投标报价概念
        ┤ 投标报价 ┤ 投标报价依据
        │              └ 投标报价策略
        └ 投标文件的组成及编制要求
```

3.4 建设工程的开标、评标与定标

【引例 3.4】

某段公路投资 1 600 万元,经咨询公司测算的标底为 1 600 万元,工期 400 天,每天工期损益价为 3 万元,甲、乙、丙 3 家企业的工期和报价以及经评标委员会评审后的报价如表 3.4 所示。

试问:经分析后确定中标人?

表 3.4 评审报价表

企业名称	报价(万元)	工期(天)	工期损益价格(万元)	经评审综合价(万元)
甲	1 400	380	450	1 850
乙	1 500	300	300	1 800
丙	900	410	650	1 550

综合考虑报价和工期因素后,以经评审的综合价作为选定中标候选人的依据,因此,最后选定乙企业为中标候选人。

3.4.1 建设工程开标

开标是指投标截止后,招标人按招标文件所规定的时间和地点,开启投标人提交的投标文件,公开宣读投标人的名称、投标价格及投标文件中的其他主要内容的活动。

3.4.1.1　开标的时间和地点

开标应当在招标文件确定的提交投标文件截止时间公开进行。招标人应按投标人须知前附表的投标截止时间(开标时间)和地点(一般应当在当地建设工程交易中心举行)公开开标,并邀请所有投标人的法定代表人或其委托代理人准时参加。由于某种原因,招标机构有权变更开标日期和地点,但必须以书面的形式通知所有投标人。

开标由招标人主持,邀请所有投标人参加。招标人可以在投标人须知附表中对此作进一步说明,同时明确投标人的法定代表人或其委托代理人不参加开标的法律后果。例如,投标人的法定代表人或其委托代理人不参加开标的,视同意该投标人承认开标记录,不得事后对开标记录提出任何异议。

3.4.1.2　开标的程序

开标有以下程序:

① 宣布开标纪律;

② 公布在投标截止时间前递交投标文件的投标人的名称,并点名确认投标人是否派人到场;

③ 宣布开标人、唱标人、记录人、监标人等有关人员姓名;

④ 按照"投标人须知"前附表规定检查投标文件的密封情况;

⑤ 按照"投标人须知"前附表的规定确定并宣布投标文件的开标情况;

⑥ 设有标底的,公布标底;

⑦ 按照宣布的开标顺序当众开标,公布投标人名称、标段名称、投标保证金递交的情况、投标报价、质量目标、工期及其他内容,并记录在案;

⑧ 投标人代表、招标人代表、监标人、记录人等有关人员在开标记录上签字确认;

⑨ 开标结束。

招标人应在投标人须知前附表中规定开标程序中有开标程序第④条、第⑤条的具体做法。开标时,由投标人或其推选的代表检查投标文件的密封情况,也可由招标人委托的公证机构检查并公证等;可以按照投标文件递交的先后顺序开标,也可以采用其他方式确定开标顺序。

3.4.2　建设工程评标

评标是依据招标文件的规定和要求,对投标文件所进行的审查、评审和比较。评标是审查确定中标人的必经程序,是保证招标成功的重要环节。因此,为了保证评标的公正性,防止招标人左右评标结果,评标不能由招标人或其代理机构独自承担,而应组成一个由有关专家和人员参加的委员会,负责依据招标文件的规定的评标标准和方法,对所有投标文件进行评审,向招标人推荐中标候选人或者直接确定中标人。

3.4.2.1　评标委员会组成

评标委员会由招标人负责组织。根据《招标投标法》第 37 条规定,评标委员会由招标人的代表和有关技术、经济等方面的专家组成,成员人数为 5 人以上单数,其中招标人、招标代理机构以外的技术、经济等方面专家不得少于成员总数的 2/3。评标委员会的专家成员,应当由招标人从建设行政主管部门及其他有关政府部门确定的专家名册或者工程招标代理机构的专家库内相关专家名单中确定。确定专家成员一般采取随机抽取的方式。

与投标人有利害关系的人不得进入相关项目的评标委员会,已经进入的应当更换。评标委员会成员名单在中标结果确定前应当保密。

评标委员会设主任 1 名,可以由招标人直接指定或者由评标委员会协商产生。评标委员会成员有下列情形之一的,应当回避:

① 招标人或投标人的主要负责人的近亲属;

② 项目主管部门或者行政监督部门的人员;

③ 与投标人有经济利益关系,可能影响对投标公正评审的;

④ 曾因在招标、评标以及其他与招标投标有关活动中从事违法行为而受过行政处罚或刑事处罚的。

3.4.2.2　评标的原则

评标活动应遵循公平、公正、科学和择优的原则。评标人员应当按照招标文件确定的评标标准和方法,对投标文件进行评审和比较,要本着实事求是的原则,不得带有任何主观意愿和偏见,高质量、高效率地完成评标工作,并应遵循以下原则:

① 认真阅读招标文件,严格按照招标文件规定的要求和条件对投标文件进行评审。

② 公正、公平、科学合理。

③ 质量好、信誉高、价格合理、工期适当、施工方案先进可行。

④ 规范性与灵活性相结合。

3.4.2.3　评标的方法

建设工程评标的方法有很多,我国目前常用的评标方法主要有经评审的最低投标价法和综合评估法。

1. 经评审的最低投标价法

经评审的最低投标价法是指对符合招标文件规定的技术标准,满足招标文件实质性要求的投标。根据招标文件规定的量化因素及量化标准进行价格折算,按照经评审的投标价由低到高的顺序推荐中标候选人,或根据招标人授权直接确定中标人,但投标报价低于其成本的除外。经评审的投标价相等时,投标报价低的优先;投标报价也相等的,由招标人自行确定。

（1）适用情况

一般适用于具有通用技术、性能标准或者招标人对其技术、性能没有特殊要求的招标项目。

（2）评标程序

评标程序如下：

① 评标委员会根据招标文件中评标办法规定对投标人的投标文件进行初步评审。有一项不符合评审标准的，作废标处理。

② 评标委员会应当根据招标文件中规定的评标价格调整方法，对所有投标人的投标报价及投标文件的商务部分作必要的价格调整，但评标委员会无须对投标文件的技术部分进行价格折算。

评标委员会发现投标人的报价明显低于其他投标报价，或者在设有标底时明显低于标底，使其投标报价可能低于其成本的，应当要求该投标人作出书面说明并提供相应的证明材料。投标人不能合理说明或者不能提供相应证明材料的，由评标委员会认定该投标人以低于成本报价竞标，其投标作废标处理。

③ 根据经评审的最低投标价法完成详细评审后，评标委员会应当拟定一份"标价比较表"，连同书面评标报告提交招标人。"标价比较表"应当注明投标人的投标报价、对商务偏差的价格调整和说明以及经评审的最终投标价。

④ 除招标文件中授权评标委员会直接确定中标人外，评标委员会按照经评审的价格由低到高的顺序推荐中标候选人。

2. 综合评估法

综合评估法，是对价格、建设方案、项目经理的资历、质量、工期、企业信誉和业绩等各方面因素进行综合评价，从而确定中标人的评定定标方法。它也是适用最广泛的评标定标方法。

综合评估法按其具体分析方式的不同，可分为定性综合评估法和定量综合评估法。

（1）定性综合评估法（评估法）

定性综合评估法也称评估法。通常的做法是，由评标组织对工程报价、工期、质量、施工组织设计、主要材料消耗、安全保障措施、业绩、信誉等评审指标，分项进行定性比较分析，综合考虑。经评估后选出其中被大多数评标组织成员认为各项条件都比较优良的投标人为中标人，也可用记名或无记名投票表决的方式确定中标人。定性评估法的特点是不量化各项评审指标。它是一种定性的优选法。采用定性综合评估法，一般要按从优到劣的顺序，对各投标人排列名次，排序第一名的即为中标人。

采用定性综合评估法，有利于评标组织成员之间的直接对话和交流，能充分反映不同意见，在广泛深入地开展讨论、分析的基础上，集中大多数人的意见，一般也比较简单易行。但这种方法评估弹性较大，衡量的尺度不具体，各人的理解可能会相去甚远，造成评标意见悬殊过大，会使评标决策左右为难，不能让人信服。

（2）定量综合评估法（百分法、打分法）

定量综合评估法又称打分法、百分制计分评估法（百分法）。通常的做法是事先在招标文件或评标定标办法中对评标的内容进行分类，形成若干评价因素，并确定各项评价因素在百分之内所占的比例和评分标准，开标后由评标组织中每位成员按照评分规则，采用无记名方式打分,随后统计投标人的得分,得分最高者(排序第一名)或次高者(排序第二名)为中标人。

定量综合评估法的主要特点是要量化各评审因素。对各评审因素的量化是一个比较复杂的问题,各地的做法不尽相同。从理论上讲,评标因素指标的设置和评分标准分值的分配,应充分体现企业的整体素质和综合实力,准确反映公开、公平、公正的竞标法则,使质量好、信誉高、价格合理、技术强、方案优的企业能中标。

3.4.2.4　评标的程序

评标活动一般按以下 5 个步骤进行:评标准备工作,初步评审,详细评审,澄清、说明或补正,推荐中标候选人及提交评标报告。

1. 评标准备工作

评标委员会在开始评标之前,必须先认真研读招标文件。招标人或者其委托的招标代理机构应当向评标委员会提供评标所需的重要信息和数据,以及清标工作组关于工程情况和清标工作的说明,协助评标委员会了解和熟悉招标项目,主要包含以下内容:

① 招标项目规模、标准和工程特点;

② 招标文件规定的评标标准、评标办法;

③ 招标文件规定的主要技术要求、质量标准及其他与评标有关的内容。

2. 初步评审

初步评审也称为对投标书的响应性审查,在此过程阶段不是比较各投标书的优劣,而是以投标须知为依据,检查各投标书是否为响应性投标,确定投标书的有效性。

(1) 符合性评审

符合性评审也称为资格审查或形式审查,其审查内容主要有:

① 投标人的资格。核对是否为通过资格预审的投标人;或对未进行资格预审提交的资格材料进行审查,该项工作内容和步骤与资格审查大致相同。

② 投标文件的有效性。主要是指投标保证的有效性,即投标保证的格式、内容、金额、有效期,开具单位是否符合招标文件的要求。

③ 投标文件的完整性。投标文件是否提交了招标文件规定应提交的全部文件,有无遗漏。

④ 与招标文件的一致性。即投标文件是否实质性地响应招标文件的要求,具体是指与招标文件的所有条款、条件和规定相符,对招标文件的任何条款、数据或说明是否有任何修改、保留和附加条件。

(2) 技术性评审

投标文件的技术性评审(以建筑工程项目为例)包含施工方案、工程进度与技术措施、质量管理体系与措施、安全保证措施、环境保护管理体系与措施、资源(劳务、材料、机械设备)、技术负责人等方面是否与国家相应规定及招标项目符合。

(3) 商务性评审

投标文件的商务性评审主要是指投标报价的审核,审查全部报价数据计算的准确性。如投标书中存在计算或统计的错误,由招标委员会予以修正后请投标人签字确认。修正后的投标报价对投标人起约束作用。如投标人拒绝确认,没收其投标保证金。

（4）对招标文件响应的偏差

投标文件对招标文件实质性要求和条件响应的偏差分为重大偏差和细微偏差。所有存在重大偏差的投标文件都属于在初评阶段应淘汰的投标书。

细微偏差是指投标文件在实质上响应招标文件的要求,但在个别地方存在漏项或者提供了不完整的技术信息和数据等情况,并且补正这些遗漏或者不完整不会对其他投标人造成不公平的结果。细微偏差不影响投标文件的有效性。评标委员会应当书面要求存在细微偏差的投标人在评标结束前予以补正。拒不补正的,在详细评审时可以对细微偏差作不利于该投标人的量化。量化标准应在招标文件中规定。

3. 详细评审

详细评审是指在初步评审的基础上,对经初步评审合格的投标文件,按照招标文件确定的评标标准和方法,对其技术部分(技术标)和商务部分(经济标)做进一步审查,评定其合理性,以及合同授予该投标人在履行过程中可能带来的风险。在此基础上再由评标委员会对各投标书分项进行量化比较,从而评出优劣次序。

4. 对投标文件的澄清、说明或补正

在初步评审和详细评审过程中,为了有助于对投标文件的审查、评价和比较,评标委员会可以书面方式要求投标人对投标文件中含义不明确、对同类问题表述不一致或者有明显文字和计算错误的内容作必要的澄清、说明或补正。对于大型复杂工程项目评标委员会可以分别召集投标人对某些内容进行澄清或说明。在澄清会上对投标人进行咨询,先以口头形式询问并解答,随后在规定的时间内投标人以书面形式予以确认作出正式答复。但澄清或说明的问题不允许更改投标价格或投标书的实质内容。

5. 推荐中标候选人及提交评标报告

（1）汇总评标结果

投标报价评审工作结束后,评标委员会应填写评标结果汇总表,见表3.5。

表3.5　评标结果汇总表

工程名称					标段		
序号	投标人名称	初步评审			详细评审			备注
		合格	不合格	投标报价	是否低于成本	评标价	排序	
1								
2								
3								
4								
5								
最终推荐的中标候选人及其排序		第一名:						
		第二名:						
		第三名:						

评标委员会全体成员签名:　　　　　　　　　　　　　日期

（2）编制及提交评标报告

评标委员会根据规定向招标人提交评标报告。评标报告应当由全体评标委员会成员签字，并于评标结束时抄送有关行政监督部门。评标报告应当包括以下内容：

① 招标项目基本情况和数据表；

② 评标委员会成员名单；

③ 开标记录；

④ 符合要求的投标一览表；

⑤ 废标情况说明；

⑥ 评标标准、评标方法或者评标因素一览表；

⑦ 经评审的价格或者评分比较一览表；

⑧ 经评审的投标人排序；

⑨ 推荐的中标候选人名单与签订合同前要处理的事宜；

⑩ 澄清、说明、补正事项纪要。

向招标人提交书面评标报告后，评标委员会即告解散。评标过程中使用的文件、表格及其他资料应当及时归还招标人。

3.4.3　建设工程定标

3.4.3.1　确定中标人

定标也称决标，是指招标人最终确定中标单位。除特殊情况外，评标和定标应当在投标有效期结束日的 30 个工作日前完成。招标文件应当载明投标有效期。投标有效期从提交投标文件截止日起计算。

招标人根据评标委员会提出的书面评标报告和推荐的中标候选人确定中标人，也可以授权评标委员会直接确定中标人。在确定中标人之前，招标人不得与投标人就投标价格、投标方案等实质性内容进行谈判。

3.4.3.2　发出《中标通知书》

中标人确定后，招标人应当向中标人发出《中标通知书》，同时通知未中标人，并与中标人在 30 日之内签订合同。《中标通知书》对招标人和中标人具有法律约束力。《中标通知书》发出后，招标人改变中标结果或者中标人放弃中标的，应当承担法律责任。

招标人迟迟不确定中标人或者无正当理由不与中标人签订合同的，给予警告，根据情节可处 1 万元以下罚款；造成中标人损失的，并应当赔偿损失。

3.4.3.3　中标结果备案及违约责任

中标结果备案及违约责任如下：

① 招标人自确定中标人之日起 15 日内,向有关行政监督部门提交招标投标情况的书面报告。

② 招标人在评标委员会依法推荐的中标候选人以外确定中标人的,依法必须进行招标项目在所有投标被评标委员会否决后自行确定中标人的,中标无效。责令改正,可以处中标项目金额 5‰以上 10‰以下的罚款;对单位直接负责的主管人员和其他直接责任人员依法给予处分。

3.4.4　签订合同

3.4.4.1　合同签订

招标人和中标人应当在《中标通知书》发出 30 日内,按照招标文件和中标人的投标文件订立书面合同。招标人和中标人不得再行订立背离合同实质性内容的其他协议。

3.4.4.2　投标保证金和履约保证

1. 投标保证金的退还

招标人与中标人签订合同后 5 个工作日内,应当向中标人和未中标的投标人退还投标保证金。中标人不与招标人订立合同的,投标保证金不予退还并取消中标资格,给招标人造成的损失超过投标保证金数额的,应当对超过部分予以赔偿。

2. 提交履约保证

招标文件要求中标人提交履约保证金的,中标人应当提交。若中标人不能按时提供履约保证,可以视为投标人违约,没收其投标保证金,招标人再与下一位候选中标人签订合同。当招标文件要求中标人提供履约保证时,招标人也应当向中标人提供工程款支付担保。

【引例 3.4 小结】

评审的综合价格是符合招标实质性条件的全部费用,报价不是定标的唯一依据。上述 3 家企业中丙报价最低,但工期已经超过了标底的工期,因此不予考虑。甲企业报价虽比乙企业低,但综合考虑工期的损益价后,乙企业较甲企业的价格低,最后选定乙企业为中标候选人。

知识梳理

开标

评标委员会的组成

评标方法 ─┬─ 经评审的最低投标价法
　　　　　└─ 综合评估法

评标 ─┬─ 评标委员会的组成
　　　├─ 评标方法
　　　└─ 评标程序(5 项)

定标

签订合同

3.5 建设工程监理的招标与投标管理

3.5.1 建设工程监理的招标、投标概述

3.5.1.1 建设工程监理的定义

建设工程监理也叫工程建设监理,是指具有相应资质的工程监理企业受工程项目建设单位的委托,承担其项目管理工作,并代表建设单位对承建单位的建设行为进行监督管理的专业化服务活动。属于国际上业主项目管理的范畴。

《工程建设监理规定》第 3 条明确提出:建设工程监理是指监理单位受项目法人的委托,依据国家批准的工程项目建设文件、有关工程建设的法律、法规和工程建设监理合同及其他工程建设合同,对工程建设实施的监督管理。

建设工程监理可以是建设工程项目活动的全过程监理,也可以是建设工程项目某一实施阶段的监理,如设计阶段监理、施工阶段监理等。我国目前应用最多的是施工阶段监理。

3.5.1.2 建设工程监理的范围

根据 2001 年 1 月 17 日中华人民共和国建设部第 86 号令《建设工程监理范围和规模标准规定》(见表 3.6),建设工程必须实行监理。

表 3.6　建设工程监理范围和规模标准规定

序号	工程项目名称	工程规模范围及标准
1	国家重点建设工程	依据《国家重点建设项目管理办法》所确定的对国民经济和社会发展有重大影响的骨干项目
2	大中型公用事业工程,是指项目总投资额在 3 000 万元以上的工程项目	① 供水、供电、供气、供热等市政工程项目; ② 科技、教育、文化等项目; ③ 体育、旅游、商业等项目; ④ 卫生、社会福利等项目; ⑤ 其他公用事业项目
3	成片开发建设的住宅小区工程	建筑面积在 5 万平方米以上的住宅建设工程必须实行监理;5 万平方米以下的住宅建设工程,可以实行监理,具体范围和规模标准,由省、自治区、直辖市人民政府建设行政主管部门规定。 为了保证住宅质量,对高层住宅及地基、结构复杂的多层住宅应当实行监理

序号	工程项目名称	工程规模范围及标准
4	利用外国政府或者国际组织贷款、援助资金的工程	① 使用世界银行、亚洲开发银行等国际组织贷款资金的项目； ② 使用国外政府及其机构贷款资金的项目； ③ 使用国际组织或者国外政府援助资金的项目
5	国家规定必须实行监理的其他工程	1. 项目总投资额在 3 000 万元以上关系社会公共利益、公众安全的下列基础设施项目： ① 煤炭、石油、化工、天然气、电力、新能源等项目； ② 铁路、公路、管道、水运、民航以及其他交通运输业等项目； ③ 邮政、电信枢纽、通信、信息网络等项目； ④ 防洪、灌溉、排涝、发电、引(供)水、滩涂治理、水资源保护、水土保持等水利建设项目； ⑤ 道路、桥梁、地铁和轻轨交通、污水排放及处理、垃圾处理、地下管道、公共停车场等城市基础设施项目； ⑥ 生态环境保护项目； ⑦ 其他基础设施项目。 2. 学校、影剧院、体育场馆项目

3.5.2　建设工程监理的招投标

3.5.2.1　建设工程监理招标的特点

建设工程监理招标的标的是监理服务，与勘察设计、施工承包、货物采购等的最大区别为监理不直接产出新的物质或信息成果。监理是智力服务，监理服务效果不仅依赖规范化的管理程序和方法，更多地取决于监理人员的专业知识、经验、职业道德素质和工程管理人员的分析判断、处理能力。因此，监理招标的重点是监理投标单位的素质能力。

1. 招标宗旨是对监理单位能力的选择

监理服务是监理单位的高智能投入，服务工作完成的好坏不仅依赖于执行监理业务是否遵循了规范化的管理程序和方法，更多地取决于参与监理工作人员的业务专长、经验、判断能力以及风险意识。因此招标选择监理单位时，鼓励的是能力竞争，而不是价格竞争。如果对监理单位的资质和能力不给予足够重视，只依据报价高低确定中标人，就忽视了高质量的服务，报价最低的投标人不一定就是最能胜任的工作者。

2. 报价在选择中居于次要地位

工程项目的施工、物资供应招标选择中标人的原则是：在技术上达到要求标准的前提下，主要考虑价格的竞争性。而监理招标对能力的选择放在第一位，因为当价格过低时监理单位很难把招标人的利益放在第一位，为了维护自己的经济利益采取减少监理人员数量或多派业务水平低、工资低的人员，其后果必然导致对工程项目的损害。另外，监理单位提供高质量的服务，往往能使招标人获得节约工程投资和提前投产的实际效益，因此过多考虑报价因素会得不偿失。但从另一个角度来看，服务质量与价格之间应有相应的平衡关系，所有招标人应在能力相当的投标人之间再进行价格比较。

3. 邀请投标人较少

选择监理单位一般采用邀请招标,且邀请数量以 3～5 家为宜。因此监理招标是对知识、技能和经验等方面综合能力的选择,每一份标书内都会提出具有独特见解或创造性的实施建议,但又各有长处和短处。如果邀请过多投标人参与竞争,不仅要增大评标工作量,而且定标后还要给予未中标人一定的补偿费。

3.5.2.2　建设工程监理招标的主体

1. 建设监理招标主体

建设监理招标主体是承建招标项目的建设单位,又称业主招标人。招标人可以自行组织监理招标,也可以委托具有相应资质的招标代理机构组织招标。

2. 参加投标的监理单位

参加投标的监理单位如下:

① 取得监理资质证书;

② 具有法人资格的监理公司;

③ 监理事务所;

④ 兼承监理业务的工程设计、科学研究及工程建设咨询的单位;

⑤ 具有与招标工程规模相适应的资质等级。

3.5.2.3　建设工程监理的招投标程序

建设工程监理招投标程序一般分为 3 个阶段,即招标准备阶段,招标投标阶段,决标阶段。

1. 招标准备阶段

招标准备阶段的主要工作内容如下:

① 招标人确定监理内容(招标范围);

② 招标人自行招标的,应办理备案手续;委托代理机构招标的,应提供代理委托合同书;

③ 编制监理招标文件;

④ 招标备案;

⑤ 发布监理招标公告或发出邀标通知书。

2. 招标投标阶段

招标投标阶段的主要工作内容如下:

① 向投标人发出投标资格预审书,对投标人进行资格预审(如有);

② 招标人向投标人发出招标文件,投标人组织编写投标文件;

③ 招标人组织必要的答疑、现场勘察,解答投标人提出的问题,编写答疑文件或补充招标文件等(如有需要);

④ 投标人递送投标书,招标人接受投标书。

3. 决标阶段

决标阶段的主要工作内容如下：

① 招标人组织开标、评标、决标；

② 招标人确定中标单位后向招标投标办事机构提交招标投标情况的书面报告；

③ 招标人对中标人在相关网站公示；

④ 公示完后，招标人向投标人发出中标或者未中标通知书；

⑤ 招标人与中标单位订立委托监理书面合同；

⑥ 投标人报送监理规划，实施监理工作。

3.5.2.4 建设工程监理招标文件和投标文件的内容

监理招标实际上是征询投标人实施监理工作的方案建议。为了指导投标人正确编制投标文件，投标文件一般应包括两个方面的内容资料。

1. 监理招标文件的内容

监理招标文件一般应包括 5 个章节。

  第 1 章　招标公告

  第 2 章　投标须知前附表和投标须知

  第 3 章　工程建设监理合同（格式）

  第 4 章　技术规范及要求

  第 5 章　投标文件格式及辅助资料

为了指导投标者正确地编制投标书，上述内容应包括：

① 工程项目概况，包括投资者、地点、规模、工期等；

② 所委托的监理工作的范围及监理工作任务大纲；

③ 拟采用的监理合同条件；

④ 招标阶段的时间计划及工作安排；

⑤ 投标书的编制格式、内容及报送等要求；

⑥ 评标的规划；

⑦ 投标的有效期；

⑧ 其他应注意的事项。

2. 监理投标文件的内容

投标书是监理者向业主阐述自己的监理思想、规划和方案，是竞争监理委托合同的主要书面材料，是招标人评标的主要依据之一，也是中标人与业主之间进行监理合同谈判，最终签订监理合同的依据。

投标者按照招标文件中"投标者须知"的要求编制投标书，并按规定封装、报送。一般来说，招标文件都要求将投标书分成技术建议书和财务建议书两部分分别封装，并在封套上标明。

监理招标文件中的监理工作任务大纲是编制技术建议书的主要依据之一，但不是绝对的约束条件，允许监理投标人提出更具创造性的建议。

（1）技术建议书的主要内容

技术建议书的主要内容如下：

① 监理单位的简介，包括技术及管理力量和经验等；

② 对所委托的监理工作任务的理解，以及计划如何执行监理工作任务，一般是以监理大纲形式表达的；

③ 监理组织机构的设置；

④ 总监理工程师、专业监理工程师的履历表。

（2）财务建议书内容

财务建议书主要内容如下：

① 监理人员酬金表；

② 计算机、设备、仪器等使用费用的汇总；

③ 办公费、税金、保险金等费用的汇总；

④ 要求业主提供的监理工作所必需的设备和设施清单。

3.5.2.5　评标

1. 选择监理公司的一般原则

选择监理公司的一般包括以下原则：

① 监理单位的资质能力；

② 实施监理任务的计划；

③ 派驻现场监理人员的素质。

2. 监理招标的评标因素和评标标准

监理招标的评标因素和评标标准如下：

① 投标人的资质；

② 监理大纲；

③ 拟派项目的主要监理人员的资格、经验、业绩；

④ 人员派驻计划和监理人员的素质；

⑤ 用于工程的检测设备和仪器或委托有关单位检测的协议；

⑥ 近几年监理单位的业绩及奖惩情况；

⑦ 监理费报价和费用组成；

⑧ 招标文件要求的其他情况。

为了能够对各标书进行客观、公正、全面地比较，评标委员会一般采用打分法评标，用量化指标考察每个投标单位的各项素质，以累计得分评价其综合能力。为了在能力与价格之间实现平衡，通过评标选择出信誉可靠、技术和管理能力强且报价合理的监理单位，评标前应依据工程项目特点合理划分各评价要素的权重，见表 3.7。

表 3.7　某工程施工监理招标评标因素与评标标准设置

	评标内容	分值(分)
监理机构	投标资质等级及总体素质	10～15
	监理规划大纲	10～20
	总监理工程师资格	10～20
	专业配套	5～10
	职称年龄结构	5～10
	各专业监理工程师资格及业绩	10～15
	检测仪器、设备	5～10
	监理取费	6～10
	监理单位业绩	10～20
	企业奖惩及社会统管	5～10
	总计	100

知识梳理

建设工程监理范围和规模标准

建设工程监理招投标 ┤ 建设工程监理招标的特点
建设工程监理招标的主体
建设工程监理招标投标程序

建设工程监理招标文件和投标文件的内容
建设工程监理招标评标

3.6　建设工程勘察设计的招标与投标管理

3.6.1　建设工程勘察招标概述

建设项目的立项报告批准后,进入实施阶段的第一项工作就是勘察、设计招标。招标人通过勘察、设计招标,一方面是为建设项目的可行性研究立项选址和进行设计工作取得现场的实际依据资料(有时可能还要包括某些科研工作内容)。另一方面是使勘察、设计技术和成果作为有价值的技术商品引进市场,打破地区、部门的界限开展竞争,以降低工程造价,缩短建设周期,提高投资效益。

3.6.1.1　委托工作内容

由于建设项目的性质、规模、复杂程度以及建设地点的不同,设计所需的技术条件千差万别,设计前所需做的勘察和科研项目也就各不相同,有下列 8 大类别:

① 自然条件观测;

② 地形图测绘;

③ 资源探测;

④ 岩土工程勘察;

⑤ 地震安全性评价;

⑥ 工程水文地质勘察;

⑦ 环境评价和环境基底观测;

⑧ 模型试验和科研。

3.6.1.2　勘察招标的特点

如果仅委托勘察任务而无科研要求,委托工作大多属于用常规方法实施的内容。任务明确具体,可以在招标文件中给出任务的数量指标,如地质勘探的孔位、眼数、钻探总进尺等。

勘察任务可以单独发包给具有相应资质的勘察单位实施,也可将其包括在设计招标任务中。由于勘察工作所得的工程项目所需技术基础资料是设计的依据,必须满足设计的需要,因此将勘察任务包括在设计指标的发包范围内,由有相应能力的设计单位完成或由其再去选择承担勘察任务的分包单位,这对招标人较为有利。勘察设计总承包与分为两个合同分别承包相比,不仅在合同履行过程中招标人和监理可以摆脱实施过程中可能遇到的协调义务,使合同管理较易,而且能使勘察工作直接根据设计的需要进行,满足设计对勘察资料精度、内容和进度的要求,必要时还可以进行补充勘察工作。

3.6.2　建设工程设计招标概述

设计的优劣对工程项目建设的成败有着至关重要的影响。以招投标方式委托设计任务,是为了让设计的技术和成果作为有价值的商品进入市场,打破地区、部门的界限开展设计竞争,通过招标择优确定实施单位,达到拟建工程项目能够采用先进的技术和工艺,降低工程造价,缩短建设周期和提高投资效益的目的。设计招标的特点是投标人将招标人对项目的设想变成可实施方案的竞争。

1. 招标发包的工作范围

一般工程项目的设计分为初步设计和施工图设计两个阶段进行,对技术复杂而又缺乏经验的项目,在必要时还要增加技术设计阶段。为了保证设计指导思想连续地贯彻于设计的各个阶段,一般多采用技术设计招标或施工图设计招标,不单独进行初步设计招标,由中标的设计单位承担初步设计任务。招标人应依据工程项目的具体特点决定发包的工作范围,可以采用设计全过程总发包的一次性招标,也可以选择分单项或分专业的发包招标。

2. 设计招标方式

设计招标不同于工程项目实施阶段的施工招标、材料供应招标、设备订购招标,其特点表现为承包任务是投标人通过自己的智力劳动,将招标人对建设项目的设想变为可实施的蓝图;而后者则是投标人按设计的明确要求完成规定的物资生产劳动。因此,设计招标文件对招标人所提出的要求不那么明确具体,只是简单介绍工程项目的实施条件、预期达到的技术经济指标、投资限额、进度要求等。投标人按规定分别报出工程项目的构思方案、实施计划和报价。招标人通过开标、评标程序对各方案进行比较选择后确定中标人。鉴于设计任务本身的特点,设计招标应采用设计方案竞选的方式招标。设计招标与其他招标在程序上的主要区别表现为如下几个方面:

(1) 招标文件的内容和要求不同

设计招标文件中仅提出设计依据、工程项目应达到的技术指标、项目限定的工作范围、项目所在地的基本资料、要求完成的时间等内容,而无具体的工作量。

(2) 对招标书的编制要求不同

招标人的投标报价不是按规定的工作量清单填报单价后算出总价,而是首先提出设计构思和初步方案,并论述该方案的优点和实施计划,在此基础上进一步提出报价。

(3) 开标形式不同

开标时不是由招标单位的主持人宣读投标书并按报价高低排定标价次序,而是由各投标人自己说明投标方案的基本构思和意图以及其他实质性内容,而且不按报价高低排定标价次序。

(4) 评标原则不同

评标时不过分追求投标价的高低,评标委员更多地关注于所提供方案的技术先进性、所达到的技术指标、方案的合理性,以及对工程项目投资效益的影响。

3.6.3　勘察设计的招标文件

招标文件是指导投标人正确编标报价的依据,既要全面介绍拟建工程项目的特点和设计要求,还应详细提出应当遵守的投标规定。

1. 招标文件的主要内容

勘察设计招标文件通常由招标人委托有资质的中介机构准备,其内容应包括以下几个方面:

① 投标须知,包括所有对投标要求的有关事项;

② 投标文件格式及主要合同条款;

③ 项目说明书,包括资金来源情况;

④ 勘察设计范围,包括工作内容、设计范围和深度、建设周期和设计进度要求等方面的内容;

⑤ 勘察设计基础资料;

⑥ 勘察设计费用支付方式,包括对未中标人是否给予补偿及补偿标准;

⑦ 投标报价要求;

⑧ 对投标人资格审查的标准；

⑨ 评标标准和方法；

⑩ 投标有效期。

3.6.3.2　设计要求文件的主要内容

招标文件中,对项目设计提出明确要求的"设计要求"或"设计大纲"是最重要的文件部分,文件大致包括以下内容：

① 设计文件编制的依据；

② 国家有关行政主管部门对规划方面的要求；

③ 技术经济指标要求；

④ 全面布局要求；

⑤ 结构形式方面的要求；

⑥ 结构设计方面的要求；

⑦ 设备设计方面的要求；

⑧ 特殊工程方面的要求；

⑨ 其他有关的方面的要求,如环保、消防等。

编制设计要求文件应兼顾 3 个方面：

① 严格性:文字表达应清楚不被误解；

② 完整性:任务要求全面不遗漏；

③ 灵活性:要为招标人发挥设计创造性留有充分的自由度。

3.6.4　对投标人的资格审查

无论是公开投标时对申请投标人的资格预审,还是邀请招标时采用的资格后审,审查的基本内容相同,都包括了资格审查、能力审查和经验审查。

3.6.4.1　资格审查

资格审查是指投标人所持有的资质证书是否与招标项目的要求一致,具备实施资格。

1. 证书的种类

国家和地方建设主管部门颁发的资格证书,分为"工程勘察证书"和"工程设计证书"。如果勘察任务合并在设计招标中,投标人必须同时拥有这两种证书。若仅持有工程设计证书的投标人准备将勘察任务分包,必须同时提交分包人的工程勘察证书。

2. 证书级别

我国工程勘察和设计证书分为甲、乙、丙 3 级,不允许低资质投标人承接高等级工程的勘察、设计任务。

3. 允许承接的任务范围

由于工程项目的勘察和设计有较强的专业性要求,还须审查证书批准允许承揽工作范围是否与招标项目的专业性质一致。

3.6.4.2　能力审查

能力审查即判定投标人是否具备承担发包任务的能力,通常审查人员的技术力量和所拥有的技术设备两方面。人员的技术力量主要考察设计负责人的资质能力,以及各类设计人员的专业覆盖面、人员数量、各级职称人员的比例等是否满足完成工程设计的需要。审查设备能力主要是审核开展正常勘察或设计所需的器材和设备,在种类、数量方面是否满足要求。不仅看其总拥有量,还应审查完好程度和在其他工程上的占用情况。

3.6.4.3　经验审查

通过招标人报送的最近几年完成工程项目表,评定他的设计能力和水平。侧重于考察已完成的设计项目与招标工程在规模、性质、形式上是否相适应。

3.6.5　评标

通过对勘察投标书和设计投标书的评审进行评标。

3.6.5.1　勘察投标书的评审

勘察投标书主要评审以下几个方面:
① 勘察方案是否合理;
② 勘察技术水平是否先进;
③ 各种所带勘察数据是否准确可靠;
④ 报价是否合理。

3.6.5.2　设计投标书的评审

虽然投标书的设计方案各异,需要审评的内容很多,但大致可以归纳为以下几个方面:

1. 设计方案的优劣

设计方案审评内容主要包括:设计指导思想是否正确;设计产品方案是否反映了国内外同类工程项目较先进水平;总体布置的合理性,场地利用系数是否合理;工艺流程是否先进,包括设备选型的适用性;主要建筑物、构筑物的结构是否合理;造型是否美观大方并与周围环境协调;"三废"治理方案是否有效,以及其他有关问题。

2. 投入、产出经济效益比较

投入、产出经济效益比较主要涉及以下几个方面:建筑标准是否合理;投资估算是否超过限额;先进的工艺流程可能带来的投资回报;实现该方案可能需要的外汇估算等。

3. 设计进度快慢

评价投标书内的设计进度计划,看其能否满足招标人制定的项目建设总进度计划要求。大型复杂的工程项目为了缩短建设周期,初步设计完成后就进行施工招标,在施工阶段陆续提供施工详图。此时应重点审查设计进度是否能满足施工进度要求,避免妨碍或延误施工的顺利进行。

4. 设计资历和社会信誉

不设置资格预审的邀请招标,在评标时还应进行资格后审,作为评审比较条件之一。

5. 报价的合理性

在方案水平相当的投标人之间再进行设计报价比较,不仅评定总价,还应审查各分项取费的合理性。

知识梳理

```
                                    委托工作内容
          建设工程勘察招标
                                    勘察招标特点

                                    招标发包的工作范围
          建设工程设计招标
                                    设计招标方式

                                                  招标文件的主要内容
          建设工程勘察设计招标文件
                                                  设计要求文件的主要内容

                                    资格审查
          投标人的资格审查           能力审查
                                    经验审查

          评标
```

3.7　国际工程的招标与投标

【引例 3.5】

鲁布革水电站于 1981 年 6 月列为国家重点项目。该项目总投资 8.9 亿元,其中含世界银行贷款 1.454 亿美元(年息 8%,偿还期 20 年)。项目总装机容量 60 万千瓦,年发电量达 27.5 亿度,为地下长引水洞梯级电站,包括堆石大坝及首部枢纽工程、长 9.4 公里的引水隧洞系统工程和地下发电厂房系统工程三大子系统。项目总工期 53 个月,1 597 天,要求 1990 年全部竣工。项目工期紧,地下开挖量和混凝土浇筑量大,场地狭窄,近万人队伍聚集在不到 10 公里的崇山峻岭之中,施工组织协调困难。

世界银行为了确保项目投资效果对项目实施提出必须满足 3 个基本条件:

(1) 要求建立能够全权代表业主的甲方项目管理班子对世界银行履行合同义务,采用现代项目管理模式,对项目有关各方及项目全过程进行统一协调控制;

（2）采用国际竞争性招标模式（ICB），公开招标，在世界银行成员国范围内择优选择世界一流的承包商承担项目建设任务；

（3）由世界银行派出世界知名的挪威 AGN 咨询专家组和澳大利亚雪山公司咨询专家组，分别负责地下厂房、大坝首部工程及地下引水系统的技术和管理咨询。

鲁布革电站引水隧洞工程的国际招标严格按照 ICB 招标模式进行，整个项目招标共分 4 个阶段：招标准备阶段；资格预审阶段；招标组织阶段；评标定标及谈判签约阶段。整个招标过程前长后短，招标准备充分而严密，招标手续完备而细致。招标文件及合同条款准备也完全按世界银行要求进行。严格按照国际顾问工程师联合会标准合同条款（FIDIC 合同条款）和 ICB 招标的要求进行。

鲁布革项目招标公告发布之后，中外 32 家承包商纷纷提出了投标意向，争相介绍自己的优势和履历。招标方经过对承包商的施工经历、财务实力、法律地位、施工设备、技术水平和人才实力的初步审查，淘汰了其中的 12 家。其余 20 家取得了投标资格。接着，又进行第二阶段资格预审。各厂商分别根据各自特长和劣势进一步寻找联营伙伴，我国 3 家公司分别与 14 家外商进行联营会谈。经过两阶段资格预审，1983 年 6 月，15 家取得投标资格的中外厂商购买了招标文件，投标开始。

各投标商为了争取中标，纷纷各展所长，展开了激烈竞争。经过 5 个月的投标阶段，1983 年 11 月 8 日鲁布革项目开标大会在北京正式举行。开标仪式按国际惯例，公开当众开标。最高价法国 SBTP 公司（1.79 亿元）与最低价日本大成公司（8 460 万元）相比，报价竟相差一倍之多，可见竞争之激烈。

整个评标工作由中外专家组成的评标小组负责。按照规定的评标办法进行，并互相监督、严格保密，禁止评标人同外界接触。为了慎重评标，整个评标工作分初评、终评两大阶段。经综合评价，首先淘汰了报价最高、优惠条件与招标要求不符的英波吉洛公司。日本大成与前田两公司各有长短，综合优势势均力敌，竞争能力不相上下，评审意见不一。经各方专家多次评议讨论，最后取标价最低的大成公司中标。

鲁布革水电站是我国第一个利用世界银行贷款和国际招标的项目，在我国首创了采用国际通用的现代项目管理模式组织大型水电项目建设的先例，取得了良好的经济效益和一系列项目管理经验，对我国推行国际工程招标和项目管理起到了巨大的作用，谓之"鲁布革冲击波"。

请同学们思考：鲁布革水电站工程为什么要采用国际工程招标？

3.7.1　国际工程招标投标概述

招标是以工程业主为主体进行的活动，投标则是以承包商为主体进行的活动。招标是市场经济中一种最普遍和最常见的择优竞争方式，国际工程的业主通常都通过招标方式来选择他认为最佳的承包商。

3.7.1.1　国际工程招投标的概念

国际工程招投标是指发包方通过国内和国际的新闻媒体发布招标信息，所有感兴趣的投标人均可参与投标竞争,通过评标比较优选确定中标人的活动。

在我国境内的工程建设项目,也有采用国际工程招投标方式的。一种是使用我国自有资金的工程建设项目,但希望工程项目达到目前国际的先进水平,如国家大剧院的设计招标、三峡工程的施工机具招标、某些项目的永久工程设备招标等;另一种则是由于工程项目建设的资金使用国际金融组织或外国政府贷款,必须遵循贷款协议规定采用国际工程招投标方式选择中标人的规定。

3.7.1.2　国际工程招投标的特点

国际工程招投标的特点有以下 3 个:

1. 择优性

对工程业主来说,招标就是择优。对于土建安装工程,优胜至少表现在以下几个方面:

① 最优技术:包括现代的施工机具设备和先进的施工技术和科学的管理体系等。

② 最佳质量:包括良好的施工记录和保证质量的可靠措施等。

③ 最低价格:包括单位价格合理和总价最低等。

④ 最短周期:保证按期或提前完成全部工作任务。

在以上几个方面都获得优胜是比较难的,工程业主通过招标,从众多的投标者中进行评选,业主可以按他所要求的侧重面来确定评选标准,既综合上述各方面的优劣,又从其突出的侧重面进行衡量,最后确定中选者。

2. 平等性

只有在平等的基础上竞争,才能分出真正的优劣,因此,招标通常都要求制定统一的条件,这就是编制统一的招标文件。要求参加投标的承包商严格按照招标文件的规定报价和递交投标书,以便业主进行对比分析,作出公平合理的评价。

3. 限制性

在国际工程招投标中,业主可以根据自己的意图来确定其优胜条件和选择承包商,承包商也可以根据自身的选择来确定是否参加该项工程的投标。但是,一旦进入招标和投标程序,双方都要受到一定的限制,特别是采取“公开招标”的方式时,它将受到公共的、社会的甚至国家法规的限制。许多国家颁布了《招标法》或《招标条例》,目的是防止不公正的招标和某些招标引起的争议。

3.7.1.3　国际与国内招投标的区别

国际招标投标与国内招标投标的不同之处在于:国内招标投标要按照中国招标投标法、政府采购法的规定实施招标投标;国际招标投标要遵循世贸采购条例及国际标业法则进行。招标投标是市场经济的产物,国际上主要依靠市场经济自由竞争、优胜劣汰的规律和手段来管理和调节。政府只进行监督和引导。政府制定官方的物价指数,供长期合同在市场物价波动时调整合同价使用。政府不审查咨询人、招标代理、监理人、承包商和供应商的资质,不发布各种资质证书。对投标人资质的审查注重其所完成的类似项目的经验,避免冒牌顶替、借资投标的情况。投标人只有依靠诚信才能在市场上长期立足和发展。行业协会或某些社会团体可以对投标人的投标业绩进行统计和排序。如美国工程新闻纪录每年统计全球最大的 225 家承包商等,但无法律效力。

国际上工程和货物招标主要采用最低评标价法评标,将非价格因素折算为报价投标,尽量避免专家打分和表决的人为判断,而且不设废标的上下限。在市场经济的条件下,如果某投标人多次低于其自身成本投标和中标,其财务状况不能满足资格要求,必然会被市场淘汰。政府不建立和保持评标专家库,评标主要由业主和编制招标文件的专家进行。

3.7.2　国际工程的招标

国际市场的招标方式基本上可以归纳为两大类,即公开招标和限制性招标。这是按照被允许参加投标的对象来分类的。

3.7.2.1　国际工程的招标方式

1. 公开招标

公开招标的主要含义是,招标活动处于公众监督之下进行。一般来说,它将遵守"国际竞争性投标(International Competitive Bidding,ICB)"的程序和条件。如果工程所在国制订了公众招标法规,它应当按照该法规的程序和条件进行。公开招标的主要特点是:

(1)公开性

从决定招标后,应当公开发表招标通告,使公众了解招标的建设项目的简要情况,要公布招标机构的地址和电话、电传或传真号码,使感兴趣的承包商可以前往索取稍详细的介绍资料和申请表格;要公开说明投标人应具备的基本资格条件和审查程序,使有兴趣的承包商能事先自我衡量自己是否有条件参加此项目的投标,以免他们浪费其投标时间和费用;要公布投标的开标日期、时间和地点,允许公众参加监督开标,要公布开标的结果等。当然,所谓的"公开",并不是毫无秘密可言。例如,对于招标的底价和评审条件,甚至评审过程及其决策都是秘密的,对于每个投标者的报价细节,即使在开标以后也是不许公布和泄露的。

(2)广泛性

如果是限于国投标人内的招标,除了在投标人的资金能力、技术水平和施工经验等方面可作出规定外,不能有其他歧视性的规定,使国内的承包商都有机会参加投标。如果是国际招标项目,通常要在向国外发行的报刊上刊登招标通告,甚至向某些外国驻工程所在国的使馆或商务代表机构发通知,以便让更多的国际承包商有机会参加投标竞争。世界银行这类国际金融机构的贷款项目的招标,不能无理拒绝这些金融机构成员国的承包商参加投标。

(3)公正性

为了表明公开招标的公正性,通常采取经投标书密封递交,并当众公开解封和宣读其投标总报价,而且招标机构的决策人和有声望的公众人士都参加开标会议,在每个投标人的总报价书上签字,以表示从此时到授标前任何人不得再修改其报价。公开招标的评标原则应当是公允和合理的,这些原则往往需要经过招标委员会一类机构讨论和通过。评标结果和最后选定中标者,也需经过此类机构审查和决定。

公开招标既然是"公开"的,就应受到公众监督。但是由于某些国家可能招标法规不完备,或者有些不健康因素干扰,也可能产生某些不正常的情况。投标者如果发现任何不正当行为,可以向有关主管部门甚至法院投诉。属于国际金融组织贷款的工程项目,承包商可以将其发现的不公正和不正当行为直接向国际金融组织投诉。世界银行和亚洲开发银行多次收到过一些国际承包商对他们贷款项目招标中不正当行为的投诉。有些经过贷款的国际金融组织查实证明,则可要求招标机构宣布该次招标作废,另行招标;情节严重的,甚至可以中止该项贷款。

2. 限制性招标

限制性招标主要是指对于参加该项工程投标者有某些范围限制的招标。由于项目的不同特点,特别是建设资金的来源不一,有各种各样的限制性招标。

（1）排他性招标

某些援助或者贷款国给予贷款的建设项目,可能只限于向援款或贷款国的承包商招标;有的可能允许受援国或者接受贷款国家的承包商与援助国或贷款国的承包商联合投标,但完全排除第三国的承包商,甚至受援国的承包商与第三国承包商联合投标也在排除之列。

（2）指定性招标或邀请性招标

由工程业主指定邀请某些他认为资信可靠和能力适应的公司参加投标。这类招标多数是由于工程项目的专业性较强,被指定或邀请的投标者是工程业主经过考察调查后挑选确定的。

（3）地区性招标

由于资金来源属于某一地区性组织,如阿拉伯基金、沙特发展基金、地区性金融机构贷款等,虽然这些贷款项目的招标是国际性的,但限制属于该组织的成员国的承包商才能投标。

（4）保留性招标

某些国家为了照顾本国公司的利益,对于一些面向国际的招标,保留一些限制条件。例如,规定外国承包商只有同当地承包商组成联合体或者合资时,才能参加该项目投标;或者规定外国公司必须接受将部分工程分包给当地承包商的条件,才允许参加投标等。

所有各种形式的限制性招标的操作,可以参照公开招标的办法和规则进行,也可以自行规定某些专门条款,要求参加投标的承包商共同遵守。

3.7.2.2　我国工程项目的国际工程招标

我国面向国际工程招标的项目大致有:

1. 世界银行和其他国际金融组织贷款的建设项目

这些项目按照这些金融组织的规定,其设备、物资采购和建设安装工程承包,一般都要求通过国际竞争性招标,向这些金融组织成员国的承包商提供公平、平等的投标机会,而且要求按其《采购指南》(*The Guide Lines for Procurement*)规定的程序和规则进行公开招标。由于这些金融组织对采购程序、招标文件、投标及其评标和采购合同等均进行监督,因此,组织相应承办的招标机构是完全有必要的。我国没有中央招标委员会一类的常设机构,而是指定中国技术进出口总公司下属的国际招标公司承办货物采购的招标工作。至于土建安装工程,也可通过这家专门的国际招标公司同有关主管部门或有关省市共同组织招标。世界银行和亚洲开发银行等组织均已同意我国的这家公司具有主持其贷款项目进行国际竞争性招标的资格。

2. 外国政府贷款的建设

这类项目通常是根据我国政府同贷款国之间的贷款协议来安排招标工作。多数情况是由该建设项目的主管部门或省市政府机构委托中国技术进出口总公司的国际招标公司组织进行设备、物资的采购招标,而土建安装工程的招标则由各主管部门或省市组织临时的招标结构进行。

3. 外商投资项目

无论是外商独资项目、中外合资项目或者中外合作经营项目,其招标工作可以由企业自己进行。但是关于设备和技术的引进,必须经过主管部门审查批准;土建和安装工程是招标则应当优先考虑中国的工程公司,外国工程公司参加投标应当事先获得工程所在地的省市建设管理部门的审核批准。

以上介绍的主要是政府的或与政府有关的工程项目设置招标机构的各种模式,至于私营项目的招标工作的组织,则完全由私营项目的业主作出安排。一般来说,私营项目的业主多数是委托负责项目设计的咨询公司或者专门的项目管理公司协助组织招标工作;而且,他们授予咨询公司或管理公司的权利是十分有限的,大致包括准备招标文件,分发招标通知和有关说明资料,汇集投标书,进行初步评审等。关于最终的评审和授标的决策则通常由私营项目的业主或其董事会直接主持和确定。

3.7.2.3 国际工程招标工作程序

许多国家都制定和颁布了各自的《公开招标法》或《招标规定》等,这里只介绍公开招标一般要进行的招标工作流程。

1. 招标通告或招标邀请书

(1) 招标通告的发布

凡是公开向国际招标的项目,均应在官方的报纸上刊登招标通告,有些招标通告还可寄送给有关国家驻在工程所在国的大使馆。世界银行贷款项目的招标通告除在工程所在国的报纸上刊登外,还要求在此之前 60 天向世界银行递交一份总的公告,世界银行将它刊登在《联合国开发论坛报》商业版(*Development Business*)、世界银行的《国际商务机会周报》(*International Business Opportunities Services*, IBOS)以及《业务汇编月报》(*The Monthly Operational Summary*, MOS)等刊物上。

(2) 投标资格预审通告

某些大型工程项目可能对投标资格的要求比较严格,因此,在公布招标通告之前,可能先发表一份投标资格预审的通告,其中仅对工程项目作简单的介绍,重点是公布该项目的投标者应当首先通过资格审查,写明领取投标资格预审申请表的地点和时间,以及递交资格预审资料的截止日期。

(3) 招标邀请书

对于邀请性招标,通常只向被邀请的承包商或有关单位发出邀请书,不要求在报刊上刊登招标通告。邀请书的内容除了有礼貌地表达邀请的意向外,还要说明工程简况、工期等主要情况,欢迎被邀请人在何时何地可以获得招标文件及相关资料。

2. 资格预审

大型工程项目进行国际竞争性招标,可能会吸引许多国际承包商的极大兴趣。有些大型项目国际招标往往会有数十名甚至上百名承包商报名要求参加投标,这给招标的组织工作,特别是评标工作带来许多困难。多数工程业主并不希望有过多的投标者。因此,采取投标人资格预审办法可淘汰一大批有投标意向但不具备承包该工程资格的承包商。一般来说,一项工程有 10 名以内的投标人比较适宜,最多不要超过 20 名。

资格预审文件内容至少包括以下几方面:

(1) 投标申请书

投标申请书主要说明承包商自愿参加该工程项目的投标,愿意遵守各项投标规定,接受对投标资格的审查,声明所有填写在资格预审表格中情况和数字都是真实的。

(2) 工程简介

工程简介主要包括工程项目性质、主要内容、项目所在地等基本条件。

(3) 投标人的限制条件

说明对参加投标的公司是否有国别和等级的限制。还有些对于支付货币的限制条件等。

(4) 资格预审表格

要求参加投标资格预审的承包商如实逐项填写表格,主要包括投标人的法定资格、公司的基本概况、财务状况、施工经验,生产设备及近年的工作业绩等。

(5) 证明资料

在资格预审中可以要求承包商提供必要的证明材料。如公司的注册证书或营业执照、银行出具的资金和信誉证明函件,类似工程业主过去签发的工程验收合格证书等。

3. 招标文件

在正式招标之前,必须认真准备好正式的招标文件。多数工程项目的招标文件是由咨询设计公司编制的,特别是招标文件中的技术部分,包括工程图纸和技术说明等。至于商务部分,可以由业主、招标机构和咨询公司共同商讨拟定。

4. 标前会议

对于较大的工程项目招标,通常在报送投标报价前由招标机构召开一次标前会议,以便向所有有资格的投标人澄清他们提出的各种问题。一般来说,投标人应当在规定的标前会议日期之前将问题用书面形式寄给招标机构,然后招标机构将其汇集起来进行研究,给出统一的解答。公开招标的规则通常规定,招标机构不向任何投标人单独回答其提出的问题,只能统一解答,而且要将对所有问题的解答发给每一个购买了招标文件的投标人,以显示其公平性。

5. 投标人须知

"投标人须知"也可采用其他名称,如"投标人注意事项"等,是招标文件的重要组成部分。它是工程业主或招标机构对投标人如何投标的指导性文件,通常由招标机构和指定的咨询公司共同编制,并附在招标文件内一起发售给投标人。

6. 投标保证书

要求随同投标书递交一份投标保证书,该保证书必须严格按招标文件中规定的格式开具。投标保证书可以规定为银行出具的保函，或者是有资格的保险公司出具的保证书，也有些是规定可由一家有足够资信的公司出具的担保书（即第三方的担保），招标文件必须作出十分明确的规定。对于银行出具的保函或保险公司出具的保证书，应当说明具体金额，可以规定为一定数额或者是相当于投标报价的一定百分比的金额。应当说明业主可接受的开出保函或保单的银行或保险公司的名称。例如，规定必须是当地注册的一流银行，或者是国际的知名银行或保险公司。

7. 投标书的投递

说明投标书必须以密封方式递交，密封办法由投标人自行安排（例如用火漆、铅封或骑缝印章签字等），但是密封包装的外部只允许写收件人的地址，不得写投标人的名称和地址，也不得有任何记号。

投递方式最好是在当地直接手投，或委托当地代理人手投，以便及时获得招标机构已收到投标书的回执（通常招标机构应设加锁密封的收标箱）。如果允许邮递投标，则应当说明由投标人自己保证在开标日期之前，招标机构能够收到该投标书，而不是"以邮戳为准"。

投标书一经投递，不得撤销或更改，也可以规定，任何修改只能在开标日期之前以另一封密封信件投入招标机构的密封收标箱，以便开标时一并拆开。

投标保证书（银行出具的保函）用单独的信封密封，与投标书同时投递。

3.7.3 国际工程的投标

3.7.3.1 国际工程投标的前期工作

1. 项目的跟踪和选择

项目的跟踪和选择也就是对工程项目信息的连续地收集、分析、判断，并根据项目的具体情况和公司的营销策略，进行选择直至确定投标项目的过程。

工程项目信息的跟踪和选择，关系到承包公司能否广泛地获得足够的项目信息，能否准确地选择出风险可控、能力可及、效益可靠的项目，使自己的业务得到发展和成功。因此，每个国际工程公司一般都有一个专门的配备有现代化信息工具的机构负责这一工作。

（1）广泛收集工程项目信息

① 通过国际金融机构的出版物收集信息。所有应用世界银行、亚洲开发银行等国际性金融机构贷款的项目，都要在世界银行的《商业发展论坛报》和亚洲开发银行的《项目机会》上发表。就这些刊物上发表的项目信息，从其项目立项起就开始逐月地、不断地进行跟踪，直至发表该项目的招标公告。

② 通过一些公开发行的国际性刊物收集信息。

③ 通过我国驻外使馆、有关驻外机构、外经贸部或公司驻外机构收集信息。因为他们与当地政府和公司接触频繁，因此得到的信息也十分丰富。

④ 通过与国外驻我国机构的联系收集信息。如各国使馆、联合国驻华机构或世界银行驻华机构等。

⑤ 通过国际信息网络和公共关系网络收集信息。在当前的信息化社会，得到信息的机会很多，其中利用国际信息网络是国际承包商获得项目信息的重要来源之一。其次，对于有

一定知名度的公司,往往会有一些国外代理商直接和这些公司接触,提供一些项目信息。有时承包公司通过接触一些国外的代理、朋友也会获得一些信息,这也是国际上采用的最为普遍的方法。

（2）紧密跟踪和精心选择

国际工程公司的具体业务部门或公司领导需要从获得的工程项目的信息中,根据项目所在地区的宏观环境是否基本适应进入的市场,选择符合本企业经营策略、经营能力和专业特长的项目进行跟踪。从考虑该工程项目实现的可靠性和项目所在地的竞争激烈程度,初步确定准备投标。在对项目做进一步的调查研究,甚至在资格预审之后,才最后决定投标与否。这一选择跟踪项目或初步确定投标项目的过程,是一项重要的经营决策过程。

2. 选择当地代理人

在国外承包和实施国际工程要比承建国内工程复杂得多,不熟悉国外的经营和工作环境是国际承包商失败的主要原因。因此,国际公司为了协助自己进入该市场开展业务获得项目,并且在项目的实施过程中协助自己在有关方面进行必要的周旋和协调,往往需要寻觅合适的代理人。有些国家法律明确规定,任何外国公司必须指定当地代理人,才能参加所在国的建设项目的投标和承包。因此,使用和选择好代理人是国际承包业务的重要内容之一。

3. 在工程所在国注册登记

在国际工程承包业务中,由于各国管理政策不一,对注册问题的要求不一。有些国家没有十分严格的注册手续,有些国家则手续甚严,因此自进行市场调查时就应该详细了解这方面的法律法规,及时准备一切必要的文件,办理一切相应的手续为投标或实施项目做好准备。

（1）公司注册手续

有些国家允许外国公司参加该国的各项投标活动,但只有在投标取得成功,得到工程合同后,才准许该公司办理注册登记手续,发给在该国进行营业活动的执照。相反,有些国家则要求只有在该国事先注册登记,在该国取得合法的法人地位后方可参加投标。如果拟进入的市场属于后者,毫无疑问承包商应当将办理公司登记手续作为投标前的一项重要准备工作,应不失时机地完成。

鉴于注册工作往往要经过比较繁杂的法律程序,在新市场,承包商对当地法律手续一般都比较生疏,因此公司注册手续最好是通过或直接委托当地律师办理。

（2）注册所需文件

注册所需文件也和注册登记手续一样,因国家而异,但大体上随同注册申请表要同时提交的文件有:某公司的章程;某国工商管理机构发放的合法有效的营业证书副本;公司董事会关于在当地设立分支机构的董事会决议;公司董事会主席为当地分支机构的负责人签发的授权书;公司近 3 年的财务状况表等。

上述文件一般均需要公证机构进行公证,并经该国驻母国使馆的认证才被认为是有效的。

4. 建立公共关系

在开辟新的国际市场过程中,国际承包公司更应从踏上新地区开始就要重视和有意识地着手设法在当地建立本公司的公共关系。企业的公共关系的内容包括建立公共关系网络和树立企业的公众形象,这不应仅仅是为了得到一个项目,而应有一个长远的目标,把它和本公司开拓当地市场扎根于当地的长期政策结合起来。

有目的地接触各个阶层尤其是业主、咨询和政府机构、当地劳工组织等,广泛结交朋友是十分重要的。忽视这些工作而"闭门造车",单纯凭投标、拼价格,要想得到的项目是不现实的。在这方面选择一个合适的当地代理人会起到良好的作用,他会提出建议,为其客户引见各方面的关键人物。

3.7.3.2　参加招标项目的资格预审

国际承包商都十分重视投标前的资格预审工作,这是因为他们都把资格预审看成是招标投标的第一轮竞争,只有做好资格预审并通过资格预审,方能取得投标资格,继续参与竞争。从工程业主来说,事先通过资格预审,可以筛选出少数却有实力和经验的承包商参加第二轮的竞争。由于进行了资格预审,业主对潜在的中标者心中比较有数;同时,由于淘汰了一大批基本不合格的承包商,从而简化了评标工作。对于承包商来说,通过资格预审,可以减少一批投标竞争对手。

为了赢得资格预审这一轮竞争的胜利,国际承包商应该认真对待投标申请工作,并以审慎态度填报和递送资格预审所需的一切资料。

3.7.3.3　组织投标小组

资格预审评审结束后,业主经向经审查合格的承包商发出通知,告知出售招标书的时间、地点、招标书价格和投标截止日期等。这时,承包商应最后决策是否参加该项目的投标竞争。如果决定参加投标,就应立即着手组织一个有丰富编标、报价和投标经验的投标小组。

投标小组应由经验丰富、有组织协调能力、善于分析形势和有决策能力的人担任小组长;小组成员中要有熟悉各专业施工技术和现场组织管理的工程师;有熟悉工程量核算和价格编制的造价工程师;有熟悉贷款计划、保险方案、保函业务的财务人员。此外,还应有精通投标文件文字的人员,当然最好是工程技术人员和造价工程师,能使用该语言工作,但即使是大家都可以用该语言工作,最好还是有一位专职的好翻译,以保证投标书的文件质量。

3.7.3.4　编制投标文件

投标人按招标文件的要求,在招标文件基础上填报、编制的文件称为投标文件,简称为标书。

1. 国际工程投标文件的内容

由投标人编制填报的投标文件(投标须知中有明确规定),通常可分为商务法律文件、技术文件、价格文件三大部分。

(1) 商务法律文件

这类文件是用以证明投标人履行了合法手续及为业主了解投标人商业资信、合法性的文件。商务法律文件包括:

① 投标保函；

② 投标人的授权书及证明文件；

③ 联营体投标人提供的联营协议；

④ 投标人所代表的公司的资信文件，包括银行出具的财务状况证明、完税证明、资产负债表、未破产证明及公司法人证件等。如投标人为联营体，则联营体各方均应出具此类资信文件；

⑤ 如有分包商，亦应出具其资信文件以供业主审查。

（2）技术文件

技术文件包括全部施工组织设计内容，用以评价投标人的技术实力和经验。技术复杂的项目对技术文件的编写内容及格式均有详细要求，投标人应认真按规定填写。

技术文件的主要内容有：

① 施工方案和施工方法说明，包括有关施工布置图等；

② 施工总进度计划表及说明，有的招标项目还规定有关施工期，有的要求有网络图；

③ 施工组织机构说明及各级负责人的技术履历及外语（合同语言）水平；

④ 承包人营地（生产、生活）计划；

⑤ 施工机械设备清单及设备性能表；

⑥ 主要建筑材料清单、来源及质量证明；

⑦ 如招标文件中有要求，或投标人认为有必要，承包人还需提供建议的变通方案。建议方案是投标人对招标文件原拟的工程方案的修改建议，应使总价有所降低，供业主和咨询工程师在评标时参考。

（3）价格文件

价格文件是投标文件的核心，是投标成败的关键所在。全部价格文件必须完全按招标文件规定的格式编制，不许有任何改动，如有漏项，则视为其已包含在其他价号的报价中。

价格文件的主要内容有：

① 价格表（即带有填报单价和总价的工程量表）；

② 计日工的报价表；

③ 主要单价分析表（若招标文件有要求）；

④ 外汇比例表及外汇费用构成表；

⑤ 外汇兑换率（通常由业主提供）；

⑥ 资金平衡表或工程款支付估算表；

⑦ 施工用主要材料基础价格表；

⑧ 设备报价及产品样本；

⑨ 用于价格调整的物价上涨指数的有关文件。

目前，国际上通常将上述三部分文件分装两包，即商务法律文件和技术文件装入一包，俗称商务包或资格包，而将价格文件装入一包，俗称报价包或经济包。业主和咨询工程师在评标时，对投标人的两包文件分别审查，综合评定。如果资格包评分不高甚至通不过的投标者，报价再低，也不会授标。因此，投标文件是一个整体，哪方面的内容都不容忽视。

2. 投标致函

除按上述规定填报投标文件外，投标人还可以另写一份更为详细的致函，对自己的投标报价作必要的说明。写好这份额外增加的投标致函是十分重要的,它一方面是对自己投标报价作某些解释,使审标和评标者更能理解此报价的合理性,另一方面是借此对本公司的优势和特点做宣传,给评标者和业主以深刻印象。大致可在致函中说明以下问题:

① 宣布降价的决定。多数投标者有意在书面报价单中将价码提高一些,以防自己在投标过程中价格被泄露;而在实际递交的投标致函中写明:"考虑到同业主友好和长远合作的诚意,决定按报价单的汇总价格无条件地降低××％,即将总价降到××万元,并愿意以这一降低后的价格签订合同。"

② 说明由于做了上述降价,与投标同时递交的银行保函有效金额相应降低多少,并写明有效金额数。

③ 可以根据可能和必要情况,对自己选择的施工方案的突出特点作简要说明,主要表明选择这种施工方案可以更好地保证质量和加快工程进度,保证实现预定的工期。

④ 只要招标文件没有特殊的限制,可以提出某些可行的降低价格的建议。例如,适当提高预付款,则拟再降价多少;适当改变某种材料或者某种结构,不仅完全可保证同等质量、功能,而且可降低价格等。要声明这些建议只是供业主参考的,如果本公司中标,而且业主愿意接受这些建议,可在商签合同时探讨细节。

⑤ 如果发现招标文件中有某些明显的错误,而又不便在原招标和投标文件上修改,可以在此函中说明,如进行这项修改调整将是有益的。还可说明其对报价的影响。

⑥ 有重点地说明本公司的优势,特别是说明自己的经验和能力,使业主感到满意。

⑦ 如果公司有能力和条件向业主提供某些优惠的利益,可以专门列出说明。如支付条件的优惠、提供出口信贷等,用以吸引业主的兴趣。当然,提出这些优惠应当慎重,自己要确有把握。

⑧ 如果允许投标人另报替代方案者,除按招标文件报送该替代方案文件外,还可在本致函中作某些重点的论述,着重宣传替代方案的突出优点。

3.7.4 国际工程的开标、评标和决标

3.7.4.1 开标

开标指在规定的日期、时间、地点当众宣布所有投标文件中的投标人名称和报价,使全体投标人了解各家投标价和自己在其中的顺序。招标单位当场只宣读投标价(包括投标人信函中有关报价内容及备选方案报价),但不解答任何问题。

对某些大型成套设备的采购和安装,可采用双信封投标法。

开标后任何投标人都不允许更改他的投标内容和报价,也不允许再增加优惠条件,但在业主需要时可以作一般性说明和疑点澄清。开标后即转入秘密评标阶段,这阶段工作要严格对招标人以及任何不参与评标工作的人保密。

对未按规定日期寄到的投标书,原则上均应视为废标而予以原封退回,但如果迟到日期不长,延误并非由于投标人的过失(如邮政、罢工等原因),招标单位也可以考虑接受该迟到的投标书。

3.7.4.2　评标

1. 评标组织

评标委员会一般由招标单位负责组织。为了保证评标工作的科学性和公正性,评标委员会必须具有权威性,一般均由建设单位、咨询设计单位、工程监理单位、资金提供单位、上级领导单位以及邀请的各有关方面(技术、经济、法律、合同等)的专家组成。评标委员会的成员不代表各自的单位或组织,也不应受任何个人或单位的干扰。

2. 土建工程项目的评标

土建工程的评标一般可分为审查投标文件和正式评标两个步骤:

(1) 对投标文件的初步审核

初步审核主要包括投标文件的符合性检验和投标报价的核对。

所谓符合性检验,有时也叫实质性响应,即是要检查投标文件是否符合招标文件的要求。一般包括下列内容:

① 投标书是否按要求填写上报;

② 对投标书附件有无实质性修改;

③ 是否按规定的格式和数额提交了投标保证金;

④ 是否提交了承包商的法人资格证书及对投标负责人的授权委托证书;

⑤ 如果是联营体,是否提交了合格的联营体协议书以及对投标负责人的授权委托证书;

⑥ 是否提交了外汇需求表;

⑦ 是否提交了已标价的工程量表;

⑧ 如招标文件有要求,是否提供了单价分析表;

⑨ 是否提交了计日工表;

⑩ 投标文件是否齐全,并按规定签了名;

⑪ 当前有无介入诉讼案件;

⑫ 是否按要求填写了各种有关报表(如投标书附录等);

⑬ 是否提出了招标单位无法接受的或违背招标文件的保留条件等。

上述有关要求均在招标文件的"投标人须知"中作出了明确的规定,如果投标文件的内容及实质与招标文件不符,或者某些特殊要求和保留条款事先未得到招标单位的同意,则这类投标书将被视作废标。

对投标人的投标报价在评标时应进行认真细致的核对,当数字金额与大写金额有差异时,以大写金额为准;当单价与数量相乘的总和与投标书的总价不符时,以单价乘数量的总和为准(除非评标小组确认是由于小数点错误所致)。所有发现的计算错误均应通知投标人,并以投标人书面确认的投标价为准。如果投标人不接受经校核后的正确投标价格,则其投标书可被拒绝,并可没收其投标保证金。

(2) 正式评标

如果由于某些原因,事先未进行资格预审,则在评标时同时要进行资格后审,内容包括财务状况、以往经验与履约情况等。

评标内容一般包含下面 5 个方面：

① 价格比较。既要比较总价，也要分析单价、计日工单价等。

对于国际招标，首先要按"投标人须知"中的规定将投标货币折成同一种货币，即对每份投标文件的报价，按某一选择方案规定的办法和招标资料表中规定的汇率日期折算成一种货币，来进行比较。

世界银行贷款项目规定，如果公共招标的土木工程是将工程分为几段同时招标，而投标人又通过了这几段工程的资格预审，则可以投其中的几段或全部，即组合投标。这时投标人可能会许诺有条件的折扣（如所投的 3 个标全中标可降价 3%），谓之交叉折扣，这时，业主方在评标时除了要注意投标人的能力等因素外，还应以总合同包成本最低的原则选择授标的最佳组合。如果投标人是本国公司或者是与本国公司联营的公司，并符合有关规定，还可以享受到 75% 的优惠。把各种货币折算成当地币或某种外币，并将享受优惠的评标价计算出来之后，即可按照评标价排队，对于评标价最低的 3~5 家进行评标。

世界银行评标文件中还提出一个偏差折价，即虽然投标文件总体符合招标文件要求，但在个别地方有不合理要求（如要求推迟竣工日期），但业主方还可以考虑接受，对此偏差应在评标时折价计入评标价。

② 施工方案比较。对每一份投标文件所叙述的施工方法、技术特点，施工设备和施工进度等进行评议，对所列的施工设备清单进行审核，审查其施工设备的数量是否满足施工进度的要求，以及施工方法是否先进、合理，施工进度是合符合招标文件要求等。

③ 对该项目主要管理人员及工程技术人员的数量及其经历的比较。拥有一定数量有资力、有丰富工程经验的管理人员和技术人员，是中标的一个重要因素。至于投标人的经历和财力，因在资格预审时已获通过，故在评标时一般可不作为评比的条件。

④ 商务、法律方面。评判在此方面是否符合招标文件中合同条件、支付条件、外汇兑换条件等方面的要求。

⑤ 有关优惠条件等其他条件。如软贷款、施工设备赠给、技术协作、专利转让以及雇用当地劳务等。

在根据以上各点进行评标过程中，必然会发现投标人在其投标文件中有许多问题没有阐述清楚，评标委员会可分别约见每一个投标人，要求予以澄清。并在评标委员会规定时间内提交书面的、正式的答复，澄清和确认的问题必须由授权代表正式签字，并应声明这个书面的正式答复将作为投标文件的正式组成部分。但澄清问题的书面文件不允许对原投标文件作实质上的修改，除纠正在核对价格时发生的错误外，不允许变更投标价格。澄清时一般只限于提问和回答，评标委员在会上不直对投标人的回答作任何评论或表态。

在以上工作的基础上，即可最后评定中标者，评定的方法既可采用讨论协商的方法，也可以采用评分的方法。评分的方法即是由评标委员会在开始评标前事先拟定一个评分标准，在对有关投标文件分析、讨论和澄清问题的基础上由每一个委员采用不记名打分，最后统计打分结果的方式得出建议的中标和。用评分法评标时，评分的项目一般包括：投标价、工期、采用的施工方案、对业主动员预付款的要求等。

世界银行贷款项目的评标，不允许采用在标底上下定一个范围，确定入围者中标的办法。

3.7.4.3　决标与废标

1. 决标

决标即最后决定将合同授予某一个投标人。评标委员会作出建议的授标决定后,业主方还要与中标者进行合同谈判。合同谈判以招标文件为基础,双方提出的修改补充意见均应写入合同协议书补遗书并作为正式的合同文件。

双方在合同协议书上签字,同时承包商应提交履约保证,这样才算正式决定了中标人,至此招标工作方告一段落。业主应及时通知所有未中标的投标人,并退还所有的投标保证。

2. 废标

在招标文件中一般均规定业主方有权应标,一般在下列 3 种情况下才考虑废标:

① 所有的投标文件都不符合招标文件要求;

② 所有的投标报价与概算相比,都高的不合理;

③ 所有的投标人均不合格。

但按国际惯例,不允许为了压低报价而废标。如要重新招标,应对招标文件的有关内容如合同范围、合同条件、设计、图纸、规范等重新审订修改后才能重新招标。

【引例 3.5 小结】

国际竞争性招标(ICB 方式招标)是目前世界上最普遍采用的成交方式,国际竞争性招标的适用范围包括:

① 由世界银行及其附属组织国际开发协会和国际金融公司提供优惠贷款的工程项目;

② 由联合国多边援助机构如国际工发组织和地区性金融机构如亚洲开发银行提供援助性贷款的项目;

③ 由某些国家的基金会如科威特基金会和一些政府如日本政府提供资助的工程项目;

④ 由国际财团或多家金融机构投资的工程项目;

⑤ 两国或两国以上合资的工程项目;

⑥ 需要承包商提供资金即带资承包或延期付款的工程项目;

⑦ 以实物偿付(如石油、矿产、化肥或其他实物)的工程项目;

⑧ 发包国有足够的自有资金但自己无力实施的工程项目;

⑨ 需要跨越国界的工程等。

本引例中,鲁布革水电站工程的建设资金来自世界银行贷款,因此,需要采用国际工程招标。

知识梳理

国际工程招投标特点
国内与国际工程招投标的区别
国际工程招投标的方式
我国工程项目的国际工程招标
国际工程招标投标工作程序

3.8 案例分析

为了帮助读者更好地把握《招标投标法》等相关法规的规定，以便在工作实践中熟练应用，本节集中选择了一些建设工程招标及投标案例，并进行了分类梳理，供读者参考学习。

3.8.1 招标公告内容的完整性案例

【案例 3.1】

某城市地方政府在城市中心区投资兴建一座现代化公共建筑 A，批准单位为国家发展改革委员会，文号为发改投字〔2005〕146 号，建筑面积 56 844 平方米，占地 4 688 平方米，建筑檐口高度 68.86 米，地下 3 层，地上 20 层。采用公开招标、资格后审的方式确定设计人，要求设计充分体现城市特点，与周边环境相匹配，建成后成为城市的标志性建筑。招标内容为方案设计、初步设计和施工图设计 3 部分，以及建设过程中配合发包人解决设计遗留问题等事项。某招标代理机构草拟了一份招标公告如下：

招标公告

招标编号：××××08－××号

某城市的 A 工程项目，已由国家发展改革委员会投字〔2005〕146 号文批准建设，该项目为政府投资项目。已经具备了设计招标条件，现采用公开招标的方式确定该项目设计人，凡符合资格条件的潜在投标人均可以购买招标文件，在规定的投标截止时间投标。

① 工程概况：详见招标文件。

② 招标范围：方案设计、初步设计、施工图设计以及工程建设过程中配合招标人解决现场设计遗留问题。

③ 资格审查采用资格后审方式，凡符合本工程房屋建筑设计甲级资格要求并资格审查合格的投标申请人才有可能被授予合同。

④ 对本招标项目感兴趣的潜在投标人，可以从××省××市××路 100 号政府机关服务中心购买招标文件。时间为 2008 年 9 月 10 日至 2008 年 9 月 12 日，每日 8 时 30 分至 12 时 00 分，13 时 30 分至 17 时 30 分(公休日、节假日除外)。

⑤ 招标文件每套售价为 200 元人民币，售后不退。如需邮购，可以书面形式通知招标人，并另加邮费每套 40 元人民币。招标人在收到邮购款后 1 日内，以快递方式向投标申请人寄送上述资料。

⑥ 投标截止时间为 2008 年 9 月 20 日 9 时 30 分。投标截止日前递交的，投标文件须送达招标人(地址、联系人见后)；开标当日递交的，投标文件须送达××省××市××路 100 号市政府机关服务中心。逾期送达的或未送达指定地点的投标文件将被拒绝。

⑦ 招标项目的开标会将于上述投标截止时间的同一时间在××省××市××路 100 号市政府机关服务中心公开进行，邀请投标人派代表人参加开标会议。

招标代理机构名称、地址、联系人、电话、传真等(略)

请逐一指出该公告的不当之处。

【案例 3.1 评析】

该公告有以下不当之处如下:

① 未载明招标人名称地址;

② 未载明招标项目概况;

③ 发售招标文件的时间不符合法律规定(5 个工作日);

④ 投标截止时间不符合法律规定(不得少于 20 日);

⑤ 投标文件递交的地址不完整,地址应载明单位的具体楼号、房间号。

3.8.2　工程项目招标方式的选择案例

【案例 3.2】

某大型工程,由于技术难度大,对施工单位的施工设备和同类工程的施工经验要求高,而且对工期的要求也比较紧迫。业主在对有关单位和在建工程考察的基础上,邀请了 3 家国有一级施工企业参加投标,并预先与咨询单位和该 3 家施工单位共同研究确定了施工方案。

试问:①《招标投标法》中规定的招标方式有哪几种?

② 该工程采用邀请招标方式且仅邀请 3 家施工单位投标,是否违反有关规定? 为什么?

【案例 3.2 评析】

①《招标投标法》中规定的招标方式有公开招标和邀请招标两种。

② 不违反有关规定。因为根据有关规定,对于技术复杂的工程,允许采用邀请招标方式,邀请参加投标的单位不得少于 3 家。

【案例 3.3】

空军某部,根据国防需要,须在北部地区建设一雷达生产厂,军方原拟订在与其合作过的施工单位中通过招标选择一家,可是由于合作单位多达 20 家,军方为达到保密要求,再次决定在这 20 家施工单位内选择 3 家军队施工单位投标。

试问:① 上述招标人的做法是否符合《中华人民共和国招标投标法》规定?

② 在何种情形下,经批准可以进行邀请招标?

【案例 3.3 评析】

① 符合《招标投标法》的规定。由于本工程涉及国家机密,不宜进行公开招标,可以采用邀请招标的方式选择施工单位。

② 有下列情形之一的,经批准可以进行邀请招标:

(a) 项目技术复杂或有特殊要求,只有少量几家潜在投标人可供选择的;

(b) 受自然地域环境限制的;

(c) 涉及国家安全、国家秘密或者抢险救灾,适宜招标但不宜公开招标的;

(d) 拟公开招标的费用与项目的价值相比,不值得的;

(e) 法律、法规规定不宜公开招标的。

3.8.3 工程项目施工招投标程序的规范操作案例

【案例 3.4】

某办公楼工程全部由政府投资兴建。该项目为该市建设规划的重点项目之一,且已列入地方年度固定投资计划,概算已经主管部门批准,征地工作尚未全部完成,施工图纸及有关技术资料齐全。现决定对该项目进行施工招标。因估计除本市施工企业参加投标外,还可能有外省市施工企业参加投标,故招标人委托咨询单位编制了两个标底,准备分别用于对本市和外省市施工企业投标价的评定。招标人于 2000 年 3 月 5 日向具备承担该项目能力的 A、B、C、D、E 五家承包商发出投标邀请书,其中说明,3 月 10~11 日 9~16 时在招标人总工程师室领取招标文件,4 月 5 日 14 时为投标截止时间。该 5 家承包商均接受邀请,并领取了招标文件。3 月 18 日,招标人对投标单位就招标文件提出的所有问题统一作了书面答复,随后组织各投标单位进行了现场踏勘。4 月 5 日这 5 家承包商均按规定的时间提交了投标文件。但承包商 A 在送出投标文件后发现报价估算有较严重的失误,遂赶在投标截止时间前 10 分钟递交了一份书面声明,撤回已提交的投标文件。

开标时,由招标人委托的市公证处人员检查投标文件的密封情况,确认无误后,由工作人员当众拆封。由于承包商 A 已撤回投标文件,故招标人宣布有 B、C、D、E 四家承包商投标,并宣读该 4 家承包商的投标价格、工期和其他主要内容。

评标委员会委员由招标人直接确定,共由 7 人组成,其中招标人代表 2 人,技术专家 3 人,经济专家 2 人。

按照投标文件中确定的综合评标标准,4 个投标人综合得分从高到低的依次顺序为 B、C、D、E,故评标委员会确定 B 为中标人。由于承包商 B 为外地企业,招标人于 4 月 8 日将中标通知书寄出,承包商 B 于 4 月 12 日收到中标通知书。最终双方于 5 月 12 日签订了书面合同。

试问:① 从招标投标的性质看,本案例中的要约邀请、要约和承诺的具体表现是什么?

② 招标人对投标单位进行资格预审应包括哪些内容?

③ 在该项目的招标投标程序中哪些方面不符合《招标投标法》的有关规定?

【案例 3.4 评析】

① 在本案例中,要约邀请是招标人的投标邀请书,要约是投标人提交的投标文件,承诺是招标人发出的中标通知书。

② 招标人对投标单位进行资格预审应包括以下内容:投标单位组织与机构和企业概况;近 3 年完成工程的情况;目前正在履行的合同情况;资源方面,如财务状况、管理人员情况、劳动力和施工机械设备等方面的情况;其他情况(各种奖励和处罚等)。

③ 该项目招标投标程序中在以下几个方面不符合《招标投标法》的有关规定,分述如下:

(a) 本项目征地工作尚未全部完成,不具备施工招标的必要条件,因而尚不能进行施工招标。

(b) 不应编制两个标底,因为根据规定,一个工程只能编制一个标底,不能对不同的投标单位采用不同的标底进行评标。

（c）现场踏勘应安排在书面答复投标单位提问之前，因为投标单位对施工现场条件也可能提出问题。

（d）招标人不应仅宣布4家承包商参加投标。按国际惯例，虽然承包商A在投标截止时间前撤回投标文件，但仍应作为投标人宣读其名称，但不宣读其投标文件的其他内容。

（e）评标委员会委员不应全部由招标人直接确定。按规定，评标委员会中的技术、经济专家，一般应采取（从专家库中）随机抽取方式，特殊招标项目可以由招标人直接确定。本项目显然属于一般招标项目。

（f）订立书面合同的时间过迟。按规定，招标人和中标人应当自中标通知书发出之日（不是中标人收到中标通知书之日）起30日内订立书面合同，而本案例为34日。

3.8.4　投标技巧的运用案例

【案例 3.5】

某承包商通过资格预审后，对招标文件进行了仔细分析，发现业主所提出的工期要求过于苛刻，且合同条款中规定每拖延1天工期罚合同价的1/1 000。若要保证实现该工期要求，必须采取特殊措施，从而大大增加成本；还发现原设计结构方案采用框架剪力墙体系过于保守。因此，该承包商在投标文件中说明业主的工期要求难以实现，因而按自己认为的合理工期（比业主要求的工期增加3个月）编制施工进度计划并据此报价；还建议将框架剪力墙体系改为框架体系，并对这两种结构体系进行了技术经济分析和比较，证明框架体系不仅能保证工程结构的可靠性和安全性、增加使用面积、提高空间利用的灵活性，而且可降低造价约3%。

该承包商将技术标和商务标分别封装，在封口处加盖本单位公章和法定代表人签字后，在投标截止日期前1天上午将投标文件报送业主。次日（即投标截止日当天）下午，在规定的开标时间前1小时，该承包商又递交了一份补充材料，其中声明将原报价降低4%。

该承包商运用了哪几种投标技巧？其运用是否得当？请逐一加以说明。

【案例 3.5 评析】

该承包商运用了3种报价技巧，即多方案报价法、增加建议方案法和突然降价法。其中，多方案报价法运用不当，因为运用该报价技巧时，必须对原方案（本案例指业主的工期要求）进行报价，而该承包商在投标时仅说明了该工期要求难以实现，却并未报出相应的投标价。

增加建议方案法运用得当，通过对两个结构体系方案的技术经济分析和比较（这意味着对两个方案均报了价），论证了建议方案（框架体系）的技术可行性和经济合理性，对业主有很强的说服力。

突然降价法也运用得当，原投标文件的递交时间比规定的投标截止时间仅提前1天多，这既是符合常理的，又为竞争对手调整、确定最终报价留有一定时间，起到了迷惑竞争对手的作用。若提前时间太多，会引起竞争对手的怀疑，而在开标前1小时突然递交一份补充文件，这时竞争对手已不可能调整报价了。

3.8.5　评标案例

【案例 3.6】

某综合楼工程项目的施工,经当地主管部门批准后,由建设单位自行组织施工公开招标。

现有 A、B、C、D 四家经资格审查合格的施工企业参加该工程投标,与评标指标有关的数据如表 3.8 所示。

表 3.8　案例 3.6 评标指标有关数据

投标单位	A	B	C	D
报价(万元)	3 420	3 528	3 600	3 636
工期(天)	460	455	460	450

经招标工作小组确定的评标指标及评分方法为:

1. 报价以标底价(3 600 万元)的 ±3% 以内为有效标,评分方法是:报价 −3% 为 100 分,在报价 −3% 的基础上,每上升 1% 扣 5 分。

2. 定额工期为 500 天,评分方法是:工期提前 10% 为 100 分,在此基础上每拖后 5 天扣 2 分。

3. 企业信誉和施工经验均已在资格审查时评定(企业信誉得分:C 单位为 100 分,A、B、D 单位均为 95 分;施工经验得分:A、B 单位为 100 分,C、D 单位为 95 分)。

4. 上述 4 项评标指标的总权重分别为:投标报价 45%;投标工期 25%;企业信誉和施工经验均为 15%。

试在表 3.9 中填制每个投标单位各项指标得分及总得分,其中报价得分要求列出计算式。请根据总得分列出名次并确定中标单位。

表 3.9　案例 3.6 各单位投标各指标得分制表

投标单位项目	A	B	C	D	总权重
投标报价(万元)					
报价得分(分)					
投标工期(天)					
工期得分(天)					
企业信誉得分(分)					
施工经验得分(分)					
总得分					
名次					

【案例 3.6 评析】

报价得分计算：

① A 单位报价降低率$(3\,420-3\,600)\div 3\,600=-5\%$。

或相对报价 = 报价 × 标底 × 100% = $3\,420/3\,600\times 100\%=95\%$。

超过 -3% 的为废标。

② B 单位报价降低率$(3\,528-3\,600)\div 3\,600=-2\%$。

或相对报价 = $3\,528/3\,600\times 100\%=98\%$。

或 B 单位报价上升率为$(3\,528-3\,600\times 97\%)\div(3\,600\times 97\%)\times 100\%=1\%$。

B 单位报价得 95 分或得 $95\times 0.45=42.75$ 分。

③ C 单位报价降低率$(3\,600-3\,600)\div 3\,600=0\%$。

或相对报价 = $3\,600/3\,600\times 100\%=100\%$。

或 C 单位报价上升率为$(3\,600-3\,600\times 97\%)\div(3\,600\times 97\%)\times 100\%=3\%$。

C 单位报价得 85 分或得 $85\times 0.45=38.25$ 分。

④ D 单位报价降低率$(3\,636-3\,600)\div 3\,600=1\%$。

或相对报价 = $3\,636\times 3\,600\times 100\%=101\%$。

或 D 单位报价上升率为$(3\,636-3\,600\times 97\%)\div(3\,600\times 97\%)\times 100=4\%$。

D 单位报价得 80 分或得 $80\times 0.45=36$ 分。

将相应数据汇总，填入表 3.10 中。

表 3.10 案例 3.6 各单位投标各指标得分结果

投标单位项目	A	B	C	D	权重
投标报价(万元)	3 420	3 528	3 600	3 636	0.45
报价得分(分)	废标	95(42.75)	85(38.25)	80(36)	
投标工期(天)		455	460	450	0.25
工期得分(天)		98(14.25)	96(24)	100(25)	
企业信誉得分(分)		95(14.25)	100(15)	95(14.25)	0.15
施工经验得分(分)		100(15)	95(14.25)	95(14.25)	0.15
总得分		96.5	91.5	89.5	1.00
名次	4	1	2	3	

本 章 小 结

1. 建筑市场有广义和狭义之分。

2. 建筑市场的主体主要有业主(建设单位或发包人)、承包商、工程咨询服务机构等。建筑市场的客体一般称作建筑产品，它包括有形的建筑产品(建筑物、构筑物)和无形的建筑产品(设计、咨询、监理)等智力型服务。

3. 我国建筑市场中的资质管理包括从业单位的资质管理与从业人员的执业资格注册管理相结合的市场准入制度。

4. 建设工程招标、投标活动的基本原则有：公开、公平、公正和诚实信用原则。

5. 招标分为公开招标和邀请招标。招标人采用公开招标方式的，应当发布招标公告。招标人采用邀请招标方式的,应当向 3 个以上具备承担招标项目的能力、资信良好的特定的法人或者其他组织发出投标邀请书。

6. 投标人是响应招标、参加投标竞争的法人或者其他组织;应当具备承担招标项目的能力。投标人应当按照招标文件的要求编制投标文件,投标文件应当对招标文件提出的实质性要求和条件作出响应。

7. 投标人在招标文件要求提交投标文件的截止时间前,可以补充、修改或者撤回已提交的投标文件,并书面通知招标人。补充、修改的内容为投标文件的组成部分。

8. 开标应当在招标文件确定的提交投标文件截止时间的同一时间公开进行;开标由招标人主持,邀请所有投标人参加。

9. 评标由招标人依法组建的评标委员会负责。招标人根据评标委员会提出的书面评标报告和推荐的中标候选人确定中标人。招标人也可以授权评标委员会直接确定中标人。

10. 确定中标人前,招标人不得与投标人就投标价格、投标方案等实质性内容进行谈判。

11. 中标人确定后,招标人应当向中标人发出中标通知书,并同时将中标结果通知所有未中标的投标人。

12. 招标人和中标人应当自中标通知书发出之日起 30 日内,按照招标文件和中标人的投标文件订立书面合同。招标人和中标人不得再行订立背离合同实质性内容的其他协议。

13. 建设工程监理招标的标的是监理服务,与勘察设计、施工承包、货物采购等最大区别为监理不直接产出新的物质或信息成果。监理招标的重点是监理投标单位的素质能力。

14. 建设工程监理招标投标程序一般分为 3 个阶段,即招标准备阶段,招标投标阶段,决标阶段。

15. 国际工程招投标是指发包方通过国内和国际的新闻媒体发布招标信息,所有有兴趣的投标人均可参与投标竞争,通过评标比较优选确定中标人的活动。

习　题

1. 单项选择题

(1)《中华人民共和国招标投标法》于(　　　)起开始实施。

A. 2000 年 7 月 1 日　　　　　　　　B. 1999 年 8 月 30 日

C. 2000 年 1 月 1 日　　　　　　　　D. 1999 年 10 月 1 日

(2) 下列关于招投标程序的说法正确的是(　　　)。

A. 开标时间应当在投标截止日之后

B. 评标应当在公开的情况下进行

C. 中标通知书仅通知中标人即可

D. 评标委员会成员的名单在中标结果确定前应当保密

(3) 公开招标与邀请招标在招标程序上的主要差异表现为(　　　)。

A. 是否进行资格预审　　　　　　　　B. 是否组织现场勘察

C. 是否解答投标单位的质疑　　　　　D. 是否公开开标

(4) 联合体中标的,联合体各方应当(　　　)。

A. 共同与招标人签订合同,就中标项目向招标人承担连带责任

B. 分别与招标人签订合同,就中标项目向招标人承担连带责任

C. 共同与招标人签订合同,就中标项目各自独立向招标人承担责任

D. 分别与招标人签订合同,就中标项目各自独立向招标人承担责任

(5) 在依法必须进行招标的工程范围内,对于重要设备、材料等货物的采购,其单项合同估算价在(　　　)万元人民币以上的,必须进行招标。

    A. 50 万元   B. 100 万元   C. 150 万元   D. 200 万元

(6) 投标人对招标文件或者在现场勘察中如果有疑问或有不清楚的问题,应当用( )的形式要求招标人予以解答。

    A. 书面   B. 电话   C. 口头   D. 会议

(7) 投标书是投标人的投标文件,是对招标文件提出的要求和条件作出( )的文本。

    A. 附和   B. 否定   C. 响应   D. 实质性响应

(8) 投标文件正本( ),副本份数见"投标人须知"前的附表。正本和副本的封面上应清楚的标记"正本"或"副本"的字样。当副本和正本不一致时,以正本为准。

    A. 1 份   B. 2 份   C. 3 份   D. 4 份

(9) 招标程序有:① 成立招标组织;② 发布招标公告;③ 编制招标文件和标底;④ 组织投标单位踏勘现场,并对招标文件答疑;⑤ 对投标单位进行资质审查,并将审查结果通知各申请投标者;⑥ 发售招标文件。则下列招标程序排序正确的是( )。

    A. ①②③⑤④⑥   B. ①③②⑥⑤④   C. ①③②⑤⑥④   D. ①⑤⑥②③④

(10) 评标委员会成员人数应为( )人以上单数,评标委员会中技术、经济等方面的专家不得少于成员总数的( )。

    A. 3,2/3   B. 5,2/3   C. 5,1/3   D. 7,2/3

(11) 投标文件中大写金额和小写金额不一致的,应( )。

    A. 以小写金额为准   B. 以大写金额为准

    C. 由投标人确认   D. 由招标人确认

(12) 某工程项目在估算时算得成本是 1 000 万元人民币,概算时算得成本是 950 万元人民币,预算时算得成本是 900 万元人民币,投标时某承包商根据自己企业定额算得成本是 800 万元人民币,则根据《招标投标法》中规定"投标人不得以低于成本的报价竞标"。该承包商投标时报价不得低于( )。

    A. 1 000 万元   B. 950 万元   C. 900 万元   D. 800 万元

(13) 用评标价法评标时,所谓的"评标价"是指( )。

    A. 中标价   B. 投标价

    C. 合同价   D. 评审标书优劣的衡量方法

(14) 编制工程施工招标标底时,分部分项工程量的单价为直接费。直接费以人工、材料、机械的消耗量及其相应价格确定;间接费、利润、税金按照有关规定另行计算。此种方法称为( )。

    A. 工料单价法   B. 综合单价法   C. 清单计价法   D. 其他方法

(15) 采用工程量清单计价法的项目招投标过程中,投标单位在投标报价中,应按招标单位提供的工程量清单的每一单项计算填写单价和合价,在开标后发现投标单位没有按招标文件的要求填写,则( )。

    A. 允许投标单位补充填写

    B. 视为废标

    C. 认为此项费用已包括在工程量清单中的其他单价和合价中

    D. 由招标人退回投标书

2. 多项选择题

(1) 我国《招投标法》规定,招投标活动应当遵循( )的原则。

    A. 公开   B. 公平   C. 公正   D. 诚实信用

    E. 平等

(2) 我国招投标法规定,开标时由( )检查投标文件密封情况,确认无误后当众开封。

    A. 招标人   B. 评标委员会

    C. 投标人或投标人推选的代表   D. 地方政府相关行政主管部门

    E. 公证机构

(3) 我国的建筑施工企业分为(　　　)。

    A. 工程监理企业   B. 施工总承包企业

    C. 专业承包企业   D. 劳务分包企业

    E. 工程招标代理机构

(4) 获得施工总承包资质的企业,可以(　　　)。

    A. 对工程实行施工总承包   B. 对主体工程实行施工承包

    C. 对所承接的工程全部自行施工   D. 将劳务作业分包给具有相应资质的企业

    E. 将主体工程分包给其他企业

(5) 根据《招标投标法》的有关规定,下列建设项目中必须进行招标的有(　　　)。

    A. 利用世界教科文组织提供的资金新建教学楼工程

    B. 某省会城市的居民用水水库工程

    C. 国防工程

    D. 某城市利用国债资金的垃圾处理场项目

    E. 某住宅楼因资金缺乏停建后恢复建设,且承包人仍为原承包人

(6) 投标文件有(　　　)情形之一的,由评标委员会初审后按废标处理。

    A. 大写金额与小写金额不一致

    B. 投标工期长于招标文件中要求工期

    C. 关键内容字迹模糊、无法辨认

    D. 未按招标文件要求提交投标保证金

    E. 总价金额与单价金额不一致

(7) 有(　　　)情形之一的,标书可判为无效标书。

    A. 投标人未按时参加开标会

    B. 投标书主要内容不全或与本工程无关,字迹模糊辨认不清,无法评估

    C. 标书情况汇总表与标书相关内容不符

    D. 标书情况汇总表经涂改后未在涂改处加盖法定代表人或其委托代理人印鉴

    E. 数据和文字清晰

(8) 编制工程施工招标标底的主要依据包括(　　　)。

    A. 招标文件

    B. 市场价格信息

    C. 投标文件

    D. 工程施工图纸、编制标底价格前的施工图纸设计交底

    E. 工程建设地点的现场地质、水文以及地上情况的有关资料,施工组织设计或施工方案等

(9) 招标人自行办理招标事宜,应当具有编制招标文件和组织评标的能力,具体包括(　　　)。

    A. 具有项目法人资格(或者法人资格)

    B. 具有与招标项目规模和复杂程度相适应的工程技术、概预算、财务和工程管理等方面专业技术
       力量;

    C. 有从事同类工程建设项目招标的经验

    D. 设有专门的招标机构或者拥有 3 名以上专职招标业务人员

    E. 熟悉和掌握招标投标法及有关法规规章

(10) 国外的可行性研究,依研究的任务和深度通常分为 3 个阶段分别为(　　　)。

  A. 机会研究   B. 可行性初步研究

  C. 可行性研究   D. 概算   E. 预算

3. 简答题

(1) 简述建设工程交易中心的基本功能。

(2) 我国《招标投标法》中规定哪些工程建设项目必须招标？

(3) 公开招标的主要工作程序包括哪些？

(4) 论述建设工程投标文件的组成部分。

(5) 建设工程投标报价的步骤有哪些？

4. 案例分析题

(1) 某房地产公司计划在某地开发一住宅项目,采用公开招标的形式,有 A、B、C、D、E、F 六家施工单位领取了招标文件。本工程招标文件规定:2008 年 10 月 20 日 17:30 为投标文件接受终止时间。在提交投标文件的同时,需投标单位提供投标保证金 20 万元。

  ① 在 10 月 20 日,A、B、C、D、E 五家投标单位在 17:30 前将投标文件送达,F 单位于 10 月 20 日 18:00 时送达,所有投标单位按规定提供投标保证金。

  ② 在 10 月 20 日 10:25 时,B 单位向招标人递交了一份投标价格下降 5% 的书面说明。

  ③ 开标时,由招标人检查投标文件密封情况,确认无误后,由工作人员当众拆封,并宣读了 A、B、C、D、E 五家投标单位的名称、投标价格、工期和其他重要内容。

  ④ 在开标过程中,招标人发现 C 单位的投标函盖有企业及企业法定代表人的印章,但没有加盖项目负责人的印章。

  ⑤ 评标委员会由招标人直接确定,共 4 人组成,其中招标人代表 2 人,经济专家 1 人,技术专家 1 人。

  试问: ① 在本项目招投标过程中有何不妥之处？ 说明理由。

  ② B 单位向招标人递交的书面说明是否有效？ 说明理由。

  ③ 在开标后,招标人应对 C 单位的投标书作何处理？ 为什么？

  ④ 招标人对 F 单位的投标文件作废标处理是否正确？ 理由是什么？

(2) 某综合楼项目经有关部门批准,由业主自行进行工程施工招标,该工程邀请甲、乙、丙、丁 4 家施工企业进行总价投标。业主确定招标工作程序为:成立招标工作小组、发出投标邀请书、编制招标文件、编制标底、发售招标文件、招标答疑、组织现场踏勘、接收投标文件、开标、确定中标单位、评标、签订承发包合同、发出中标通知书。评标采用综合评分法。4 项指标权重分别为:投标报价 0.6、施工组织设计合理性 0.15、施工管理能力 0.1、业务与信誉 0.15。各项指标均以满分 100 分计,其中报价评定办法为:报价不超过标底 (35 500 万元)±5% 者为有效标,超过者为废标,报价为标底 98% 者得满分。在此基础上,报价比标底每下降 1% 扣 1 分,每上升 1% 扣 2 分(计分按四舍五入取整)。甲企业投标报价为 35 642 万元,乙企业 34 364 万元,丙企业 33 867 万元,丁企业 35 000 万元,其他指标见表 3.11。

表 3.11　案例分析题 2 中各企业指标

投标单位	甲	乙	丙	丁
投标报价				
施工组织设计	90	88	96	94
施工管理能力	92	85	95	96
业绩与信誉	88	92	92	92

  试问:① 业主确定的招标程序是否合理？ 如不合理,请确定合理的程序。

  ② 计算 4 家施工企业的投标报价得分,填入表 3.11 中。

③ 计算各施工企业的综合得分,并确定中标企业。

项目实训

【实训目标】

为提高学生的实践能力,将施工招标理论知识转化编写施工招标文件的实际操作技能,学生应以《简明施工招标文件》(2012 年版)为范本,结合实际案例练习编制施工招标文件。

【实训要求】

1. 工程概况:招标文件编号 AAHY01-006 某住宅小区一期工程施工招标,总建筑面积为 70 000 平方米,建筑结构为框架剪力墙结构,工程总投资为 12 000 万元,资金来源为自筹。其中第一标段为 1 号住宅楼(17 层),建筑面积 25 000 平方米;第二标段为 2～5 号住宅楼(11 层),建筑面积为 45 000 平方米。每个标段内容包括设计要求的全部施工内容。工程质量等级要求为合格。工期要求为 400 个日历天。投标单位资质要求,两个标段都要求具有独立法人资格并具有建设行政主管部门颁发的房屋建筑施工二级以上资质的企业。其他内容辅导老师可根据情况自行设定。

2. 编写内容:教师根据教学实际需要,指导学生根据范本编写资格预审文件和招标文件的部分章节。

3. 编写要求:教师可以将本部分实训教学内容分散安排在各节教学过程中,也可以在本章结束后统一安排。教师要指导学生按照教学内容编写,尽量做到规范化、标准化。

第4章　工程勘察设计合同管理

教学目标

知识要点	知识目标	专业能力目标
工程勘察设计合同概述	1. 了解勘察设计合同概念; 2. 熟悉勘察设计合同承包方	1. 能熟练地从多种渠道查找资料和收集信息; 2. 会正确运用法律法规及相关规范、合同要求来进行勘察设计合同的管理
工程勘察设计合同内容	1. 熟悉勘察设计合同示范文本; 2. 掌握勘察合同的内容; 3. 掌握设计合同的内容	
工程勘察设计合同管理	1. 掌握勘察合同的履行管理; 2. 掌握设计合同的履行管理	
案例分析	1. 掌握勘察合同管理案例分析; 2. 掌握设计合同管理案例分析	

4.1　工程勘察设计合同概述

由于建设工程项目的规模和特点的差异,不同项目的合同数量可能会有很大的差别,大型建设项目可能会有成百上千个合同。但不论合同数量的多少,根据合同中的任务内容来划分有:勘察合同、设计合同、施工承包合同、物资采购合同、工程监理合同、咨询合同、代理合同等。根据《中华人民共和国合同法》,勘察合同、设计合同、施工承包合同属于建设工程合同,工程监理合同、咨询合同等属于委托合同。

4.1.1　勘察设计合同的概念

建设工程勘察合同是指根据建设工程的要求,查明、分析、评价建设场地的地质地理环境特征和岩土工程条件,编制建设工程勘察文件的协议,业主与勘察单位签订的建设工程承包合同,勘察单位负责工程的地质勘察工作。

建设工程设计合同是指根据建设工程的要求,对建设工程所需的技术、经济、资源、环境等条件进行综合分析、论证,编制建设工程设计文件的协议,业主与设计单位签订的建设工程承包合同,设计单位负责工程的设计工作或其分包合同。

为了保证工程项目的建设质量达到预期的投资目的,实施过程必须遵循项目建设的内在规律,即坚持先勘察、后设计、再施工的程序。

发包人通过招标方式与选择的中标人就委托的勘察、设计任务签订合同。订立合同委托勘察、设计任务是发包人和承包人的自主市场行为,但必须遵守《中华人民共和国合同法》《中华人民共和国建筑法》《建设工程勘察设计管理条例》《建设工程勘察设计市场管理规定》等法律、法规和规章的要求。为了保证勘察、设计合同的内容完备、责任明确、风险责任分担合理,建设部和国家工商行政管理局在 2000 年颁布了《建设工程勘察合同(示范文本)》和《建设工程设计合同(示范文本)》。

4.1.2　勘察设计合同承包方

按照国家的有关法规和规章,涉及工程建设项目的设计工作一般被划分为方案设计(或称为工程方案与可行性研究)、初步设计、施工图设计 3 个阶段,也被称为工程建设项目设计的 3 个阶段。而按照国际工程界的一般定义,其中后两个阶段的初步设计和施工图设计,又被合并称为工程设计。工程建设项目设计包括其中的工程设计工作在国际上普遍被视为是一种咨询服务,但根据中国现行合同法的分类和界定,"工程勘察、设计、施工"被一起纳入"建设工程合同"的范围,被定义为"是承包人进行工程建设,发包人支付价款"的建设工程合同行为,规范的是发包人与承包人之间的行为关系。由此而来,为工程建设项目提供设计成果在行为上的法律界定被一分为二了;项目的方案设计因是项目可行性研究即项目决策阶段的工作,未被纳入工程设计的范围,仍属于一种咨询服务,而项目的勘察设计与工程设计,后者即一般所说的初步设计和施工图设计则属于工程承包的范围;提供方案设计或设计咨询服务需要采用适用于一般咨询服务的"委托合同",而提供工程设计成果则需要采用界定一般工程承包行为的"建设工程合同"或直接使用"工程设计承包合同"。同样,设计方在承担咨询服务合同范围内的工作时,其身份是咨询服务方,而在承担工程设计承包合同范围内的工作时,其身份则为承包商。

4.2　工程勘察设计合同的内容

4.2.1　勘察设计合同示范文本

4.2.1.1　勘察合同示范文本

勘察合同范本按照委托勘察任务的不同分为两个版本。

1. 建设工程勘察合同(1)(GF-2000-0203)

该范本适用于为设计提供勘察工作的委托任务,包括岩土工程勘察、水文地质勘察(含凿井)、工程测量、工程物探等勘察。合同条款的主要内容包括:

① 工程概况;

② 发包人应提供的资料;

③ 勘察成果的提交;

④ 勘察费用的支付;

⑤ 发包人、勘察人责任;

⑥ 违约责任;

⑦ 未尽事宜的约定;

⑧ 其他约定事项;

⑨ 合同争议的解决;

⑩ 合同生效。

2. 建设工程勘察合同(2)(GF-2000-0204)

该范本的委托工作内容仅涉及岩土工程,包括取得岩土工程的勘察资料、对项目的岩土工程进行设计、治理和监测工作。由于委托工作范围包括岩土工程的设计、处理和监测,因此,合同条款的主要内容除了上述勘察合同应具备的条款外,还包括变更及工程费的调整;材料设备的供应;报告、文件、治理的工程等的检查和验收等方面的约定条款。

4.2.1.2　设计合同示范文本

设计合同分为两个版本。

1. 建设工程设计合同(1)(GF-2000-0209)

范本适用于民用建设工程设计的合同,主要条款包括以下几方面的内容:

① 订立合同依据的文件;

② 委托设计任务的范围和内容;

③ 发包人应提供的有关资料和文件;

④ 设计人应交付的资料和文件;

⑤ 设计费的支付;

⑥ 双方责任;

⑦ 违约责任;

⑧ 其他。

2. 建设工程设计合同(2)(GF-2000-0210)

该合同范本适用于委托专业工程的设计。除了上述设计合同应包括的条款内容外,还增加有:设计依据,合同文件的组成和优先次序,项目的投资要求、设计阶段和设计内容,保密等方面的条款约定。

4.2.2　勘察合同的内容

依据范本订立勘察合同时,双方通过协商,应根据工程项目的特点,在相应条款内明确以下方面的具体内容。

1. 发包人应提供的勘察依据文件和资料

① 提供本工程批准文件（复印件），以及用地（附红线范围）、施工、勘察许可等批件（复印件）；

② 提供工程勘察任务委托书、技术要求和工作范围的地形图、建筑总平面布置图；

③ 提供勘察工作范围已有的技术资料及工程所需的坐标与标高资料；

④ 提供勘察工作范围地下已有埋藏物的资料（如电力、电信电缆、各种管道、人防设施、洞室等）及具体位置分布图；

⑤ 其他必要的相关资料。

2. 委托任务的工作范围

① 工程勘察任务（内容）可能包括：

(a) 自然条件观测；

(b) 地形图测绘；

(c) 资源探测；

(d) 岩土工程勘察；

(e) 地震安全性评价；

(f) 工程水文地质勘察；

(g) 环境评价；

(h) 模型试验等。

② 技术要求。

③ 预计的勘察工作量。

④ 勘察成果资料提交的份数。

3. 合同工期

合同约定的勘察工作开始和终止时间。

4. 勘察费用

① 勘察费用的预算金额；

② 勘察费用的支付程序和每次支付的百分比。

5. 发包人应为勘察人提供的现场工作条件

根据项目的具体情况，双方可以在合同内约定由发包人负责保证勘察工作顺利开展应提供的条件，可能包括：

① 落实土地征用、青苗树木赔偿；

② 拆除地上地下障碍物；

③ 处理施工扰民及影响施工正常进行的有关问题；

④ 平整施工现场；

⑤ 修好通行道路、接通电源水源、挖好排水沟渠以及水上作业用船等。

6. 违约责任

① 承担违约责任的条件；

② 违约金的计算方法等。

7. 合同争议的最终解决方式、约定仲裁委员会的名称

此处省略。

4.2.3　设计合同的内容

4.2.3.1　合同条款的内容

依据范本订立民用建筑设计合同时,双方通过协商,应根据工程项目的特点,在相应条款内明确以下几个方面的具体内容。

1. 发包人应提供的文件和资料

(1) 设计依据文件和资料

经批准的项目可行性研究报告或项目建议书;城市规划许可文件;工程勘察资料等。

发包人应向设计人提交的有关资料和文件在合同内需约定资料和文件的名称、份数、提交的时间和其他相关事宜。

(2) 项目设计要求

工程的范围和规模;限额设计的要求;设计依据的标准;法律、法规规定应满足的其他条件。

2. 委托任务的工作范围

① 设计范围。合同内应明确建设规模,详细列出工程分项的名称、层数和建筑面积。

② 建筑物的合理使用年限设计要求。

③ 委托的设计阶段和内容。可能包括方案设计、初步设计和施工图设计的全过程,也可以是其中的某几个阶段。

④ 设计深度要求。设计标准可以高于国家规范的强制性规定,发包人不得要求设计人违反国家有关标准进行设计。方案设计文件应当满足编制初步设计文件和控制概算的需要;初步设计文件应当满足编制施工招标文件、主要设备材料订货和编制施工图设计文件的需要;施工图设计文件应当满足设备材料采购、非标准设备制作和施工的需要,并注明建设工程合理使用年限。具体内容要根据项目的特点在合同内约定。

⑤ 设计人配合施工工作的要求。包括向发包人和施工承包人进行设计交底;处理有关设计问题;参加重要隐蔽工程部位验收和竣工验收等事项。

3. 设计人交付设计资料的时间

由发包人和承包人共同约定设计资料的交付时间。

4. 设计费用

合同双方不得违反国家有关最低收费标准的规定,任意压低勘察、设计费用。合同内除了写明双方约定的总设计费外,还须列明分阶段支付进度款的条件、占总设计费的百分比及金额。

5. 发包人应为设计人提供的现场服务

可能包括施工现场的工作条件、生活条件及交通等方面的具体内容。

6. 违约责任

需要约定的内容,包括承担违约责任的条件和违约金的计算方法等。

7. 合同争议的最终解决方式

明确约定解决合同争议的最终方式是仲裁或诉讼。采用仲裁时,须注明仲裁委员会的名称。

4.2.3.2　合同条款的设置

工程建设项目所属行业不同、规模和特点不同、合同范围不同,将涉及合同条款的设置问题。

1. 工程设计质量控制条款的设置

工程设计质量直接决定了工程建设项目的品质。与工程设计质量有关的条款主要包括:设计团队的工作要求及设计责任(包括设计单位和主设计人的签章责任)、设计服务质量、设计文件的质量要求及报送和审查要求、作为总设计人的管理和协调责任、专业责任与保险等内容。在所有设计质量控制条款中,与工程和货物不同的是设计人的专业设计责任与保险条款,包括设计人在项目设计寿命期内终身负责制要求,即设计人应为工程设计质量在其寿命周期内终身负责;设计人应提供的设计责任保险要求,即为了保护设计人由于自己的疏忽或过失而引发的工程质量事故所造成的建设工程的物质损失以及第三方人身伤亡、财产损失或费用的赔偿责任。

2. 工程设计进度控制条款的设置

一般以设计进度表或横道图的形式规定工程设计各阶段的设计进度及设计成果提交时间要求,也可以作为设计合同的附件。

3. 工程设计成果要求的设置

一般包括对设计成果的专业和内容要求、形式要求、数量要求等。

4. 工程设计价格控制条款的设置

包括设计费用总额及所对应的设计任务及进度要求,变更设计与洽商索赔条款的设置,违约与索赔条款的规定等内容。尤其应关注的是变更设计与索赔条款的关联关系设定问题。

5. 工程专业设计分包条款和顾问设计条款的设置

工程建设项目设计合同中应明确规定是否允许设计人进行专业设计分包或聘请设计顾问、允许专业设计分包或聘请设计顾问的专业范围、专业设计分包或设计顾问的责任与义务条款等内容。但无论如何,设计人应承担总体设计责任并承担设计管理与协调责任。

6. 工程设计知识产权条款的设置

知识产权的规定是建设工程合同中设计合同所特有的条款。

知识梳理

$$
\left.
\begin{array}{l}
\text{勘察设计合同示范文本} \left\{
\begin{array}{l}
\text{勘察合同示范文本} \left\{
\begin{array}{l}
\text{建设工程勘察合同(1)} \\
\text{建设工程勘察合同(2)}
\end{array}
\right. \\
\text{设计合同示范文本} \left\{
\begin{array}{l}
\text{建设工程设计合同(1)} \\
\text{建设工程设计合同(2)}
\end{array}
\right.
\end{array}
\right.
\end{array}
\right.
$$

$$
\text{勘察合同的内容} \left\{
\begin{array}{l}
\text{发包人应提供的勘察依据文件和资料} \\
\text{委托任务的工作范围} \\
\text{合同工期} \\
\text{勘察费用} \\
\text{发包人应为勘察人提供的现场工作条件} \\
\text{违约责任} \\
\text{合同争议的最终解决方式、约定仲裁委员会的名称}
\end{array}
\right.
$$

$$\text{设计合同的内容} \begin{cases} \text{发包人应提供的文件和资料} \\ \text{委托任务的工作范围} \\ \text{设计人交付设计资料的时间} \\ \text{设计费用} \\ \text{发包人应为设计人提供的现场服务} \\ \text{违约责任} \\ \text{合同争议的最终解决} \end{cases}$$

4.3　工程勘察设计合同的管理

合同成立后,当事人双方均须按照诚实信用原则和全面履行原则完成合同约定的本方义务。按照范本条款的规定,合同履行的管理工作应重点注意以下几个方面的责任。

4.3.1　勘察合同履行管理

1. 发包人的责任

发包人的责任如下:

① 在勘察现场范围内,不属于委托勘察任务而又没有资料、图纸的地区(段),发包人应负责查清地下埋藏物。若因未提供上述资料、图纸,或提供的资料图纸不可靠、地下埋藏物不清,致使勘察人在勘察工作过程中发生人身伤害或造成经济损失时,由发包人承担民事责任。

② 若勘察现场需要看守,特别是在有毒、有害等危险现场作业时,发包人应派人负责安全保卫工作。按国家有关规定,对从事危险作业的现场人员进行保健防护,并承担费用。

③ 工程勘察前,属于发包人负责提供的材料,应根据勘察人提出的工程用料计划,按时提供各种材料及其产品合格证明,并承担费用和运到现场,派人与勘察人的人员一起验收。

④ 勘察过程中的任何变更,经办理正式变更手续后,发包人应按实际发生的工作量支付勘察费。

⑤ 为勘察人的工作人员提供必要的生产、生活条件,并承担费用;如不能提供,应一次性付给勘察人临时设施费。

⑥ 发包人若要求在合同规定时间内提前完工(或提交勘察成果资料),发包人应按每提前一天向勘察人支付计算的加班费。

⑦ 保护勘察人的知识产权。发包人应保护勘察人的投标书、勘察方案、报告书、文件、资料图纸、数据、特殊工艺(方法)、专利技术和合理化建议。未经勘察人同意,发包人不得复制、泄露、擅自修改、传送或向第三人转让或用于本合同外的项目。

2. 勘察人的责任

勘察人的责任如下:

① 勘察人应按国家技术规范、标准、规程和发包人的任务委托书及技术要求进行工程

勘察,按合同规定的时间提交质量合格的勘察成果资料,并对其负责。

②　由于勘察人提供的勘察成果资料质量不合格,勘察人应负责无偿给予补充完善使其达到质量合格。若勘察人无力补充完善,须另委托其他单位,勘察人应承担全部勘察费用。因勘察质量造成重大经济损失或工程事故时,勘察人除应负法律责任和免收直接受损失部分的勘察费外,还应根据损失程度向发包人支付赔偿金。赔偿金由发包人、勘察人在合同内约定实际损失的某一百分比。

③　勘察过程中,根据工程的岩土工程条件(或工作现场地形地貌、地质和水文地质条件)及技术规范要求,向发包人提出增减工作量或修改勘察工作的意见,并办理正式变更手续。

3. 勘察合同的工期

勘察人应在合同约定的时间内提交勘察成果资料,勘察工作有效期限以发包人下达的开工通知书或合同规定的时间为准。如遇以下特殊情况,可以相应延长合同工期:

①　设计变更;

②　工作量变化;

③　不可抗力影响;

④　非勘察人原因造成的停工、窝工等。

4. 勘察费用的支付

(1) 收费标准及付费方式

合同中约定的勘察费用计价方式,可以采用以下方式中的一种:

①　按国家规定的现行收费标准取费;

②　预算包干;

③　中标价加签证;

④　实际完成工作量结算等。

(2) 勘察费用的支付

勘察合同采用定金担保。合同签订后 3 天内,发包人应向勘察人支付预算勘察费的20%作为定金。

勘察工作外业结束后,发包人向勘察人支付约定勘察费的某一百分比。对于勘察规模大、工期长的大型勘察工程,还可将这笔费用按实际完成的勘察进度分解,向勘察人分阶段支付工程进度款。

提交勘察成果资料后 10 天内,发包人应一次付清全部工程费用。

5. 违约责任

(1) 发包人的违约责任

由于发包人未给勘察人提供必要的工作生活条件而造成停工、窝工或来回进出场地,发包人应承担的责任包括:

①　付给勘察人停工、窝工费,金额按预算的平均工日产值计算;

②　工期按实际延误的工日顺延;

③　补偿勘察人来回的进出场费和调遣费。

合同履行期间,由于工程停建而终止合同或发包人要求解除合同时,勘察人未进行勘察工作的,不退还发包人已付定金;已进行勘察工作的,完成的工作量在 50%以内时,发包人应向勘察人支付预算额 50％的勘察费；完成的工作量超过 50％时，则应向勘察人支付预算额 100％的勘察费。

发包人未按合同规定时间（日期）拨付勘察费，每超过 1 日，应按未支付勘察费的 1‰偿付逾期违约金。

发包人不履行合同时，无权要求返还定金。

（2）勘察人的违约责任

由于勘察人原因造成勘察成果资料质量不合格，不能满足技术要求时，其返工勘察费用由勘察人承担。交付的报告、成果、文件达不到合同约定条件的部分，发包人可要求承包人返工，承包人按发包人要求的时间返工，直到符合约定条件。返工后仍不能达到约定条件，承包人应承担违约责任，并根据因此造成的损失程度向发包人支付赔偿金，赔偿金额最高不超过返工项目的收费。

由于勘察人原因未按合同规定时间（日期）提交勘察成果资料，每超过 1 日，应减收勘察费的 1‰。

勘察人不履行合同时，应双倍返还定金。

4.3.2　设计合同履行管理

1. 合同的生效与设计期限

（1）合同生效

设计合同采用定金担保，合同总价的 20％为定金。设计合同经双方当事人签字盖章并在发包人向设计人支付定金后生效。发包人应在合同签字后的 3 日内支付该笔款项，设计人收到定金为设计开工的标志。如果发包人未能按时支付，设计人有权推迟开工时间，且交付设计文件的时间相应顺延。

（2）设计期限

设计期限是判定设计人是否按期履行合同义务的标准，除了合同约定的交付设计文件（包括约定分次移交的设计文件）的时间外，还可能包括由于非设计人应承担责任和风险的原因，经过双方补充协议确定应顺延的时间之和，如设计过程中发生影响设计进展的不可抗力事件；非设计人原因的设计变更；发包人应承担责任的事件对设计进度的干扰等。

（3）合同终止

在合同正常履行的情况下，工程施工完成竣工验收工作，或专业工程设计范围内的各项专业工程建设内容完成施工安装并通过验收，设计人为合同项目的服务结束。当出现特殊情况时，经过双方协商可以终止合同。

2. 发包人的责任

（1）提供设计依据资料

按时提供设计依据文件和基础资料。发包人应当按照合同约定时间，一次性或陆续向设计人提交设计的依据文件和相关资料，以保证设计工作的顺利进行。如果发包人提交上述资料及文件超过规定期限 15 天以内，设计人规定的交付设计文件时间相应顺延；交付上述资料及文件超过规定期限 15 天以上时，设计人有权重新确定提交设计文件的时间。进行专业工程设计时，如果设计文件中需选用国家标准图、部标准图及地方标准图，应由发包人负责解决。

对资料的正确性负责。尽管提供的某些资料不是发包人自己完成的,如作为设计依据的勘察资料和数据等,但就设计合同的当事人而言,发包人仍需对所提交基础资料及文件的完整性、正确性及时限性负责。

(2)提供必要的设计现场工作条件

由于设计人完成设计工作的主要地点不是施工现场,因此,发包人有义务为设计人在现场工作期间提供必要的方便条件。发包人为设计人派驻现场的工作人员提供的方便条件可能涉及工作、生活、交通等方面的便利条件,以及必要的劳动保护装备。

(3)外部协调工作

设计阶段(初步设计、技术设计、施工图设计)完成后,应由发包人组织鉴定和验收,并负责向发包人的上级或有管理资质的设计审批部门完成报批手续。

施工图设计完成后,发包人应将施工图报送建设行政主管部门,由建设行政主管部门委托的审查机构进行结构安全和强制性标准、规范执行情况等内容的审查。发包人和设计人必须共同保证施工图设计满足以下条件:

① 建筑物(包括地基基础、主体结构体系)的设计稳定、安全、可靠;

② 设计符合消防、节能、环保、抗震、卫生、人防等有关强制性标准、规范;

③ 设计的施工图达到规定的设计深度;

④ 不存在有可能损害公共利益的其他影响。

(4)其他相关工作

发包人委托设计配合引进项目的设计任务,从询价、对外谈判、国内外技术考察直至建成投产的各个阶段,应吸收承担有关设计任务的设计人参加。出国费用,除制装费外,其他费用由发包人支付。

发包人委托设计人承担合同约定委托范围之外的服务工作,需另行支付费用。

(5)保护设计人的知识产权

发包人应保护设计人的投标书、设计方案、文件、资料图纸、数据、计算软件和专利技术。未经设计人同意,发包人对设计人交付的设计资料及文件不得擅自修改、复制或向第三人转让或用于本合同外的项目。如发生以上情况,发包人应负法律责任,设计人有权向发包人提出索赔。

(6)遵循合理设计周期的规律

如果发包人从施工进度的需要或其他方面的考虑,要求设计人比合同规定时间提前交付设计文件,须征得设计人同意。设计的质量是工程发挥预期效益的基本保障,发包人不应严重背离合理设计周期的规律,强迫设计人不合理地缩短设计周期的时间。双方经过协商达成一致并签订提前交付设计文件的协议后,发包人应支付相应的赶工费。

3. 设计人的责任

(1)保证设计质量

保证工程设计质量是设计人的基本责任。设计人应依据批准的可行性研究报告、勘察资料,在满足国家规定的设计规范、规程、技术标准的基础上,按合同规定的标准完成各阶段的设计任务,并对提交的设计文件质量负责。在投资限额内,鼓励设计人采用先进的设计思想和方案。但若设计文件中采用的新技术、新材料可能影响工程的质量或安全,而又没有国家标准,应当由国家认可的检测机构进行试验、论证,并经国务院有关部门或省、直辖市、自治区有关部门组织的建设工程技术专家委员会审定后方可使用。

负责设计的建(构)筑物须注明设计的合理使用年限。设计文件中选用的材料、构配件、设备等,应当注明规格、型号、性能等技术指标,其质量要求必须符合国家规定的标准。

对于各设计阶段设计文件审查会提出的修改意见,设计人应负责修正和完善。

设计人交付设计资料及文件后,须按规定参加有关的设计审查,并根据审查结论负责对不超出原定范围的内容做必要的调整补充。

《建设工程质量管理条例》规定:设计单位未根据勘察成果文件进行工程设计的;设计单位指定建筑材料、建筑构配件的生产厂、供应商,未按照工程建设强制性标准进行设计的,均属于违反法律和法规的行为,要追究设计人的责任。

(2) 完成各设计阶段的工作任务

① 初步设计:总体设计(大型工程);方案设计。主要包括:建筑设计、工艺设计、进行方案比选等工作;编制初步设计文件主要包括:完善选定的方案、分专业设计并汇总、编制说明与概算、参加初步设计审查会议、修正初步设计。

② 技术设计:提出技术设计计划。可能包括:工艺流程试验研究、特殊设备的研制、大型建(构)筑物关键部位的试验与研究;编制技术设计文件;参加初步审查,并做必要修正。

③ 施工图设计:建筑设计;结构设计;设备设计;专业设计的协调;编制施工图设计文件。

(3) 对外商的设计资料进行审查

委托设计的工程中,如果有部分属于外商提供的设计,如大型设备采用外商供应的设备,则需使用外商提供的制造图纸,设计人应负责对外商的设计资料进行审查,并负责该合同项目的设计联络工作。

(4) 配合施工的义务

① 设计交底。设计人在建设工程施工前,须向施工承包人和施工监理人说明建设工程勘察、设计意图,解释建设工程勘察、设计文件,以保证施工工艺达到预期的设计水平要求。

设计人按合同规定时限交付设计资料及文件后,本年内项目开始施工,负责向发包人及施工单位进行设计交底、处理有关设计问题和参加竣工验收。如果在 1 年内项目未开始施工,设计人仍应负责上述工作,但可按所需工作量向发包人适当收取咨询服务费,收费额由双方以补充协议商定。

② 解决施工中出现的设计问题。设计人有义务解决施工中出现的设计问题,如属于设计变更的范围,按照变更原因确定费用负担责任。

发包人要求设计人派专人留驻施工现场进行配合与解决有关问题时,双方应另行签订补充协议或技术咨询服务合同。

③ 参加工程验收。为了保证建设工程的质量,设计人应按合同约定参加工程验收工作。这些约定的工作可能涉及重要部位的隐蔽工程验收、试车验收和竣工验收。

(5) 保护发包人的知识产权

设计人应保护发包人的知识产权,不得向第三人泄露、转让发包人提交的产品图纸等技术经济资料。如发生以上情况并给发包人造成经济损失的,发包人有权向设计人索赔。

4. 支付管理

（1）定金的支付

设计合同由于采用定金担保，因此合同内没有预付款。发包人应在合同签订后 3 天内，支付设计费总额的 20％作为定金。设计合同经双方当事人签字盖章并在发包人向设计人支付定金后生效。设计人收到定金为设计工作启动的标志。如果发包人未能按时支付，设计人有权推迟设计工作启动时间，且交付设计文件的时间相应顺延。在合同履行过程中的中期支付中，定金不参与结算，双方的合同义务全部完成进行合同结算时，定金可以抵作设计费或收回。

（2）合同价格

在现行体制下，建设工程勘察、设计发包人与承包人应当执行国家有关建设工程勘察费、设计费的管理规定。签订合同时，双方商定合同的设计费，收费依据和计算方法按国家和地方有关规定执行。国家和地方没有规定的，由双方商定。

如果合同约定的费用为估算设计费，则双方在初步设计审批后，须按批准的初步设计概算核算设计费。工程建设期间如遇概算调整，则设计费也应作相应调整。

（3）设计费的支付与结算

支付管理原则：

① 设计人按合同约定提交相应报告、成果或阶段的设计文件后，发包人应及时支付约定的各阶段设计费；

② 设计人提交最后一部分施工图的同时，发包人应结清全部设计费，不留尾款；

③ 实际设计费按初步设计概算核定，多退少补。实际设计费与估算设计费出现差额时，双方须另行签订补充协议；

④ 发包人委托设计人承担本合同内容之外的工作服务，另行支付费用。

按设计阶段支付费用的百分比：

① 合同签订后 3 天内，发包人支付设计费总额的 20％作为定金。此笔费用支付后，设计人可以自主使用；

② 设计人提交初步设计文件后 3 天内，发包人应支付设计费总额的 30％；

③ 施工图阶段，当设计人按合同约定提交阶段性设计成果后，发包人应依据约定的支付条件、所完成的施工图工作量比例和时间，分期分批向设计人支付剩余总设计费的 50％。

④ 施工图完成后，发包人结清设计费，不留尾款。

5. 设计工作内容的变更

设计合同的变更，通常指设计人承接工作范围和内容的改变。按照发生原因的不同，一般可能涉及以下几个方面的原因：

（1）设计人的工作

设计人交付设计资料及文件后，按规定参加有关的设计审查，并根据审查结论负责对不超出原定范围的内容作必要的调整补充。

（2）委托任务范围内的设计变更

为了维护设计文件的严肃性，经过批准的设计文件不应随意变更。发包人、施工承包人、监理人均不得修改建设工程勘察、设计文件。如果发包人根据工程的实际需要确需修改建设工程勘察、设计文件，应当首先报经原审批机关批准，然后由原建设工程勘察、设计单位修改。经过修改的设计文件仍须按设计管理程序经有关部门审批后使用。

（3）委托其他设计单位完成的变更

在某些特殊情况下，发包人需要委托其他设计单位完成设计变更工作，如变更增加的设计内容专业性特点较强，超过了设计人资质条件允许承接的工作范围；或施工期间发生的设计变更，设计人由于资源能力所限，不能在要求的时间内完成等原因。在此情况下，发包人经原建设工程设计人书面同意后，也可以委托其他具有相应资质的建设工程勘察、设计单位修改。修改单位对修改的勘察、设计文件承担相应责任，设计人不再对修改的部分负责。

（4）发包人原因的重大设计变更

发包人变更委托设计项目、规模、条件或因提交的资料错误，或所提交资料作较大修改，以致造成设计人设计需返工时，双方除需另行协商签订补充协议（或另订合同）、重新明确有关条款外，发包人应按设计人所耗工作量向设计人增付设计费。

在未签合同前发包人已同意，设计人为发包人所做的各项设计工作，应按收费标准，支付相应的设计费。

6. 违约责任

（1）发包人的违约责任

① 发包人延误支付。发包人应按合同规定的金额和时间向设计人支付设计费，每逾期支付1天，应承担应支付金额2‰的逾期违约金，且设计人提交设计文件的时间顺延。逾期30天以上时，设计人有权暂停履行下阶段工作，并书面通知发包人。

② 审批工作的延误。发包人的上级或设计审批部门对设计文件不审批或合同项目停缓建，均视为发包人应承担的风险。设计人提交合同约定的设计文件和相关资料后，按照设计人已完成全部设计任务对待，发包人应按合同规定结清全部设计费。

③ 因发包人原因要求解除合同。在合同履行期间，发包人要求终止或解除合同，设计人未开始设计工作的，不退还发包人已付的定金；已开始设计工作的，发包人应根据设计人已进行的实际工作量进行支付，不足一半时，按该阶段设计费的一半支付；超过一半时，按该阶段设计费的全部支付。

（2）设计人的违约责任

① 设计错误。作为设计人的基本义务，应负责对设计资料及文件中出现的遗漏或错误进行修改或补充。由于设计人员错误造成工程质量事故损失，设计人除负责采取补救措施外，还应免收直接受损失部分的设计费。损失严重的，还应根据损失的程度和设计人责任大小向发包人支付赔偿金。范本中要求设计人的赔偿责任按工程实际损失的百分比计算；当事人双方订立合同时，须在相关条款内具体约定百分比的数额。

② 设计人延误完成设计任务。由于设计人自身原因，延误了按合同规定交付的设计资料及设计文件的时间，每延误1天，应减收该项目应收设计费的2‰。

③ 因设计人原因要求解除合同。合同生效后，设计人要求终止或解除合同，设计人应双倍返还定金。

（3）不可抗力事件的影响

由于不可抗力因素致使合同无法履行时，双方应及时协商解决。

知识梳理

$$\begin{cases} \text{勘察合同履行管理} \begin{cases} \text{发包人的责任} \\ \text{勘察人的责任} \\ \text{勘察合同的工期} \\ \text{勘察费用的支付} \\ \text{违约责任} \end{cases} \\ \\ \text{设计合同履行管理} \begin{cases} \text{合同的生效与设计期限} \\ \text{发包人的责任} \\ \text{设计人的责任} \\ \text{支付管理} \\ \text{设计工作内容的变更} \\ \text{违约责任} \end{cases} \end{cases}$$

4.4　案 例 分 析

4.4.1　勘察合同管理案例分析

【案例 4.1】

某年 4 月 A 单位拟建办公楼一栋,工程地址位于已建成的××小区附近。A 单位就勘察任务与 B 单位签订了工程合同。合同规定勘察费 15 万元。该工程经过勘察、设计等阶段于 10 月 20 日开始施工。施工承包商为 D 建筑公司。

事件 1:该工程签订勘察合同几天后,委托方 A 单位通过其他渠道获得××小区业主 C 单位提供的××小区的勘察报告。A 单位认为可以借用该勘察报告,A 单位即通知 B 单位不再履行合同。

事件 2:若委托方 A 单位和 B 单位双方都按期履行勘察合同,并按 B 单位提供的勘察报告进行设计与施工。但在进行基础施工阶段,发现其中有部分地段地质情况与勘察报告不符,出现软弱地基,而在原报告中并未指出。

事件 3:事件 2 中,施工单位 D 由于进行地基处理,施工费增加 20 万元,工期延误 20 天。

试问:① 事件 1 中,委托方 A 应预付勘察定金数额是多少? 该事件中,哪些单位的做法是错误的? 为什么? A 单位是否有权要求返还定金?

② 事件 2 中,B 单位应承担什么责任?

③ 事件 3 中,D 单位应怎样处理? 而委托方 A 单位应承担什么责任?

【案例 4.1 评析】

① 事件 1 中,委托方 A 应付定金为 3 万元。委托方 A 和业主 C 都错了。委托方 A 不

履行勘察合同,属违约行为;业主 C 应维护他人的勘察设计成果,不得擅自转让给第三方,也不得用于合同以外的项目。委托方 A 无权要求返还定金。

②　事件 2 中,若合同继续履行,B 应视造成损失的大小,减收或免收勘察费。

③　事件 3 中:(a) D 应在出现软弱地基后,及时以书面形式通知委托方 A,并请求委托方 A 给出处理方案,并于 28 天内就延误的工期和因此发生的经济损失,向委托方 A 提出索赔意向通知。(b) 委托方 A 应承担地基处理所需的 20 万元,顺延工期 20 天。

4.4.2　设计合同管理案例分析

【案例 4.2】

2006 年 9 月 14 日设计院乙与业主甲签订《项目 A 修建性详规设计合同》,2006 年 9 月 28 日又签订了《项目 A 修建性详规设计合同补充协议》和《项目 B 修建性详规设计合同》。两份合同对设计项目的内容、设计任务、设计费、违约责任等都有明确的规定。两份合同规定的设计费合计为 1 894 000 元。乙按两份合同的规定向甲提交设计成果,甲仅支付了 897 000 元设计费。2007 年 4 月 2 日,甲单方强行终止合同,并告知乙有什么具体的要求。考虑到《项目 B 修建性详规设计合同》的设计任务已全部完成和《项目 A 修建性详规设计合同》的设计已基本完成的情况,2007 年 4 月 4 日,乙向甲提出还应支付 490 000 元设计费的要求。尽管双方通过传真和面谈,但协商未果。事后得知,甲早已将乙设计的 A 项目和 B 项目的设计成果在自己的网站上公开发布,并已另行委托他人进行设计。由于甲严重违约,导致乙的合法权益受到侵害,乙不得不依法提起仲裁申请。甲作为被申请人不但不同意申请人乙提出的仲裁请求,反而请求"要求返还已支付的设计费 897 000 元"。

(2) 甲方律师的代理观点

①　由于申请人不能善尽其责任和义务,已实质违约,造成合同目的落空,被申请人解除合同有充分法律依据。同时,申请人所称已完成的各部分成果及工作进度,并未经被申请人验收并接受,其提出额外支付设计费的仲裁请求缺乏法律及事实依据。

②　由于申请人的根本违约,导致被申请人不得不依法解除合同,同时也给被申请人造成直接和间接的经济损失。基于此,被申请人提出反请求,要求申请人依法赔偿相关直接损失,即被申请人已支付给申请人的委托设计费用人民币 897 000 元。

(3) 乙方律师的代理观点

①　甲不讲诚信,严重违约,单方强行终止合同并将设计项目另行委托他人的违约行为,事实清楚,证据确凿。甲公司应按合同规定的第 7 条承担违约责任,将乙已实际完成设计任务的设计费 425 000 元支付给申请人、赔偿擅自复制并在网站上发布申请人的设计成果赔偿金 20 000 元、赔偿申请人因申请仲裁支付的合理费用 70 020 元;合计为 515 020 元。建议仲裁委员会对乙提出的仲裁请求予以支持。

②　甲公司要求其确认其单方强行解除合同的行为合法有效和请求乙返还已支付的设计费 897 000 元,没有事实和法律依据,其理由不能成立。建议仲裁委员会对甲提出无理的反请求,依法裁决予以驳回。

(4) 案件的审理结果

①　乙要求甲支付 425 000 元设计费得到支持;

② 甲补偿给乙律师费、公证费等合理开支 70 020 元；

③ 甲要求乙返还已支付设计费 897 000 元的反请求不予支持。

（5）案件总结

本案中双方当事人签订的两份合同对单方解除合同的违约责任有明确的规定。作为甲不但接受了乙的设计成果，还在自己的网站上发表。但又单方强行终止设计合同，另行委托他人重新设计。当乙提起仲裁申请时，甲不知出于何种考虑，不但不愿承担违约责任，反而要求乙退还已付的 897 000 元设计费。无根无据的反请求不但得不到支持，反而要承担交纳的 56 395 元的反请求仲裁费，真可谓得不偿失。

本 章 小 结

1. 为了保证工程项目的建设质量达到预期的投资目的，实施过程必须遵循项目建设的内在规律，即坚持先勘察、后设计、再施工的程序。

2. 工程建设项目设计包括其中的工程设计工作在国际上普遍被视为是一种咨询服务，但根据中国现行合同法的分类和界定，工程勘察、设计、施工被一起纳入建设工程合同的范围，被定义为"是承包人进行工程建设，发包人支付价款"的建设工程合同行为，规范的是发包人与承包人之间的行为关系。

3.《建设工程勘察合同(1)》(GF-2000-0203)，范本适用于为设计提供勘察工作的委托任务，包括岩土工程勘察、水文地质勘察(含凿井)、工程测量、工程物探等勘察。《建设工程勘察合同(2)》(GF-2000-0204)，该范本的委托工作内容仅涉及岩土工程，包括取得岩土工程的勘察资料、对项目的岩土工程进行设计、治理和监测工作。

4.《建设工程设计合同(1)》(GF-2000-0209)，范本适用于民用建设工程设计的合同。《建设工程设计合同(2)》(GF-2000-0210)，该合同范本适用于委托专业工程的设计。

5. 勘察合同的内容包括：① 发包人应提供的勘察依据文件和资料；② 委托任务的工作范围；③ 合同工期；④ 勘察费用；⑤ 发包人应为勘察人提供的现场工作条件；⑥ 违约责任；⑦ 合同争议的最终解决方式、约定仲裁委员会的名称。

6. 设计合同的内容包括：① 发包人应提供的文件和资料；② 委托任务的工作范围；③ 设计人交付设计资料的时间；④ 设计费用；⑤ 发包人应为设计人提供的现场服务；⑥ 违约责任；⑦ 合同争议的最终解决方式。

7. 勘察人应在合同约定的时间内提交勘察成果资料，勘察工作有效期限以发包人下达的开工通知书或合同规定的时间为准。如遇特殊情况，可以相应延长合同工期。

8. 勘察合同采用定金担保。合同签订后 3 天内，发包人应向勘察人支付预算勘察费的 20% 作为定金。提交勘察成果资料后 10 天内，发包人应一次付清全部工程费用。

9. 设计合同采用定金担保，合同总价的 20% 为定金。设计合同经双方当事人签字盖章并在发包人向设计人支付定金后生效。

习　　题

1. 单项选择题

（1）根据《建设工程设计合同（示范文本）》，下列关于建设工程设计深度要求的说法中，正确的是（　　）。

　　A. 设计标准不得高于国家规范的强制性要求

    B. 技术设计文件应满足编制初步设计文件的需要

    C. 施工图设计文件应满足设备材料采购的需要

    D. 方案设计文件应满足编制工程预算的要求

(2) 建设工程勘察合同履行期间,应发包人要求解除合同时,下列关于勘察费结算的说法中,正确的是(　　)。

    A. 不论工作进行到何种程度,发包人均应全额支付勘察费

    B. 完成的工作量在 50％以内时,应支付预算额 50％的勘察费;完成的工作量超过 50％时,应全额支付勘察费

    C. 完成的工作量在 50％以内时,定金不退;完成工作量超过 50％时,依据工作量支付勘察费

    D. 不论工作进行到何种程度,定金不退,并应根据工作量比例支付勘察费

(3) 某工程采用公开招标方式选定设计单位。2009 年 10 月 6 日发包人下达中标通知书,2009 年 10 月 25 日双方依法签订合同,2009 年 10 月 27 日发包人支付了定金,2009 年 10 月 28 日设计人收到定金。此设计合同中,设计期限起始时间应为(　　)。

    A. 2009 年 10 月 6 日　　　　　　　　　B. 2009 年 10 月 25 日

    C. 2009 年 10 月 27 日　　　　　　　　　D. 2009 年 10 月 28 日

(4) 某工程设计合同约定的合同价为 100 万元,定金为合同价的 20％。设计工作完成 40％时,发包人因建设资金筹措困难决定取消该项目的建设,通知设计单位解除设计合同。按照建设工程设计合同示范文本的规定,发包人应赔偿设计单位的违约金额为(　　)万元。

    A. 20　　　　　　B. 40　　　　　　C. 50　　　　　　D. 100

2. 多项选择题

(1) 根据建设工程勘察合同示范文本的规定,发包人配合勘察人开展勘察工作的义务包括(　　)。

    A. 办理施工许可证　　　　　　　　　B. 拆除地下障碍物

    C. 平整施工现场　　　　　　　　　　D. 挖好排水沟渠

    E. 接通水源电源

(2) 根据《建设工程设计合同(示范文本)》,下列关于建设工程设计合同生效和定金的说法中,正确的有(　　)。

    A. 设计合同经签字盖章后立即生效　　　B. 设计合同在支付定金后生效

    C. 设计合同的定金为合同总价的 20％　　D. 设计人收到定金为设计开工的标志

    E. 委托人不按约定支付定金应承担违约责任

3. 简答题

(1) 订立设计合同时,应约定哪些方面的条款?

(2) 发包人应为勘察人提供哪些现场的工作条件?

(3) 设计合同履行期间,发包人和设计人各应履行哪些义务?

(4) 设计合同履行过程中哪些属于违约行为? 当事人双方各应如何承担违约责任?

第5章 工程建设监理合同管理

 教学目标

知识要点	知识目标	专业能力目标
工程建设监理合同概述	1. 了解委托监理合同的概念和特征; 2. 熟悉建设工程监理的范围	1. 能熟练地从多种渠道查找资料和收集信息; 2. 会正确运用法律法规及相关规范、合同要求来进行委托监理合同的管理
监理合同的内容	1. 熟悉《建设工程监理合同(示范文本)》; 2. 掌握建设工程委托监理合同的内容	
监理合同的管理	1. 掌握监理合同的订立; 2. 掌握监理合同的履行	
案例分析	1. 掌握监理合同条款内容的完善的案例分析; 2. 掌握监理未及时发现施工问题的责任的案例分析; 3. 熟悉监理单位与其他项目参与方的合同履行的案例分析; 4. 掌握竣工后监理权责的案例分析	

5.1 工程建设监理合同概述

【引例 5.1】

某房地产公司市中心大型住宅小区项目,房地产公司认为自己具有很好的管理能力,可以不委托监理。这种做法对不对?

5.1.1 委托监理合同的概念和特征

建设工程委托监理合同简称监理合同,是指委托人与监理人就委托的工程项目管理内容签订的明确双方权利、义务的协议。监理公司负责工程施工监理工作。

监理合同是委托合同的一种,除具有委托合同的共同特点外,还具有以下特点:

①　监理合同的当事人双方应当是具有民事权利能力和民事行为能力、取得法人资格的企事业单位或其他社会组织，个人在法律允许的范围内也可以成为合同当事人。委托人必须是具有国家批准的建设项目，落实投资计划的企事业单位、其他社会组织及个人，作为受托人必须是依法成立具有法人资格的监理企业，并且所承担的工程监理业务应与企业资质等级和业务范围相符合。

②　监理合同委托的工作内容必须符合工程项目建设程序，遵守有关法律、行政法规。监理合同是以对建设工程项目实施控制和管理为主要内容，因此监理合同必须符合建设工程项目的程序，符合国家和建设行政主管部门颁发的有关建设工程的法律、行政法规、部门规章和各种标准、规范要求。

③　委托监理合同的标的是服务，建设工程实施阶段所签订的其他合同，如勘察设计合同、施工承包合同、物资采购合同、加工承揽合同的标的物是产生新的物质成果或信息成果，而监理合同的标的是服务，即监理工程师依据自己的知识、经验、技能受业主委托为其所签订其他合同的履行实施监督和管理。

5.1.2　建设工程监理的范围

管理咨询方是以专业知识和技能为工程建设项目的其他参与方提供高智能的技术与管理服务的一方。管理咨询方本不是一般工程建设项目管理中绝对必须的一方，一些小型、简单或由于采用项目管理模式造成业主管理任务较为单纯的项目，其管理也完全可由项目业主自行承担。但因现代工程建设项目的规模愈来愈大，技术构成愈来愈复杂，参与同一项目的单位愈来愈多，管理目标愈定愈高，使得项目管理的难度愈来愈大，这造成工程建设项目业主在确定项目后的短时间内筹组可靠有效管理机构的困难大大增加，管理的风险也随之提高，因而产生了对专业管理咨询服务的市场需求，所以对现代的大型工程建设项目而言，管理咨询方已成为项目业主不可或缺的助手，承担着本来由业主实施的大量管理工作。根据国家的监理法规，对必须实施监理的工程建设项目，业主须委托具有相应资质的监理公司承担项目的施工监理工作，这是业主委托管理咨询方的一种特例。作为管理咨询方类型之一的招投标代理机构，它所提供服务的对象主要也是工程建设项目的业主。

下列建设工程必须实行监理：

①　国家重点建设工程。是指依据《国家重点建设项目管理办法》所确定的对国民经济和社会发展有重大影响的骨干项目。

②　大中型公用事业工程。是指项目总投资额在 3 000 万元以上的公用事业工程。

③　成片开发建设的住宅小区工程。建筑面积在 5 万平方米以上的住宅建设工程必须实行监理；5 万平方米以下的建设工程，可以实行监理，具体范围和规模标准，由省、自治区、直辖市人民政府建设行政主管部门规定。为了保证住宅质量，对高层住宅及地基、结构复杂的多层住宅应当实行监理。

④　利用外国政府或者国际组织贷款、援助资金的工程。

⑤　国家规定必须实行监理的其他工程。是指项目总投资额在 3 000 万元以上关系社会

公共利益、公共安全的基础设施项目。

【引例 5.1 小结】

不正确。成片开发建设的住宅小区工程,必须实行监理。

知识梳理

$$\left\{\begin{array}{l}\text{委托监理合同的概念和特征}\\[1mm]\text{建设工程监理的范围}\end{array}\right.$$

5.2　建设工程监理合同

【引例 5.2】

某监理单位与建设单位按照《建设工程监理合同(示范文本)》(GF-2012-0202)签订了监理合同,合同应包括哪几部分文件?

5.2.1　建设工程监理合同示范文本

为规范建设工程监理活动,维护建设工程监理合同当事人的合法权益,住房和城乡建设部、国家工商行政管理总局对《建设工程监理合同(示范文本)》(GF-2000-2002)进行了修订,制定了《建设工程监理合同(示范文本)》(GF-2012-0202)。其内容主要有协议书、通用条件和专用条件 3 部分组成。

5.2.1.1　协议书

"协议书"是纲领性的法律文件。其中明确了当事人双方确定的委托监理工程的概况(工程名称、地点、工程规模、总投资),词语限定,组成合同的文件,总监理工程师,签约酬金,监理及相关服务的期限,双方承诺,合同订立时间、地点和效力。"协议书"是一份标准的格式文件,经当事人双方在有限的空格内填写具体规定的内容并签字盖章后,即发生法律效力。

5.2.1.2　通用条件

建设工程监理合同通用条件,其内容涵盖了以下 8 个方面的内容。

① 定义与解释。示范文本对 18 个专用词语进行了定义,避免产生矛盾和歧义。

② 监理人的义务。示范文本规定了监理的范围和工作内容,监理与相关服务依据,项目监理机构和人员,监理人应履行职责,监理人应按专用条件约定的种类、时间和份数向委

托人提交监理与相关服务的报告,监理人应提供的文件资料,监理人使用委托人的财产。

　　③ 委托人的义务。示范文本规定了委托人的告知、提供资料、提供工作条件、委托人代表、委托人意见或要求、答复及支付的义务。

　　④ 违约责任。示范文本规定了监理人、委托人的违约责任和除外责任。

　　⑤ 支付。示范文本规定了支付货币、支付申请、支付酬金、有争议部分的付款。

　　⑥ 合同生效、变更、暂停、解除与终止条件。

　　⑦ 争议解决办法。

　　⑧ 其他相关规定。

5.2.1.3　专用条件

示范文本针对委托工程的约定分为专用条件、附录 A 和附录 B 共 3 个部分。

1. 专用条件

专用条件留给委托人和监理人以较大的协商约定空间,便于贯彻当事人双方自主订立合同的原则。为了保证合同的完整性,凡通用条件条款说明需在专用条件约定的内容,在专用条件中均以相同的条款序号给出需要约定的内容或相应的计算方法,以便于合同的订立。

2. 附录 A

为便于工程监理单位拓展服务范围,修订后的示范文本将工程监理单位在工程勘察、设计、招标、保修等阶段的服务及其他咨询服务定义为"相关服务"。如果委托人将全部或部分相关服务委托监理人完成时,应在附录 A 中明确约定委托的工作内容和范围。委托人根据工程建设管理需要,可以自主委托全部内容,也可以委托某个阶段的工作或部分服务内容。若委托人仅委托施工监理,则不需要填写附录 A。

3. 附录 B

委托人为监理人开展正常监理工作无偿提供的人员、房屋、资料、设备和设施,应在附录 B 中明确约定提供的内容、数量和时间。

5.2.2　建设工程监理合同的主要内容及解释顺序

除专用条件另有约定外,合同文件的主要内容及解释顺序如下:

　　① 协议书;

　　② 中标通知书(适用于招标工程)或委托书(适用于非招标工程);

　　③ 专用条件及附录 A、附录 B;

　　④ 通用条件;

　　⑤ 投标文件(适用于招标工程)或监理与相关服务建议书(适用于非招标工程)。

双方签订的补充协议与其他文件发生矛盾或歧义时,属于同一类内容的文件,应以最新签署的为准。

【引例 5.2 小结】

监理合同应包括:协议书,中标通知书(适用于招标工程)或委托书(适用于非招标工程),专用条件及附录 A、附录 B,通用条件,投标文件(适用于招标工程)或监理与相关服务建议书(适用于非招标工程),双方签订的补充协议与其他文件,在实施过程中双方共同签署的补充与修正文件。

知识梳理

$$
\begin{cases}
建设工程监理合同示范文本
\begin{cases}
协议书 \\
通用条件 \\
专用条件
\end{cases} \\
建设工程监理合同内容及解释顺序
\end{cases}
$$

5.3　监理合同的管理

5.3.1　监理合同的订立

【引例 5.3】

某房地产公司开发一高层写字楼项目,在委托设计单位完成施工图设计后,通过招标方式选择建立单位和施工单位。应先选定监理单位还是先选定施工单位?

【引例 5.4】

某化工总厂投资建设一项乙烯工程。项目立项批准后,业主委托一监理公司对工程的实施阶段进行监理。双方拟订设计方案竞赛、设计招标和设计过程各阶段的监理任务时,业主方提出了初步的委托意见,内容如下:

① 编制设计方案竞赛文件;

② 发布设计竞赛公告;

③ 对参赛单位进行资格审查;

④ 组织对参赛设计方案的评审;

⑤ 决定工程设计方案;

⑥ 编制设计招标文件;

⑦ 对投标单位进行资格审查;

⑧ 协助业主选择设计单位;

⑨ 签订过程设计合同;

⑩ 工程设计合同实施过程中的管理;

……

从监理工作的性质和监理工程师的责权角度出发,监理单位在与业主进行合同委托内容磋商时,对以上内容应提出哪些修改建议?

5.3.1.1　委托的监理业务

1. 委托工作的范围

监理合同的范围是监理工程师为委托人提供服务的范围和工作量。委托人委托监理业务的范围非常广泛。从工程建设各阶段来说,可以包括项目前期立项咨询、设计阶段、实施阶段、保修阶段的全部监理工作或某一阶段的监理工作。在每一阶段内,又可以进行投资、质量、工期的三大控制,及信息、合同两项管理。但就具体项目而言,要根据工程的特点、监理人的能力、建设不同阶段的监理任务等方面因素,将委托的监理任务详细地写入合同的专用条件之中。如进行工程技术咨询服务,工作范围可确定为进行可行性研究,各种方案的成本效益分析,建筑设计标准、技术规范准备,提出质量保证措施等。施工阶段监理可包括:

① 协助委托人选择承包人,组织设计、施工、设备采购等招标。

② 技术监督和检查:检查工程设计、材料和设备质量;对操作或施工质量的监理和检查等。

③ 施工管理:包括质量控制、成本控制、计划和进度控制等。通常施工监理合同中"监理工作范围"条款,一般应与工程项目总概算、单位工程概算所涵盖的工程范围相一致,或与工程总承包合同、单项工程承包所涵盖的范围相一致。

2. 对监理工作的要求

在监理合同中明确约定的监理人执行监理工作的要求,应当符合《建设工程监理规范》的规定。例如,针对工程项目的实际情况派出监理工作需要的监理机构及人员,编制监理规划和监理实施细则,采取实现监理工作目标相应的监理措施,从而保证监理合同得到真正的履行。

5.3.1.2　监理合同的履行期限、地点和方式

订立监理合同时约定的履行期限、地点和方式是指合同中规定的当事人履行自己的义务完成工作的时间、地点以及结算酬金。在签订《建筑工程监理合同》时双方必须商定监理期限,标明何时开始,何时完成。合同中注明的监理工作开始实施和完成日期是根据工程情况估算的时间,合同约定的监理酬金是根据这个时间估算的。如果委托人根据实际需要增加委托工作范围或内容,导致需要延长合同期限,双方可以通过协商,另行签订补充协议。

监理酬金支付方式也必须明确:首期支付多少,是每月等额支付还是根据工程形象进度支付,支付货币的币种等。

5.3.1.3　订立监理合同需注意的问题

1. 坚持按法定程序签署合同

监理委托合同的签订意味着委托关系的形成,委托方与被委托方的关系都将受到合同的约束。因而签订合同必须由双方法定代表人或经其授权的代表签署并监督执行。在合同

签署过程中,应检验代表对方签字人的授权委托书,避免合同失效或不必要的合同纠纷。不可忽视来往函件。

在合同洽商过程中,双方通常会用一些函件来确认双方达成的某些口头协议或书面交往文件,后者构成招标文件和投标文件的组成部分。为了确认合同责任以及明确双方对项目的有关理解和意图以免将来分歧,签订合同时双方达成一致的部分应写入合同附录或专用条款内。

2. 其他应注意的问题

监理委托合同是双方承担义务和责任的协议,也是双方合作和相互理解的基础,一旦出现争议,这些文件也是保护双方权利的法律基础。因此在签订合同中应做到文字简洁、清晰、严密,以保证意思表达准确。

5.3.2 监理合同的履行

5.3.2.1 监理人应完成的监理工作

《建设工程监理合同(示范文本)》的通用条款部分明确了工程监理的基本工作内容,列出 22 项监理人必须完成的监理工作,包括:审查施工承包人提交的施工组织设计;检查施工承包人工程质量;安全生产管理制度;审核施工承包人提交的工程款支付申请;发现工程质量、施工安全生产存在隐患的,要求施工承包人整改并报委托人;验收隐蔽工程、分部分项工程;签署竣工验收意见等。如果委托人需要监理人完成更大范围或更多的监理工作,还可在专用条件中补充约定。作为监理人必须履行的合同义务,除了正常监理工作之外,还应包括附加监理工作。

"附加工作"是指合同约定的正常工作以外监理人的工作。可能包括:

① 除不可抗力外,因非监理人原因导致监理人履行合同期限延长、内容增加时,监理人应当将此情况与可能产生的影响及时通知委托人。增加的监理工作时间、工作内容应视为附加工作。附加工作酬金的确定方法在专用条件中约定。

② 合同生效后,如果实际情况发生变化使得监理人不能完成全部或部分工作时,监理人应立即通知委托人。除不可抗力外,其善后工作以及恢复服务的准备工作应为附加工作,附加工作酬金的确定方法在专用条件中约定。监理人用于恢复服务的准备时间不应超过 28 天。

5.3.2.2 合同有效期

尽管双方在签订的《建设工程监理合同》中注明"合同自×年×月×日开始实施,至×年×月×日完成",但此期限仅指完成正常监理工作预定的时间,并不就一定是监理合同的有效期。监理合同的有效期即监理人的责任期,不是用约定的日历天数为准,而是在合同双方商定的日历有效期基础上,以监理人是否完成了包括附加工作的义务来判定。因此通用条款规定,监理合同的有效期为双方签订合同后,从工程准备工作开始,到监理人完成合同约定的全部工作,委托人与监理人结清并支付全部酬金,监理合同才终止。如果保修期间仍需监理人执行相应的监理工作,双方应在专用条款中另行约定。

5.3.2.3　监理人的义务

1. 监理的范围和工作内容

监理范围在专用条件中约定。除专用条件另有约定外,合同中还明确了工程监理的 22 项基本工作内容。相关服务的范围和内容在附录 A 中约定。

2. 监理与相关服务依据

监理依据包括:

① 适用的法律、行政法规及部门规章;

② 与工程有关的标准;

③ 工程设计及有关文件;

④ 合同及委托人与第三方签订的与实施工程有关的其他合同。

双方根据工程的行业和地域特点,在专用条件中具体约定监理依据。相关服务依据在专用条件中约定。

3. 项目监理机构和人员

监理人应组建满足工作需要的项目监理机构,配备必要的检测设备。项目监理机构的主要人员应具有相应的资格条件。

合同履行过程中,总监理工程师及重要岗位监理人员应保持相对稳定,以保证监理工作正常进行。

监理人可根据工程进展和工作需要调整项目监理机构人员。监理人更换总监理工程师时,应提前 7 天向委托人书面报告,经委托人同意后方可更换;监理人更换项目监理机构其他监理人员,应以相当资格与能力的人员替换,并通知委托人。

监理人应及时更换有下列情形之一的监理人员:

① 有严重过失行为的;

② 有违法行为不能履行职责的;

③ 涉嫌犯罪的;

④ 不能胜任岗位职责的;

⑤ 严重违反职业道德的;

⑥ 专用条件约定的其他情形。

委托人可要求监理人更换不能胜任本职工作的项目监理机构人员。

4. 履行职责

监理人应遵循职业道德准则和行为规范,严格按照法律法规、工程建设有关标准及合同履行职责。

在监理与相关服务范围内,委托人和承包人提出的意见和要求,监理人应及时提出处置意见。当委托人与承包人之间发生合同争议时,监理人应协助委托人、承包人协商解决。

当委托人与承包人之间的合同争议提交仲裁机构仲裁或人民法院审理时,监理人应提供必要的证明资料。

　　监理人应在专用条件约定的授权范围内,处理委托人与承包人所签订合同的变更事宜。如果变更超过授权范围,应以书面形式报委托人批准。

　　在紧急情况下,为了保护财产和人身安全,监理人所发出的指令未能事先报委托人批准时,应在发出指令后的 24 小时内以书面形式报委托人。

　　除专用条件另有约定外,监理人发现承包人的人员不能胜任本职工作的,有权要求承包人予以调换。

5. 提交报告

　　监理人应按专用条件约定的种类、时间和份数向委托人提交监理与相关服务的报告。

6. 文件资料

　　在合同履行期内,监理人应在现场保留工作所用的图纸、报告及记录监理工作的相关文件。工程竣工后,应当按照档案管理规定将监理有关文件归档。

7. 使用委托人的财产

　　监理人无偿使用附录 B 中由委托人派遣的人员和提供的房屋、资料、设备。除专用条件另有约定外,委托人提供的房屋、设备属于委托人的财产,监理人应妥善使用和保管,在合同终止时将这些房屋、设备的清单提交委托人,并按专用条件约定的时间和方式移交。

5.3.2.4　委托人的义务

1. 告知

　　委托人应在委托人与承包人签订的合同中明确监理人、总监理工程师和授予项目监理机构的权限。如有变更,应及时通知承包人。

2. 提供资料

　　委托人应按照附录 B 约定,无偿向监理人提供工程有关的资料。在合同履行过程中,委托人应及时向监理人提供最新的与工程有关的资料。

3. 提供工作条件

　　委托人应为监理人完成监理与相关服务提供必要的条件。

　　委托人应按照附录 B 约定,派遣相应的人员,提供房屋、设备,供监理人无偿使用。委托人应负责协调工程建设中所有外部关系,为监理人履行合同提供必要的外部条件。

4. 委托人代表

　　委托人应授权一名熟悉工程情况的代表,负责与监理人联系。委托人应在双方签订合同后 7 天内,将委托人代表的姓名和职责书面告知监理人。当委托人更换委托人代表时,应提前 7 天通知监理人。

5. 委托人意见或要求

　　在合同约定的监理与相关服务工作范围内,委托人对承包人的任何意见或要求应通知监理人,由监理人向承包人发出相应指令。

6. 答复

　　委托人应在专用条件约定的时间内,对监理人以书面形式提交并要求作出决定的事宜,给予书面答复。逾期未答复的,视为委托人认可。

7. 支付

委托人应按合同约定,向监理人支付酬金。

5.3.2.5　违约责任

1. 监理人的违约责任

监理人未履行合同义务的,应承担相应的责任。

因监理人违反合同约定给委托人造成损失的,监理人应当赔偿委托人损失。赔偿金额的确定方法在专用条件中约定。监理人承担部分赔偿责任的,其承担赔偿金额由双方协商确定。

监理人向委托人的索赔不成立时,监理人应赔偿委托人由此发生的费用。

2. 委托人的违约责任

委托人未履行合同义务的,应承担相应的责任。委托人违反合同约定造成监理人损失的,委托人应予以赔偿。委托人向监理人的索赔不成立时,应赔偿监理人由此引起的费用。委托人未能按期支付酬金超过 28 天,应按专用条件约定支付逾期付款利息。

3. 除外责任

因非监理人的原因,且监理人无过错,发生工程质量事故、安全事故、工期延误等造成的损失,监理人不承担赔偿责任。

因不可抗力导致合同全部或部分不能履行时,双方各自承担其因此而造成的损失、损害。

5.3.2.6　监理合同的酬金

1. 正常监理工作的酬金

《建设工程监理与相关服务收费管理规定》中规定的:建设工程监理与相关服务收费根据建设项目性质不同情况,分别实行政府指导价或市场调节价。依法必须实行监理的建设工程施工阶段的监理收费实行政府指导价;其他建设工程施工阶段的监理收费和其他阶段的监理与相关服务收费实行市场调节价。

实行政府指导价的建设工程施工阶段监理收费,其基准价根据《建设工程监理与相关服务收费标准》计算,浮动幅度为上下 20%。发包人和监理人应当根据建设工程的实际情况在规定的浮动幅度内协商确定收费额。实行市场调节价的建设工程监理与相关服务收费,由发包人和监理人协商确定收费额。建设工程监理与相关服务收费,应当体现优质优价的原则。

建设工程监理与相关服务收费包括建设工程施工阶段的工程监理(以下简称"施工监理")服务收费和勘察、设计、保修等阶段的相关服务(以下简称"其他阶段的相关服务")收费。

施工监理服务收费按照下列公式计算:

施工监理服务收费 = 施工监理服务收费基准价 × (1 ± 浮动幅度值)

$$施工监理服务收费基准价 = 施工监理服务收费基价 \times 专业调整系数$$
$$\times 工程复杂程度调整系数 \times 高程调整系数$$

施工监理服务收费基价是完成国家法律法规、规范规定的施工阶段监理基本服务内容的价格。施工监理服务收费基价按《施工监理服务收费基价表》确定，计费额处于两个数值区间的，采用直线内插法确定施工监理服务收费基价。

施工监理服务收费以建筑安装工程费分档定额计费方式收费的，其计费额为工程概算中的建筑安装工程费。

其他阶段的相关服务收费一般按相关服务工作所需工日和《建设工程监理与相关服务人员人工日费用标准》收费。

正常工作酬金增加额按下列方法确定：

$$正常工作酬金增加额 = \frac{工程投资额或建筑安装工程费增加额 \times 正常工作酬金}{工程概算投资额（或建筑安装工程费）}$$

因工程规模、监理范围的变化导致监理人的正常工作量减少时，按减少工作量的比例从协议书约定的正常工作酬金中扣减相同比例的酬金。

2. 附加监理工作的酬金

除不可抗力外，因非监理人原因导致合同期限延长时，附加工作酬金按下列方法确定：

$$附加工作酬金 = \frac{合同期限延长时间（天）\times 正常工作酬金}{协议书约定的监理与相关服务期限（天）}$$

$$附加工作酬金 = \frac{善后工作及恢复服务的准备工作时间（天）\times 正常工作酬金}{协议书约定的监理与相关服务期限（天）}$$

3. 奖励

监理人在监理过程中提出的合理化建议使委托人得到了经济效益，有权按专用条款的约定获得经济奖励。合理化建议的奖励金额按下列方法确定为

$$奖励金额 = 工程投资节省额 \times 奖励金额的比率$$

5.3.2.7 支付

1. 支付货币

除专用条件另有约定外，酬金均以人民币支付。涉及外币支付的，所采用的货币种类、比例和汇率在专用条件中约定。

2. 支付申请

监理人应在合同约定的每次应付款时间的 7 天前，向委托人提交支付申请书。支付申请书应当说明当期应付款总额，并列出当期应支付的款项及其金额。

3. 支付酬金

支付的酬金包括正常工作酬金、附加工作酬金、合理化建议奖励金额及费用。

4. 有争议部分的付款

委托人对监理人提交的支付申请书有异议时，应当在收到监理人提交的支付申请书后 7 天内，以书面形式向监理人发出异议通知。

5.3.2.8　合同生效、变更、暂停、解除与终止

1. 生效

除法律另有规定或者专用条件另有约定外,委托人和监理人的法定代表人或其授权代理人在协议书上签字并盖单位章后合同生效。

2. 变更

任何一方提出变更请求时,经双方协商一致后可进行变更。

除不可抗力外,因非监理人原因导致监理人履行合同期限延长、内容增加时,监理人应当将此情况与可能产生的影响及时通知委托人。增加的监理工作时间、工作内容应视为附加工作。附加工作酬金的确定方法在专用条件中约定。

合同生效后,如果实际情况发生变化使得监理人不能完成全部或部分工作时,监理人应立即通知委托人。除不可抗力外,其善后工作以及恢复服务的准备工作应为附加工作,附加工作酬金的确定方法在专用条件中约定。监理人用于恢复服务的准备时间不应超过 28 天。

合同签订后,遇有与工程相关的法律法规、标准颁布或修订的,双方应遵照执行。由此引起监理与相关服务的范围、时间、酬金变化的,双方应通过协商进行相应调整。

因非监理人原因造成工程概算投资额或建筑安装工程费增加时,正常工作酬金应作相应调整。调整方法在专用条件中约定。

因工程规模、监理范围的变化导致监理人的正常工作量减少时,正常工作酬金应作相应调整。调整方法在专用条件中约定。

3. 暂停与解除

除双方协商一致可以解除合同外,当一方无正当理由未履行合同约定的义务时,另一方可以根据合同约定暂停履行合同直至解除合同。

在合同有效期内,由于双方无法预见和控制的原因导致合同全部或部分无法继续履行或继续履行已无意义,经双方协商一致,可以解除合同或监理人的部分义务。在解除之前,监理人应作出合理安排,使开支减至最小。

因解除合同或解除监理人的部分义务导致监理人遭受的损失,除依法可以免除责任的情况外,应由委托人予以补偿,补偿金额由双方协商确定。

解除合同的协议必须采取书面形式,协议未达成之前,合同仍然有效。

在合同有效期内,因非监理人的原因导致工程施工全部或部分暂停,委托人可通知监理人要求暂停全部或部分工作。监理人应立即安排停止工作,并将开支减至最小。除不可抗力外,由此导致监理人遭受的损失应由委托人予以补偿。

暂停部分监理与相关服务时间超过 182 天的,监理人可发出解除合同约定的该部分义务的通知;暂停全部工作时间超过 182 天的,监理人可发出解除合同的通知,合同自通知到达委托人时解除。委托人应将监理与相关服务的酬金支付至合同解除日,且应承担约定的责任。

当监理人无正当理由未履行合同约定的义务时,委托人应通知监理人限期改正。若委托人在监理人接到通知后的 7 天内未收到监理人书面形式的合理解释,则可在 7 天内发出

解除合同的通知,自通知到达监理人时合同解除。委托人应将监理与相关服务的酬金支付至限期改正通知到达监理人之日,但监理人应承担约定的责任。

监理人在专用条件约定的支付之日起 28 天后仍未收到委托人按合同约定应付的款项,可向委托人发出催付通知。委托人接到通知 14 天后仍未支付或未提出监理人可以接受的延期支付安排,监理人可向委托人发出暂停工作的通知并可自行暂停全部或部分工作。暂停工作后 14 天内监理人仍未获得委托人应付酬金或委托人的合理答复,监理人可向委托人发出解除合同的通知,自通知到达委托人时合同解除。委托人应承担约定的责任。

因不可抗力致使合同部分或全部不能履行时,一方应立即通知另一方,可暂停或解除合同。

合同解除后,合同约定的有关结算、清理、争议解决方式的条件仍然有效。

4. 终止

以下条件全部满足时,合同即告终止:

① 监理人完成合同约定的全部工作;

② 委托人与监理人结清并支付全部酬金。

5.3.2.9　争议解决

1. 协商

双方应本着诚信原则协商解决彼此间的争议。

2. 调解

如果双方不能在 14 天内或双方商定的其他时间内解决合同争议,可以将其提交给专用条件约定的或事后达成协议的调解人进行调解。

3. 仲裁或诉讼

双方均有权不经调解直接向专用条件约定的仲裁机构申请仲裁或向有管辖权的人民法院提起诉讼。

【引例 5.3 小结】

先选定监理单位。监理可协助委托人选择承包人,组织设计、施工、设备采购等招标。

【引例 5.4 小结】

监理单位在与业主进行合同委托内容磋商时,应向业主讲明有哪些内容关系到投资方的切身利益,即对工程项目有重大影响,必须由业主自行决策确定,监理工程师可以提出参考意见,但不能代替业主决策。

第 5 条"决定工程设计方案"不妥。因工程项目的方案关系到项目的功能、投资和最终效益,故设计方案的最终确定应由业主决定,监理工程师可以通过组织专家进行综合评审,提出推荐意见,说明优缺点,提交业主决策。

第 9 条"签订工程设计合同"不妥。工程设计合同应由业主与设计单位签订,监理工程师可以通过设计招标,协助业主择优评选设计单位,提出推荐意见,协助业主起草设计委托合同,但不能替代业主签订设计合同,即设计合同中的甲方也就是业主作为当事人一方承担合同中甲方的责、权、利,是监理工程师代替不了的。

```
         ┌         ┌ 委托的监理业务 ┌ 委托工作的范围
         │         │               └ 对监理工作的要求
         │ 监理合同的订立 监理合同的履行期限、地点和方式
         │         └ 订立监理合同需注意的问题
         │         ┌ 监理人应完成的监理工作
         │         │ 合同有效期
         │         │ 双方的义务 ┌ 委托人义务
         │         │           └ 监理人义务
         │ 监理合同的履行 违约责任 ┌ 监理人的违约责任
         │         │           └ 委托人的违约责任
         │         │           ┌ 正常监理工作的酬金
         │         │ 监理合同的酬金 附加监理工作的酬金
         │         │           └ 奖金
         └         └ 协调双方关系条款 ┌ 合同的生效、变更、暂停、解除与终止
                                    └ 争议的解决
```

5.4　案 例 分 析

5.4.1　监理合同条款内容的完善案例分析

【案例 5.1】

某业主计划将拟建的工程项目在实施阶段委托光明监理公司进行监理,业主在合同草案中提出以下内容:

"……

(1)除非因业主原因发生时间延误外,任何时间延误监理单位应付相当施工单位款的20%给业主,如工期提前,监理单位可得到相当于施工单位工期提前奖励20%的奖金。

(2)工程图纸出现设计质量问题,监理单位应付给业主相当于设计单位设计费的5%的赔偿。

(3)施工期间每发生1起施工人员重伤事故,监理单位应受罚款1.5万元;发生一起死亡事故,监理单位受罚款3万元。

(4)凡由于监理工程师发生差错、失误而造成重大的经济损失,监理工程师应付给业主一定比例(取费费率)的赔偿费,如不发生差错、失误,则监理单位可得到全部监理费。

……"

经过双方的商讨,对合同内容进行了调查与完善,最后确定了工程建设监理合同的主要条款,包括:监理的范围和内容、双方的权利和义务、监理费的计取和支付、违约责任和双方约定的其他事项等。

试问:① 该监理合同是否已包括了主要的条款内容?

② 在该监理合同草案中拟订的几个条款中是否有不妥? 为什么?

③ 如果该合同是一个有效的经济合同,它应具备什么条件?

【案例 5.1 评析】

① 在背景材料中给出,双方对合同内容商讨后,包括了监理的范围和内容、双方的权利和义务、监理费的计取与支付,违约责任和双方约定的其他事项等内容,根据建设部 737 号文《工程建设监理规定》中对监理合同内容的要求,该合同包含了应有的主要条款。

② 合同草稿中拟定的几条均不妥。

首先监理工作的性质是服务性的,监理单位"将不是,也不能成为任何承包商的工程的承保人或保证人",将涉及施工出现的问题与监理单位直接挂钩,与监理工作的性质不适宜。

其次,监理工程师应是与业主和承包商相互独立的平等的第三方,为了保证其独立性与公正性,我国建设监理法规文件明文规定监理单位不得与施工、设备制造、材料供应等单位有隶属关系或经济利益关系,在合同中若写入以上条款,势必将监理单位的经济利益与承建商的利益联系起来,不利于监理工作的公正性。

第三,第 3 条中对于施工期间施工单位施工人员的伤亡,业主方并不承担的责任,合同中要求监理单位承担,也是不妥的。

第四,在《工程建设监理规定》中规定"监理单位在监理过程中因过错造成重大经济损失的,应承担一定的经济责任和法律责任。"但在合同中应明确写明责任界定,如"重大经济损失"的内涵,监理单位赔偿比例(也不应是"监理工程师应付给⋯⋯")等。

③ 若该合同是一个有效的经济合同,应满足以下基本条件:

(a) 主体资格合法。即业主和监理单位作为合同双方当事人应当具有合法资格。

(b) 合同内容应合法。内容应符合国家法律、法规,真实表达双方当事人的意思。

(c) 订立程序合法、形式合法。

5.4.2　监理未及时发现施工问题的责任案例分析

【案例 5.2】

某工程项目的一工业厂房于 1998 年 3 月 15 日开工,1998 年 11 月 15 日竣工,验收合格后即投入使用。2001 年 2 月,该厂房供热系统的供热管道部分出现漏水,业主进行了停产检修,经检查发现漏水的原因是原施工单位所用管材管壁太薄,与原设计文件要求不符。监理单位进一步查证施工单位向监理工程师报验的材料与其在工程上实际使用的管材不相符。如果全部更换厂房供热管道需工程费为人民币 30 万元,同时造成该厂部分车间停产,损失人民币 20 万元。

业主就此事件提出如下要求:

(1) 要求施工单位全部返工更换厂房供热管道,并赔偿停产损失的 60%(计人民币 12

万元)。

(2) 要求监理公司对全部返工工程免费监理,并对停产损失承担连带赔偿责任,赔偿停产损失的 40%(计人民币 8 万元)。

监理单位对业主的要求答复如下:

监理工程师已对施工单位报验的管材进行了检查,符合质量标准,已履行了监理职责。施工单位擅自更换管材,由施工单位负责,监理单位不承担任何责任。

试问:① 依据现行法律和行政法规,请指出业主的要求和监理单位的答复中各有哪些错误? 为什么?

② 监理单位各应承担什么责任? 为什么?

【案例 5.2 评析】

① 业主要求施工单位"赔偿停产损失的 60%(计人民币 12 万元)"是错误的,应由施工单位赔偿全部损失(计人民币 20 万元)。

业主要求监理单位"承担连带赔偿责任"也是错误的,依据有关法规监理单位对因施工单位的责任引起的损失不应负连带赔偿责任。

业主对监理单位"赔偿停产损失的 40%(计人民币 8 万元)"计算方法错误,按照《委托监理合同(示范文本)》,监理单位赔偿总额累计不超过监理报酬总额(扣除税金)。

监理单位答复"已履行了职责"不正确,在监理过程中监理工程师对施工单位使用的工程材料擅自更换的控制有失职。

监理单位答复"不承担任何责任"也是错误的,监理单位应承担相应的监理失职责任。

② 依据现行法律、法规(如《建设工程质量管理条例》第 67 条),因监理单位未能及时发现管道施工过程中的问题,但监理单位未与施工单位故意串通、弄虚作假,也未将不合格材料按照合格材料签字,监理单位只承担失职责任。

5.4.3　监理单位与其他项目参与方的合同履行案例分析

【案例 5.3】

某监理单位承担了国内某工程的施工监理任务,该工程由甲施工单位总包,经业主同意,甲施工单位选择了乙施工单位作为分包单位。

事件 1:监理工程师在审图时发现,基础工程的设计有部分内容不符合国家的工程质量标准,因此,总监理工程师立即致函设计单位要求改正,设计单位研究后,口头同意了总监理工程师的改正要求,总监理工程师随即将更改的内容写成监理指令通知甲施工单位执行。

事件 2:在施工到工程主体时,甲施工单位认为,变更部分主体设计可以使施工更方便、质量更容易得到保证,因而向监理工程师提出了设计变更的要求。

事件 3:施工过程中,监理工程师发现乙施工单位分包的某部位存在质量隐患,因此,总监理工程师同时向甲、乙施工单位发出了整改通知。甲施工单位回函称:乙施工单位分包的工程是经业主同意进行分包的,所以甲单位不承担该部分工程的质量责任。

事件 4:监理单位在检查时发现,甲施工单位在施工中,所使用的材料和报验合格的材料有差异,若继续施工,该部位将被隐蔽。因此,总监理工程师立即向甲施工单位下达了暂停施工的指令(因甲施工单位的工作对乙施工单位有影响,乙施工单位也被迫停工),同时,将该材料进行了有监理见证的抽检。抽检报告出来后,证实材料合格,可以使用,总监理工程师随即指令施工单位恢复了正常施工。

试问:① 请指出事件 1 中,总监理工程师行为的不妥之处并说明理由。

② 事件 2 中,按现行的《建设工程监理规范》,监理工程师应按什么程序处理施工单位提出的设计变更要求?

③ 事件 3 中,甲施工单位的答复有何不妥? 为什么? 总监理工程师的整改通知应如何签发? 为什么?

④ 事件 4 中,总监理工程师签发本次暂停令是否妥当? 程序上有无不妥之处? 请说明理由。

【案例 5.3 评析】

① 事件 1 中,总监不应直接致函设计单位,因监理并未承担设计监理任务。发现的问题应向业主报告,由业主向设计提出更改要求。总监理工程师不应在取得设计变更文件之前签发变更指令,总监理工程师也无权代替设计单位进行设计变更。

② 事件 2 中,总监理工程师应组织专业监理工程师对变更要求进行审查,通过后报业主转交设计单位,当变更涉及安全、环保等内容时,应经有关部门审定,取得设计变更文件后,总监理工程师应结合实际情况对变更费用和工期进行评估,总监理工程师就评估情况和业主、施工单位协调后签发变更指令。

③ 事件 3 中,甲施工单位答复的不妥之处:工程分包不能解除承包人的任何责任与义务,分包单位的任何违约行为导致工程损害或给业主造成的损失,承包人承担连带责任。

总监理工程师的整改通知应发给甲施工单位,不应直接发给乙施工单位,因乙施工单位和业主没有合同关系。

④ 事件 4 中,总监理工程师有权签发本次暂停令,因合同有相应的授权。程序有不妥之处,监理工程师应在签发暂停令后 24 小时内向业主报告。

【案例 5.4】

某工程项目建设单位为了节省投资,要求设计单位将该工程的桩长缩短 2 米,该桩基设计人员由于工作忙未进行验算便以书面的形式同意了该项修改,监理单位在施工前熟悉设计文件的过程中发现此修改不妥,但建设单位认为设计已经同意,应该没有问题,没有必要再进行修改,并以此进行了施工招标,且认为施工单位投标文件中已承诺按图施工,如出现质量问题应由施工单位负主要责任,监理单位负次要责任,建设单位没有任何损失。

试问:① 监理单位在施工前熟悉设计文件的过程中发现设计问题应如何处理?

② 如果由于该设计造成施工质量问题而导致返工,分析建设单位、设计单位、监理单位和施工单位各方的责任与索赔关系。

【案例 5.4 评析】

① 报告建设单位要求设计单位改正。

② 监理单位和施工单位没有责任;相对施工和监理单位,建设单位应负责任,由此造成监理单位和施工单位的损失应依据各方的合同由建设单位承担;建设单位可依据设计合同向设计单位进行索赔。

5.4.4　竣工后监理权责案例分析

【案例 5.5】

某工程项目监理公司承担施工阶段监理,该工程项目已交工并已投产半年。在承包商保修时间内,监理方的服务已经结束,但由于结算没有最后审定,监理费的尾款业主也没有支付。在这种情况下,发生以下事件:

事件 1:在晚上工人下班后,车间内发水,积水 10 厘米左右,给办公用品造成损失,有些设备虽被水浸,但没有造成损失,只是停产 4 小时清理积水,经查是消防水箱的 1 个活节头(共 160 多个接头)偶然脱丝所致。

事件 2:在审查结算时,承包商对 1 台小天车的报价请监理方进行了确认。按合同规定设备订货价格以承包商与供应商签订的合同为凭证,该天车订货合同价为 95 000 元/台,生产厂家是业主及设计方指定的,监理方没有再进行询价工作就确认了合同价。在工程结算过程中业主方预算审定部门,对天车价表示怀疑,经业主方询价同型号同厂天车为25 000 元/台。经了解证实,该天车订货合同是个假合同,因出现一份假合同,业主方对其他合同也表示怀疑。

试问:① 业主向承包商提出索赔,作为监理方应如何处理上述事件?

② 作为监理方对上述事件承担什么责任? 监理方应该如何处理上述事件?

【案例 5.5 评析】

① 该项目已经竣工,监理方服务已结束。活节头脱丝漏水属偶然事故,建议用户与承包商共同检查全部活节头,避免类似事故再次发生。关于业主提出索赔问题,应由业主方与承建商双方协商解决,监理方不能处理。

② 监理方应承担部分责任,承担没有向生产小天车厂家询价的责任。监理方应建议业主扣除承包商 1 台小天车的差价 7 万元。

本 章 小 结

1. 必须实行监理的建设工程:① 国家重点建设工程。② 大中型公用事业工程。③ 成片开发建设的住宅小区工程。为了保证住宅质量,对高层住宅及地基、结构复杂的多层住宅应当实行监理。④ 利用外国政府或者国际组织贷款、援助资金的工程。⑤ 项目总投资额在 3 000 万元以上关系社会公共利益、公共安全的基础设施项目。

2.《建设工程监理合同示范文本》由"协议书"、"通用条件"、"专用条件"组成。

3. 监理人应完成的监理工作包括:正常监理工作和附加监理工作。

4. 监理合同的有效期即监理人的责任期,不是用约定的日历天数为准,而是在合同双方商定的日历有效期基础上,以监理人是否完成了包括附加工作的义务来判定。

5. 监理合同的酬金包括:① 正常监理工作的酬金;② 附加监理工作的酬金;③ 奖金。

6. 因违反或终止合同而引起的对损失或损害的赔偿,委托人与监理人应协商解决。如协商未能达成一致,可提交主管部门协调。如仍不能达成一致,根据双方约定提交仲裁机构仲裁或向人民法院起诉。

习 题

1. 单项选择题

(1) 建设工程监理合同属于( )。

    A. 咨询合同   B. 委托合同   C. 建设工程合同   D. 加工承揽合同

(2) 某工程监理合同约定的监理报酬为 50 万元,监理人在实施监理过程中,因过失给业主造成了经济损失 120 万元,则其应当向业主赔偿( )。

    A. 50 万元   B. 50 万元扣除监理人缴纳税金后的余额

    C. 70 万元   D. 120 万元

(3) 根据《建设工程监理合同(示范文本)》,监理人巡视过程中发现危及作业人员安全的紧急情况时,首先应采取的措施是( )。

    A. 通知委托人,建议下达停工指令   B. 征得委托人同意后,下达停工指令

    C. 立即下达停工指令并尽快通知委托人   D. 立即召开现场会议,讨论对策

(4) 按照《建设工程监理合同(示范文本)》对合同文件组成的规定,下列文件中,不属于对监理人有约束力的是( )。

    A. 监理委托函   B. 工程变更申请书

    C. 监理合同专用条件   D. 实施过程中与委托人签署的补充文件

(5)《建设工程监理合同(示范文本)》规定,监理人承担违约责任的原则是( )。

    A. 补偿性原则   B. 惩罚性原则

    C. 无过错原则   D. 有限责任和过错责任原则

(6) 根据《建设工程监理合同(示范文本)》,下列情形中,监理人可获得经济奖励的是( )。

    A. 监理的工程施工质量完全满足规范的要求

    B. 监理的工程施工中未发生安全事故

    C. 委托人采用监理人的建议减少了工程建设投资

    D. 监理人的有效协调避免了承包人的索赔

2. 多项选择题

(1) 在工程监理合同中,下列属于监理人义务的是( )。

    A. 按照合同约定或监理投标书的承诺派出监理机构人员,完成监理范围内的监理业务,按合同约定定期向委托人报告监理工作

    B. 在履行监理合同义务期间,应认真勤奋地工作,为委托人提供咨询意见,并公正维护各方面的合法权益

    C. 由委托人所提供的设施和物品,属于委托人的财产,在监理工作完成或中止时,应将其设施和剩余的物品按合同约定的时间和方式移交给委托人

    D. 在合同期内和合同终止后,未征得有关方面同意,不得泄漏与监理工程及其监理业务有关的保密资料

    E. 对工程建设有关事项包括工程规划、设计标准、规划设计、生产工艺设计和使用功能要求,向委托人提出建议

(2) 与材料供应合同相比,工程委托监理合同的法律特征有( )。

    A. 主体具有特定的资格条件和资质条件

    B. 兼有工程合同和委托合同两类合同的特点

    C. 内容受到工程项目建设程序、法律法规和工程标准规范的制约

    D. 合同标的是质量、进度、投资三控制

　　　E. 在法律上依附于相关的工程勘察设计施工合同,属于从合同性质

(3) 在委托监理合同中,监理人相对于委托人享有的权利有(　　)。

　　　A. 完成监理任务后获得酬金　　　　　　B. 变更委托监理工作范围

　　　C. 监督委托人执行法规政策　　　　　　D. 委托人严重违约时解除监理合同

　　　E. 协调委托人与设计单位的关系

(4) 根据《建设工程监理合同(示范文本)》,下列工作中属于监理人附加工作的是(　　)。

　　　A. 两个承包人出现施工干扰后的协调工作

　　　B. 因设计变更导致原定的监理期限到期后,需继续完成的监理工作

　　　C. 委托人因承包人严重违约解除施工合同后,对承包人已完工程的工程量和应支付款项的确认

　　　D. 应委托人要求,编制采用新工艺部分的质量标准和检验方法

　　　E. 施工需要穿越公路时,应委托人的要求到交通管理部门办理中断道路交通的许可手续

(5) 根据《建设工程监理合同(示范文本)》,下列情况中监理人应承担违约责任的有(　　)。

　　　A. 因承包人维修工程质量缺陷导致工程延误竣工

　　　B. 承包人未执行监理工程师的指示,在施工中发生安全事故

　　　C. 承包商未能发现设计错误,导致施工返工

　　　D. 监理工程师未按规定程序进行质量检验

　　　E. 监理工程师未能按试验数据作出正确判断,导致工程发生质量事故

3. 简答题

(1) 监理合同示范文本的通用条件与专用条件有何关系?

(2) 监理合同当事人双方都有哪些义务?

(3) 监理合同要求监理人必须完成的工作包括哪几类?

(4) 监理人执行监理业务过程中,应承担哪些违约责任?

第6章 建设工程施工合同

教学目标

知识要点	知识目标	专业能力目标
建设工程施工合同概述	1. 了解建设工程施工合同的基本概念; 2. 掌握建设工程施工合同的内容及施工合同文件的组成及解释顺序	1. 学会查阅、认识合同示范文本; 2. 能够准确拟定合同条款; 3. 能进行合同分析,制定合同实施计划; 4. 具备工程合同的综合管理能力
施工合同当事人及其他相关方	掌握发包人、承包人、监理人及其权利义务	
施工合同的质量、进度和投资控制	掌握施工准备阶段、施工阶段和竣工验收阶段关于质量、进度和投资控制的相关内容	
施工合同的监督管理	1. 熟悉不可抗力发生后的合同管理; 2. 掌握工程分包、转包的合同管理; 3. 熟悉施工的环境管理	

6.1 建设工程施工合同概述

【引例6.1】

某工程业主与施工单位已签订施工合同。监理单位在执行合同中陆续遇到一些问题需要进行处理,若你作为一名监理工程师,对遇到的下列问题,应提出怎样的处理意见?

① 在施工招标文件中,按工期定额计算,工期为550天,但在施工合同中,开工日期为2007年12月15日,竣工日期为2009年7月20日,日历天数为581天,请问监理的工期目标为多少天? 为什么?

② 在基槽开挖土方完成后,施工单位未对基槽四周进行围栏防护,业主代表进入施工现场不慎掉入基坑摔伤,由此发生的医疗费用应由谁来支付? 为什么?

③ 在结构施工中,施工单位需要在夜间浇筑混凝土,经业主同意并办理了有关手续。按地方政府规定,在23:00时以后一般不得施工,若有特殊情况,需要给附近居民补贴,此项费用由谁来承担?

1. 建设工程施工合同基本概念

建设工程施工合同是指发包方(建设单位)和承包方(施工人)为完成商定的施工工程,明确相互权利、义务的协议。依照施工合同,施工单位应完成建设单位交给的施工任务,建设单位应按照规定提供必要的条件并支付工程价款。

建设工程施工合同是建设工程合同的一种,它与其他建设工程合同相同,是一种双务合同,在订立时也应遵守自愿、公平和诚实信用原则。

建设工程施工合同是建设工程合同的主要合同,是工程建设质量控制、进度控制、投资控制的主要依据。通过合同关系,可以确定建设市场主体之间的相互权利、义务关系,这对规范建筑市场有重要作用。

2. 建设工程施工合同的特点

建设工程施工合同的特点如下:

(1) 合同标的的特殊性

施工合同的标的是建筑产品,而建筑产品和其他产品相比具有固定性、形体庞大、生产的流动性、单件性、生产周期长等特点。这些特点决定了施工合同标的的特殊性。

(2) 合同内容繁杂

由于施工合同标的的特殊性,合同涉及的方面多,涉及多种主体以及他们之间的法律、经济关系,这些方面和关系都要求施工合同内容尽量详细,导致了施工合同内容的繁杂。例如,施工合同除了具备合同的一般内容外,还应对安全施工、专利技术使用、发现地下障碍和文物、工程分包、不可抗力、工程变更、材料和设备的供应、运输、验收等内容作出规定。

(3) 合同履行期限长

由于工程建设的工期一般较长,再加上必要的施工准备时间和办理竣工结算及保修期的时间,决定了施工合同的履行期限具有长期性。

(4) 合同监督严格

由于施工合同的履行对国家的经济发展、人民的工作和生活都有重大的影响,国家对施工合同实施的监督非常严格。在施工合同的订立、履行、变更、终止全过程中,除了要求合同当事人对合同进行严格的管理外,合同的主管机关(工商行政管理机构)、建设行政主管机关、金融机构等都要对施工合同进行严格监督。

3. 建设工程施工合同的作用

建设工程施工合同的作用如下:

(1) 明确发包人和承包人在施工中的权利和义务

建设工程施工合同一经签订,即具有法律效力。建设工程施工合同明确了发包人和承包人在工程施工中的权利和义务,是双方在履行合同中的行为准则,双方都应以建设工程施工合同作为行为的依据。双方应当认真履行各自的义务,任何一方无权随意变更或解除建设工程施工合同;任何一方违反合同规定的内容,都必须承担相应的法律责任。如果不订立建设工程施工合同,将无法规范双方的行为,也无法明确各自在施工中所享受的权利和承担的义务。

(2) 有利于对建设工程施工合同的管理

合同当事人对工程施工管理应当以建设工程施工合同为依据。同时,有关的国家机关、金融机构对工程施工的监督和管理,建设工程施工合同也是其重要依据。不订立施工合同将给建设工程施工管理带来很大困难。

（3）是进行监理的依据和推行监理制度的需要

建设监理制度是工程建设管理专业化、社会化的结果。在这一制度中,行政干涉的作用被淡化了,建设单位、施工单位、监理单位三者之间的关系是通过工程建设监理合同和施工合同来确定的,监理单位对工程建设进行监理是以订立建设工程施工合同为前提和基础的。

（4）有利于建筑市场的培育和发展

在计划经济条件下,行政手段是施工管理的主要方法,在市场经济条件下,合同是维系市场运转的主要因素。因此,培养和发展建筑市场,首先要培养合同意识。推行建筑监督制度、实行招标投标制度等,都是以签订建设工程施工合同为基础的。因此,不建立建设工程施工合同管理制度,建筑市场的培育和发展将无从谈起。

4. 施工合同的订立

（1）订立施工合同应具备的条件

订立施工合同应具备的条件:

① 初步设计已经批准;

② 项目已列入年度建设计划;

③ 有能够满足施工需要的设计文件、技术资料;

④ 建设资金与主要设备来源已基本落实;

⑤ 招投标的工程中标通知书已下达。

（2）订立施工合同应遵守的原则

订立施工合同应遵守以下原则:

① 遵守国家法律、行政法规和国家计划的原则。订立施工合同,必须遵守国家法律、法规,也应遵守国家的固定资产投资计划和其他计划。具体合同订立时,不论是合同的内容、程序还是形式,都不得违法。除了须遵守国家法律、法规外,考虑到建设工程施工对经济发展、社会生活有多方面的影响,国家还对建设工程施工制定了许多强制性的管理规定,施工合同当事人订立合同时也都必须遵守。

② 平等、自愿、公平的原则。签订施工合同的双方当事人,具有平等的法律地位,任何一方都不得强迫对方接受不平等的合同条件,合同内容应当是双方当事人的真实意思表示。合同的内容应当是公平的,不能单纯损害一方的利益。对于显失公平的合同,当事人一方有权申请人民法院或者仲裁机构予以变更或者撤销。

③ 诚实信用原则。诚实信用原则要求合同的双方当事人订立施工合同时要诚实,不得有欺诈行为。在履行合同时,合同当事人要守信用,严格履行合同。

④ 等价有偿原则。等价有偿原则要求合同双方当事人在订立和履行合同时,应遵循社会主义市场经济的基本规律,等价有偿地进行交易。

⑤ 不损害社会公众利益和扰乱社会经济秩序原则。合同双方当事人在订立、履行合同时,不能扰乱社会经济秩序,不能损害社会公众利益。

（3）订立施工合同的程序

订立建设工程施工合同应该经过要约和承诺两个阶段。订立方式分为直接发包和招标发包。根据《招标投标法》中规定,中标通知书发出后 30 天内,中标单位应与发包人依据招标文件、投标书等签订建筑工程施工合同。签订合同的承包人必须是中标的施工企业,投标书中已确定的合同条款在签订时不许更改,合同价款应与中标价格相一致。如果中标施工企业拒绝与发包人签订合同,则发包人将不再返还其投标保证金,建设行政主管部门或者其授权机构还可给予一定的行政处罚。

5. 我国现行的建筑工程施工合同

根据有关工程建设的法律、法规,结合我国工程建设施工的实际情况,并借鉴了国际上广泛采用的 FIDIC 土木工程施工合同条件,国家建设部、国家工商行政管理局于 1999 年 12 月 24 日发布了《建设工程施工合同(示范文本)》(GF-1999-0201),并于 2013 年进行修订,制定了《建设工程施工合同(示范文本)》(GF-2013-0201),自 2013 年 7 月 1 日起执行,以下简称《施工合同文本》。该文本分为 3 个部分,可以简单地概括其内容为:"一书,二款,十一附件"。

"一书"是指"协议书",它是《施工合同文本》的总纲性文件。

"两款"是指"通用条款"和"专用条款",是合同的主要内容和主体部分。

"十一附件"是指协议书附件,承包人承揽工程项目一览表和专用合同条款 10 个附件。

(1) 协议书

协议书是《建设工程施工合同(示范文本)》中总纲性的文件。虽然其文字量并不大,但它规定了合同当事人双方最主要的权利和义务,规定了组成合同文件及合同当事人对履行合同义务的承诺,并且合同当事人在这份文件上签字盖章,因此具有很高的法律效力。协议书的内容包括:工程概况、合同工期、质量标准、签约合同价和合同价格形式、项目经理、合同文件构成、承诺及合同生效条件等重要内容。

(2) 合同的专用条款

考虑到建设工程的内容各不相同,通用条款不能完全适用于各个具体工程,因此配之以专用条款对其作必要的修改和补充,使通用条款和专用条款共同成为双方统一意愿的体现。专用条款的条款号与通用条款相一致,其相互关系可以总结归纳为以下几点:

① 通用条款、专用条款一起构成了决定合同各方权利与义务的条件。

② 尽管通用条款大部分适用,但有些通用条款必须综合考虑工程的具体情况和所在地区的实际情况给予必要的变动,这些变动需要在专用条款中进一步约定说明。

③ 通用条款和专用条款相互解释、相互补充来共同组成完整的合同条件。

(3) 合同的通用条款

合同的通用条款是根据《合同法》《建筑法》《建设工程施工合同管理办法》等法律、法规对承发包双方的权利和义务作出的规定,除双方协商一致对其中的某些条款作出了修改、补充或取消,双方都必须履行。它是将建设工程施工合同中共性的一些内容抽象出来编写的一份完整的合同文件。通用条款具有很强的通用性,适用于各类建设工程,在使用时不作任何改动。通用条款共有 20 个条文,分别是:① 一般约定;② 发包人;③ 承包人;④ 监理人;⑤ 工程质量;⑥ 安全文明施工与环境保护;⑦ 工期和进度;⑧ 材料与设备;⑨ 试验与检验;⑩ 变更;⑪ 价格调整;⑫ 合同价格、计量与支付;⑬ 验收和工程试车;⑭ 竣工结算;⑮ 缺陷责任与保修;⑯ 违约;⑰ 不可抗力;⑱ 保险;⑲ 索赔;⑳ 争议解决。

(4) 合同的附件

合同示范文本为投保人提供了协议书附件:承包人承揽工程项目一览表;专用合同条款附件:发包人供应材料设备一览表,工程质量保修书,主要建设工程文件目录,承包人用于本工程施工的机械设备表,承包人主要施工管理人员表,分包人主要施工管理人员表,履约担保格式,预付款担保格式,支付担保格式,暂估价一览表十一个附件。下面主要介绍前 3 个附件。

① 承包人承揽工程项目一览表(附件1),如表6.1所示。

表6.1 承包人承揽工程项目一览表

单位工程名称	建设规模	建筑面积(平方米)	结构	层数	跨度(米)	设备安装内容	工程造价(元)	开工日期	竣工日期

设立此表的目的是把承包范围锁定,与中标价格相一致,即承包合同价格限制在图纸所含的工程内容范围内,不能任意扩大。

② 发包人供应材料、设备一览表(附件2),如表6.2所示。

表6.2 发包人供应材料、设备一览表

序号	材料设备品种	规模型号	单位	数量	单价	质量等级	供应时间	送达地点	备注

填写表6.2时,建设单位应将需要自己供应的材料和设备列述清楚,有些工程,尤其是实行工程量清单计价的工程,在合同附件中也应给出暂定价格材料表。

③ 工程质量保修书(附件3)。

《建筑法》第62条规定:"建筑工程的保修范围应当包括地基基础工程、主体结构工程、屋面防水工程和其他土建工程,以及电气管线、上下水管线的安装工程,供热、供冷系统工程等项目;保修的期限应当按照保证建筑物合理寿命年限内正常使用,维护使用者合法权益的原则确定。具体的保修范围和最低保修期限由国务院规定。"

《建设工程质量管理条例》规定:建设工程承包单位在向建设单位提交工程竣工验收报告时,应当向建设单位出具质量保修书。质量保修书中应当明确建设工程的保修范围、保修期限和保修责任等。在正常使用条件下,建设工程的最低保修期限为:

(a) 基础设施工程、房屋建筑的地基基础工程和主体结构工程,为设计文件规定的该工程的合理使用年限;

(b) 屋面防水工程、有防水要求的卫生间、房间和外墙面的防渗漏,为5年;

(c) 供热与供冷系统,为2个采暖期、供冷期;

(d) 电气管线、给排水管道、设备安装和装修工程,为2年。

其他项目的保修期限由发包方与承包方约定。

建设工程的保修期,自竣工验收合格之日起计算。

以下是附件 3 具体内容：

房屋建筑工程质量保修书

发包人(全称)：＿＿＿＿＿＿＿＿＿＿＿＿＿＿＿＿＿

承包人(全称)：＿＿＿＿＿＿＿＿＿＿＿＿＿＿＿＿＿

发包人和承包人根据《中华人民共和国建筑法》和《建设工程质量管理条例》，经协商一致就(工程全称)签订工程质量保修书。

一、工程质量保修范围和内容

承包人在质量保修期内，按照有关法律规定和合同约定，承担工程质量保修责任。

质量保修范围包括地基基础工程、主体结构工程，屋面防水工程、有防水要求的卫生间、房间和外墙面的防渗漏，供热与供冷系统，电气管线、给排水管道、设备安装和装修工程，以及双方约定的其他项目。具体保修的内容，双方约定如下：

＿＿。

二、质量保修期

根据《建设工程质量管理条例》及有关规定，工程的质量保修期如下：

1. 地基基础工程和主体结构工程为设计文件规定的工程合理使用年限；

2. 屋面防水工程、有防水要求的卫生间、房间和外墙面的防渗为＿＿＿＿＿＿年；

3. 装修工程为＿＿＿＿＿＿年；

4. 电气管线、给排水管道、设备安装工程为＿＿＿＿＿＿年；

5. 供热与供冷系统为＿＿＿＿＿＿个采暖期、供冷期；

6. 住宅小区内的给排水设施、道路等配套工程为＿＿＿＿＿＿年；

7. 其他项目保修期限约定如下：

＿＿。

质量保修期自工程竣工验收合格之日起计算。

三、缺陷责任期

工程缺陷责任期为 个月，缺陷责任期自工程竣工验收合格之日起计算。单位工程先于全部工程进行验收，单位工程缺陷责任期自单位工程验收合格之日起算。

缺陷责任期终止后，发包人应退还剩余的质量保证金。

四、质量保修责任

1. 属于保修范围、内容的项目，承包人应当在接到保修通知之日起 7 天内派人保修。承包人不在约定期限内派人保修的，发包人可以委托他人修理。

2. 发生紧急事故需抢修的，承包人在接到事故通知后，应当立即到达事故现场抢修。

3. 对于涉及结构安全的质量问题，应当按照《建设工程质量管理条例》的规定，立即向当地建设行政主管部门和有关部门报告，采取安全防范措施，并由原设计人或者具有相应资质等级的设计人提出保修方案，承包人实施保修。

4. 质量保修完成后，由发包人组织验收。

五、保修费用

保修费用由造成质量缺陷的责任方承担。

六、双方约定的其他工程质量保修事项：

＿＿。

本工程质量保修书，由发包人、承包人在工程竣工验收前共同签署，作为施工合同附件，其有效期限至保修期满。

发包人(公章)：＿＿＿＿＿＿＿　　　　　　　承包人(公章)：＿＿＿＿＿＿＿

地　址：＿＿＿＿＿＿＿　　　　　　　　　　　地　址：＿＿＿＿＿＿＿

法定代表人(签字)：＿＿＿＿＿＿　　　　　法定代表人(签字)：＿＿＿＿＿＿

委托代理人(签字)：＿＿＿＿＿＿　　　　　委托代理人(签字)：＿＿＿＿＿＿

电　话：＿＿＿＿＿＿＿　　　　　　　　　电　话：＿＿＿＿＿＿＿

传　真：＿＿＿＿＿＿＿　　　　　　　　　传　真：＿＿＿＿＿＿＿

开户银行：＿＿＿＿＿＿＿　　　　　　　　开户银行：＿＿＿＿＿＿＿

账　号：＿＿＿＿＿＿＿　　　　　　　　　账　号：＿＿＿＿＿＿＿

邮政编码：＿＿＿＿＿＿＿　　　　　　　　邮政编码：＿＿＿＿＿＿＿

6. 施工合同文件的组成及解释顺序

《建设工程施工合同(示范文本)》第1部分规定了建设工程施工合同文件的组成及解释顺序。组成建设工程施工合同的文件包括以下内容：

　　① 合同协议书；

　　② 中标通知书(如果有)；

　　③ 投标函及其附录(如果有)；

　　④ 专用合同条款及其附件；

　　⑤ 本合同通用条款；

　　⑥ 技术标准和要求；

　　⑦ 图纸；

　　⑧ 已标价工程量清单或预算书；

　　⑨ 其他合同文件。

合同履行中,发包人与承包人有关工程的洽商、变更等书面协议或文件视为本合同的组成部分。上述合同文件应能够相互解释、相互说明。当合同文件中出现不一致时,上面的顺序就是合同的优先解释顺序。在不违反法律和行政法规的前提下,当事人可以通过协商变更施工合同的内容。这些变更的协议或文件,效力高于其他合同文件;且签署在后的协议或文件效力高于签署在先的协议或文件。

知识梳理

施工合同 {
　施工合同的特点 {
　　合同标的特殊性
　　合同内容繁杂
　　合同履行期限长
　　合同监督严格
　}
　施工合同的订立 {
　　订立的原则
　　订立具备的条件
　　订立的程序
　}
　施工合同的内容:"一书,两款,十一附件"
　施工合同文件的组成及解释顺序
}

6.2　施工合同当事人及其他相关方

6.2.1　发包人

6.2.1.1　发包人及发包人代表

发包人是指与承包人签订合同协议书的当事人及取得该当事人资格的合法继承人。

发包人应在专用合同条款中明确其派驻施工现场的发包人代表的姓名、职务、联系方式及授权范围等事项。发包人代表在发包人的授权范围内,负责处理合同履行过程中与发包人有关的具体事宜。发包人代表在授权范围内的行为由发包人承担法律责任。发包人更换发包人代表的,应提前 7 天书面通知承包人。

发包人代表不能按照合同约定履行其职责及义务,并导致合同无法继续正常履行的,承包人可以要求发包人撤换发包人代表。

不属于法定必须监理的工程,监理人的职权可以由发包人代表或发包人指定的其他人员行使。

6.2.1.2　发包人的一般义务

1. 许可或批准

发包人应遵守法律,并办理法律规定由其办理的许可、批准或备案,包括但不限于建设用地规划许可证、建设工程规划许可证、建设工程施工许可证、施工所需临时用水、临时用电、中断道路交通、临时占用土地等许可和批准。发包人应协助承包人办理法律规定的有关施工证件和批件。

因发包人原因未能及时办理完毕前述许可、批准或备案,由发包人承担由此增加的费用和(或)延误的工期,并支付承包人合理的利润。

2. 施工现场、施工条件和基础资料的提供

除专用合同条款另有约定外,发包人应最迟于开工日期 7 天前向承包人移交施工现场。

发包人应负责提供施工所需要的条件,包括:

① 将施工用水、电力、通讯线路等施工所必需的条件接至施工现场内;

② 保证向承包人提供正常施工所需要的进入施工现场的交通条件;

③ 协调处理施工现场周围地下管线和邻近建筑物、构筑物、古树名木的保护工作,并承担相关费用;

④ 按照专用合同条款约定应提供的其他设施和条件。

发包人应当在移交施工现场前向承包人提供施工现场及工程施工所必需的毗邻区域内

供水、排水、供电、供气、供热、通信、广播电视等地下管线资料,气象和水文观测资料,地质勘察资料,相邻建筑物、构筑物和地下工程等有关基础资料,并对所提供资料的真实性、准确性和完整性负责。

按照法律规定确需在开工后方能提供的基础资料,发包人应尽其努力及时地在相应工程施工前的合理期限内提供,合理期限应以不影响承包人的正常施工为限。

因发包人原因未能按合同约定及时向承包人提供施工现场、施工条件、基础资料的,由发包人承担由此增加的费用和(或)延误的工期。

3. 资金来源证明及支付担保

除专用合同条款另有约定外,发包人应在收到承包人要求提供资金来源证明的书面通知后 28 天内,向承包人提供能够按照合同约定支付合同价款的相应资金来源证明。

除专用合同条款另有约定外,发包人要求承包人提供履约担保的,发包人应当向承包人提供支付担保。支付担保可以采用银行保函或担保公司担保等形式,具体由合同当事人在专用合同条款中约定。

4. 支付合同价款

发包人应按合同约定向承包人及时支付合同价款。

5. 组织竣工验收

发包人应按合同约定及时组织竣工验收。

6. 现场统一管理协议

发包人应与承包人、由发包人直接发包的专业工程的承包人签订施工现场统一管理协议,明确各方的权利义务。施工现场统一管理协议作为专用合同条款的附件。

6.2.2 承包人

6.2.2.1 承包人及项目经理

承包人是指与发包人签订合同协议书的,具有相应工程施工承包资质的当事人及取得该当事人资格的合法继承人。

项目经理应为合同当事人所确认的人选,并在专用合同条款中明确项目经理的姓名、职称、注册执业证书编号、联系方式及授权范围等事项,项目经理经承包人授权后代表承包人负责履行合同。

项目经理应常驻施工现场,且每月在施工现场时间不得少于专用合同条款约定的天数。项目经理不得同时担任其他项目的项目经理。项目经理确需离开施工现场时,应事先通知监理人,并取得发包人的书面同意。项目经理的通知中应当载明临时代行其职责的人员的注册执业资格、管理经验等资料,该人员应具备履行相应职责的能力。

承包人违反上述约定的,应按照专用合同条款的约定,承担违约责任。

项目经理按合同约定组织工程实施。在紧急情况下为确保施工安全和人员安全,在无法与发包人代表和总监理工程师及时取得联系时,项目经理有权采取必要的措施保证与工程有关的人身、财产和工程的安全,但应在 48 小时内向发包人代表和总监理工程师提交书面报告。

承包人需要更换项目经理的,应提前14天书面通知发包人和监理人,并征得发包人书面同意。通知中应当载明继任项目经理的注册执业资格、管理经验等资料,继任项目经理继续履行约定的职责。未经发包人书面同意,承包人不得擅自更换项目经理。承包人擅自更换项目经理的,应按照专用合同条款的约定承担违约责任。

发包人有权书面通知承包人更换其认为不称职的项目经理,通知中应当载明要求更换的理由。承包人应在接到更换通知后14天内向发包人提出书面的改进报告。发包人收到改进报告后仍要求更换的,承包人应在接到第二次更换通知的28天内进行更换,并将新任命的项目经理的注册执业资格、管理经验等资料书面通知发包人。

6.2.2.2 承包人的一般义务

承包人在履行合同过程中应遵守法律和工程建设标准规范,并履行以下义务:

① 办理法律规定应由承包人办理的许可和批准,并将办理结果书面报送发包人留存。

② 按法律规定和合同约定完成工程,并在保修期内承担保修义务。

③ 按法律规定和合同约定采取施工安全和环境保护措施,办理工伤保险,确保工程及人员、材料、设备和设施的安全。

④ 按合同约定的工作内容和施工进度要求,编制施工组织设计和施工措施计划,并对所有施工作业和施工方法的完备性和安全可靠性负责。

⑤ 在进行合同约定的各项工作时,不得侵害发包人与他人使用公用道路、水源、市政管网等公共设施的权利,避免对邻近的公共设施产生干扰。承包人占用或使用他人的施工场地,影响他人作业或生活的,应承担相应责任。

⑥ 按照环境保护约定负责施工场地及其周边环境与生态的保护工作。

⑦ 按安全文明施工约定采取施工安全措施,确保工程及其人员、材料、设备和设施的安全,防止因工程施工造成的人身伤害和财产损失。

⑧ 将发包人按合同约定支付的各项价款专用于合同工程,且应及时支付其雇用人员工资,并及时向分包人支付合同价款。

⑨ 按照法律规定和合同约定编制竣工资料,完成竣工资料立卷及归档,并按专用合同条款约定的竣工资料的套数、内容、时间等要求移交发包人。

⑩ 应履行的其他义务。

6.2.3 监理人

监理人是指在专用合同条款中指明的,受发包人委托按照法律规定进行工程监督管理的法人或其他组织。

1. 监理人的一般规定

工程实行监理的,发包人和承包人应在专用合同条款中明确监理人的监理内容及监理权限等事项。监理人应当根据发包人授权及法律规定,代表发包人对工程施工相关事项进行检查、查验、审核、验收,并签发相关指示,但监理人无权修改合同,且无权减轻或免除合同约定的承包人的任何责任与义务。

除专用合同条款另有约定外,监理人在施工现场的办公场所、生活场所由承包人提供,所发生的费用由发包人承担。

2. 监理人员

发包人授予监理人对工程实施监理的权利由监理人派驻施工现场的监理人员行使,监理人员包括总监理工程师及监理工程师。监理人应将授权的总监理工程师和监理工程师的姓名及授权范围以书面形式提前通知承包人。更换总监理工程师的,监理人应提前7天以书面形式通知承包人;更换其他监理人员,监理人应提前48小时以书面形式通知承包人。

3. 监理人的指示

监理人应按照发包人的授权发出监理指示。监理人的指示应采用书面形式,并经其授权的监理人员签字。紧急情况下,为了保证施工人员的安全或避免工程受损,监理人员可以口头形式发出指示,该指示与书面形式的指示具有同等法律效力,但必须在发出口头指示后24小时内补发书面监理指示,补发的书面监理指示应与口头指示一致。

监理人发出的指示应送达承包人项目经理或经项目经理授权接收的人员。因监理人未能按合同约定发出指示、指示延误或发出了错误指示而导致承包人费用增加和(或)工期延误的,由发包人承担相应责任。除专用合同条款另有约定外,总监理工程师不应将商定或确定约定应由总监理工程师作出确定的权力授权或委托给其他监理人员。

承包人对监理人发出的指示有疑问的,应向监理人提出书面异议,监理人应在48小时内对该指示予以确认、更改或撤销,监理人逾期未回复的,承包人有权拒绝执行上述指示。

监理人对承包人的任何工作、工程或其采用的材料和工程设备未在约定的或合理期限内提出意见的,视为批准,但不免除或减轻承包人对该工作、工程、材料、工程设备等应承担的责任和义务。

4. 商定或确定

合同当事人进行商定或确定时,总监理工程师应当会同合同当事人尽量通过协商达成一致,不能达成一致的,由总监理工程师按照合同约定审慎作出公正的确定。

总监理工程师应将确定以书面形式通知发包人和承包人,并附详细依据。合同当事人对总监理工程师的确定没有异议的,按照总监理工程师的确定执行。任何一方合同当事人有异议,按照争议解决约定处理。争议解决前,合同当事人暂按总监理工程师的确定执行;争议解决后,争议解决的结果与总监理工程师的确定不一致的,按照争议解决的结果执行,由此造成的损失由责任人承担。

【引例 6.1 小结】

① 按照合同文件的解释顺序,协议条款与招标文件在内容上有矛盾时,应以协议条款为准。故监理工期目标应为 581 天。

② 在基槽开挖土方后,在四周设置围栏,按合同文件规定是施工单位的责任,未设围栏而发生人员摔伤事故,所发生的医疗费用应由施工单位支付。

③ 夜间施工经业主同意,并办理了有关手续,根据合同专用条款规定,应由业主承担有关费用。

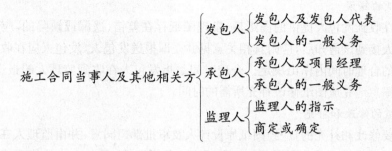

6.3　施工合同的质量控制

【引例 6.2】

2007 年 5 月,发包方与承包方签订了一份工程建设合同。合同规定:由承包方承建该发包方的供水管线工程。合同对工期、质量、验收、拨款结算等都作了详细规定。2008 年 6 月,供水管线工程进行隐蔽之前,承包方通知该发包方派人来进行检查。然而,发包方由于种种原因迟迟未派人到施工现场进行检查。由于未经检查,承包方只得暂时停工,并顺延工期十余天,该承包方为此损失 5 万元。工程逾期完工后,发包方拒绝承担承包方因停工所受的损失,反而以承包方逾期完工应承担责任为由,上诉至法院。

你认为发包方能胜诉吗?

6.3.1　标准、规范和图纸

1. 合同适用的标准和规范

适用于工程的国家标准、行业标准、工程所在地的地方性标准,以及相应的规范、规程等,合同当事人有特别要求的,应在专用合同条款中约定。

发包人要求使用国外标准、规范的,发包人负责提供原文版本和中文译本,并在专用合同条款中约定提供标准规范的名称、份数和时间。

发包人对工程的技术标准、功能要求高于或严于现行国家、行业或地方标准的,应当在专用合同条款中予以明确。除专用合同条款另有约定外,应视为承包人在签订合同前已充分预见前述技术标准和功能要求的复杂程度,签约合同价中已包含由此产生的费用。

2. 图纸和承包人文件

(1) 图纸的提供和交底

发包人应按照专用合同条款约定的期限、数量和内容向承包人免费提供图纸,并组织承包人、监理人和设计人进行图纸会审和设计交底。发包人至迟不得晚于开工通知载明的开工日期前14天向承包人提供图纸。

因发包人未按合同约定提供图纸导致承包人费用增加和(或)工期延误的,按照因发包人原因导致工期延误约定办理。

(2)图纸的错误

承包人在收到发包人提供的图纸后,发现图纸存在差错、遗漏或缺陷的,应及时通知监理人。监理人接到该通知后,应附具相关意见并立即报送发包人,发包人应在收到监理人报送的通知后的合理时间内作出决定。合理时间是指发包人在收到监理人的报送通知后,尽其努力且不懈怠地完成图纸修改补充所需的时间。

(3)图纸的修改和补充

图纸需要修改和补充的,应经图纸原设计人及审批部门同意,并由监理人在工程或工程相应部位施工前将修改后的图纸或补充图纸提交给承包人,承包人应按修改或补充后的图纸施工。

(4)承包人文件

承包人应按照专用合同条款的约定提供应当由其编制的与工程施工有关的文件,并按照专用合同条款约定的期限、数量和形式提交监理人,并由监理人报送发包人。

除专用合同条款另有约定外,监理人应在收到承包人文件后7天内审查完毕,监理人对承包人文件有异议的,承包人应予以修改,并重新报送监理人。监理人的审查并不减轻或免除承包人根据合同约定应当承担的责任。

(5)图纸和承包人文件的保管

除专用合同条款另有约定外,承包人应在施工现场另外保存一套完整的图纸和承包人文件,供发包人、监理人及有关人员进行工程检查时使用。

(6)保密

除法律规定或合同另有约定外,未经发包人同意,承包人不得将发包人提供的图纸、文件以及声明需要保密的资料信息等商业秘密泄露给第三方。

除法律规定或合同另有约定外,未经承包人同意,发包人不得将承包人提供的技术秘密及声明需要保密的资料信息等商业秘密泄露给第三方。

6.3.2　材料、设备供应的质量控制

为了保证工程项目达到投资建设的预期目的,确保工程质量至关重要。对工程质量进行严格控制,应从使用的材料质量控制开始。

1. 材料、设备的质量及其他要求

(1)材料、设备的生产和设备供应单位应具备法定条件

建筑材料、构配件生产及设备供应单位必须具备相应的生产条件、技术装备和质量保证体系,具备必要的检测人员和设备,把好产品看样、订货、储存、运输和核验的质量关。

(2)材料、设备质量应符合要求

① 符合国家或者行业现行有关技术标准规定的合格标准和设计要求。

② 符合在建筑材料、构配件及设备或其包装上注明采用的标准,符合以建筑材料、构配件及设备说明、实物样品等方式表明的质量状况。

③ 材料、设备或者其包装上的标识应符合要求。

2. 材料、设备的到货验收和保管

工程项目使用的建筑材料和设备按照专用条款约定采购供应责任,可以由承包人负责,也可以由发包人提供全部或部分材料和设备。

(1) 发包人供应的材料、设备

对于由发包人供应的材料、设备,双方应在签订合同时在专用合同条款的附件《发包人供应材料设备一览表》中明确材料、设备种类、规格、型号、数量、单价、质量等级、提供的时间和地点。承包人应提前 30 天通过监理人以书面形式通知发包人供应材料与工程设备进场。

发包人应按照一览表的约定按时、按质、按量将采购的材料和设备抵运施工现场;并在其所供应的材料、设备到货前 24 小时,以书面形式通知承包人、监理人,由承包人派人与发包人共同验收。发包人应当向承包人提供其供应材料、设备的产品合格证明,并对这些材料、设备的质量负责。

发包人供应的材料、设备经双方共同验收后由承包人妥善保管,发包人支付相应的保管费用。因承包人的原因发生损坏丢失,由承包人负责赔偿。发包人不按规定通知承包人验收而发生的损坏,由发包人负责。

(2) 承包人采购的材料、设备

承包人负责采购设备的,应按照合同专用条款约定及设计要求和有关标准采购,并提供产品合格证明,对材料、设备质量负责。承包人在材料、设备到货前 24 小时应通知监理人共同进行到货清点。

2. 材料、设备与约定不符时的处理

(1) 发包人供应的材料、设备与约定不符时的处理

发包人供应的材料、设备与约定不符时,应当由发包人承担相关责任。视具体情况不同,按照以下原则处理:

① 材料、设备单价与合同约定不符时,由发包人承担所有差价。

② 材料、设备种类、规格、型号、数量、质量等级与合同约定不符时,承包人可以拒绝接收保管,由发包人运出施工场地并重新采购。

③ 发包人供应材料的规格、型号与合同约定不符时,承包人可以代为调剂串换,发包人承担相应的费用。

④ 到货地点与合同约定不符时,发包人负责运至合同约定的地点。

⑤ 供应数量少于合同约定的数量时,发包人将数量补齐;多于合同约定的数量时,发包人负责将多出部分运出施工场地。

⑥ 到货时间早于合同约定时间,发包人承担因此发生的保管费用;到货时间迟于合同约定的供应时间,由发包人承担相应的追加合同价款。发生延误,相应顺延工期,发包人赔偿由此给承包人造成的损失。

(2) 承包人采购的材料、设备与约定不符时的处理

承包人采购的材料、设备与约定不符时的处理原则:

① 承包人采购的材料、设备与设计或标准要求不符时,承包人应在监理人要求的时间内运出施工现场,重新采购符合要求的产品,承担由此发生的费用,延误的工期不予顺延。

② 监理人发现承包人使用的材料、设备不符合设计或者标准要求时,应要求承包方负

责修复、拆除或者重新采购,并承担发生的费用,由此延误的工期不予顺延。

③ 承包人需要使用代用材料时,须经监理人认可后方可使用,由此增减的合同价款由双方以书面形式议定。

3. 材料、设备使用前的检验

发包人供应的材料、设备进入施工现场后需要在使用前检验或者试验的,由承包人负责试验,费用由发包人承担。按照合同对质量责任的约定,此次检查试验通过后,仍不能解除发包人供应材料设备存在的质量缺陷责任。即在承包人检验通过之后,如果又发现材料设备有质量问题的,发包人仍应承担重新采购及拆除重建的追加合同价款,并相应顺延由此延误的工期。

承包人采购的材料设备在使用前,承包人应按监理人的要求进行检验或试验,不合格的不得使用,检验或试验费用由承包人承担。

由承包人采购的材料设备,发包人不得指定生产厂家或供应商。

6.3.3　工程验收的质量控制

工程验收是一项以确认工程是否符合施工合同规定为目的的行为,是质量控制过程中最重要的环节。

6.3.3.1　工程质量标准

1. 工程质量标准的要求

工程质量应当达成协议书约定的质量标准,质量标准必须符合现行国家有关工程施工质量验收规范质量检验和标准的要求。发包人对部分或者全部工程质量有特殊要求的,应支付由此增加的追加合同价款,对工期有影响的应给予相应顺延。

2. 不符合质量标准的处理

监理人在施工过程中应采用巡视、旁站、平行检验等方式监督检查承包人的施工工艺和产品质量,对建筑产品的生产过程进行严格控制。

达不到约定标准的工程部分,监理人一经发现,可要求承包人返工,承包人应当按照监理人的要求返工,直到符合约定标准。

① 因承包人的原因达不到约定标准的,由承包人承担返工费用,工期不予顺延;

② 因发包人的原因达不到约定标准的,由发包人承担返工的追加合同价款并支付承包人合理的利润,工期相应顺延。

如果双方对工程质量有争议,由专用条款约定的工程质量监督部门鉴定,所需费用及因此造成的损失,由责任方承担。双方均有责任的,由双方根据其责任分别承担。

3. 使用专利技术及特殊工艺施工

如果发包人要求承包人使用专利技术或特殊工艺施工,应负责办理相应的申报手续,承担申报、试验、使用等费用。若承包人提出使用专利技术或特殊工艺施工,应首先取得监理人认可,然后由承包人负责办理申报手续并承担相关费用。不论哪一方要求使用他人的专利技术,一旦发生擅自使用侵犯他人专利权的情况,由责任者依法承担相应责任。

6.3.3.2　施工过程中的检查返工

承包人应认真按照标准、规范和设计要求以及监理人依据合同发出的指令施工,随时接受监理人及其委派人员的检查检验,并为检查检验提供便利条件。工程质量达不到约定标准的部分,监理人一经发现,可要求承包人拆除和重新施工,承包人应按监理人及其委派人员的要求拆除和重新施工,承担由于自身原因导致拆除和重新施工的费用,工期不予顺延。经过监理人检查检验合格后,又发现因承包人原因出现的质量问题,仍由承包人承担责任,赔偿发包人的直接损失,工期不予顺延。

监理人的检查检验原则上不应影响施工正常进行。如果实际影响了施工的正常进行,其后果责任由检查结果的质量是否合格来区分合同责任。检查检验合格时,影响正常施工的费用由发包人承担,相应顺延工期。

6.3.3.3　隐蔽工程和中间验收

由于隐蔽工程在施工中一旦完成隐蔽,很难再对其进行质量检查,因此必须在隐蔽前进行检查验收。对于中间验收,合同双方应在专用条款中约定需要进行中间验收的单项工程和部位的名称、验收的时间和要求,以及发包人应提供的便利条件。

工程具体隐蔽条件和达到专用条款约定的中间验收部位,承包人进行自检,并在隐蔽和中间验收前 48 小时以书面形式通知监理人验收。通知包括隐蔽和中间验收内容、验收时间和地点,并应附有自检记录和必要的检查资料。验收合格,监理人在验收记录上签字后,承包人可进行隐蔽和继续施工;验收不合格,承包人在监理人限定的时间内修改后重新验收。

工程质量符合标准、规范和设计图纸等的要求,验收 24 小时后,监理人不在验收记录上签字,视为监理人已经批准,承包人可进行隐蔽或者继续施工。

6.3.3.4　重新验收

监理人不能按时参加验收,须在开始验收前 24 小时向承包人提出书面延期要求,延期不得超过 48 小时。监理人未能按以上时间提出延期要求,不参加验收,承包人可自行组织验收,监理人应承认验收记录。

无论监理人是否参加验收,发包人或监理人提出对已经隐蔽的工程重新检验的要求时,承包人应按要求进行剥露或开孔,并在检验后重新覆盖或者修复。检验合格,发包人承担由此发生的全部追加合同价款,赔偿承包人损失,并相应顺延工期;检验不合格,承包人承担发生的全部费用,工期不予顺延。

6.3.3.5　试车

1. 试车的组织
对于设备安装工程,应当组织试车。试车内容应与承包人承包的安装范围相一致。

（1）单机无负荷试车

设备安装工程具备单机无负荷试车条件，由承包人组织试车。只有单机试运转达到规定要求时，才能进行联试。承包人应在试车前48小时书面通知监理人，通知包括试车内容、时间、地点。承包人准备试车记录，发包人根据承包人要求为试车提供必要条件。试车通过，监理人在试车记录上签字。监理人在试车合格后不在试车记录上签字，自试车结束满24小时后视为监理人已经认可试车记录，承包人可继续施工或办理竣工验收手续。

（2）联动无负荷试车

设备安装工程具备无负荷联动试车条件，由发包人组织试车，并在试车前48小时书面通知承包人。通知内容包括试车内容、时间、地点和对承包人的要求，承包人按要求做好准备工作和试车记录。试车通过，双方在试车记录上签字。承包人无正当理由不参加试车的，视为认可试车记录。

（3）投料试车

投料试车，应当在工程竣工验收后由发包人全部负责。如果发包人要求承包人配合或在工程竣工验收前进行，应当征得承包人同意，并在专用合同条款中约定有关事项。

2. 试车的双方责任

试车的双方责任归属如下：

① 由于设计原因试车达不到验收要求时，发包人应要求设计单位修改设计，承包人按修改后的设计重新安装。发包人承担修改设计、拆除及重新安装全部费用和追加合同价款，工期相应顺延。

② 由于设备制造原因试车达不到验收要求时，由该设备采购一方负责重新购置和修理，承包人负责拆除和重新安装。设备由承包人采购，由承包人承担修理或重新购置、拆除及重新安装的费用，工期不予顺延；设备由发包人采购的，发包人承担上述各项追加合同价款，工期相应顺延。

③ 由于承包人施工原因试车达不到验收要求时，承包人按监理人要求重新安装和试车，承担重新安装和试车的费用，工期不予顺延。

④ 试车费用除已包括在合同价款之内或者专用条款另有约定之外，均由发包人承担。

⑤ 监理人未在规定时间内提出修改意见，或试车合格而不在试车记录上签字时，试车结束24小时后，记录自行生效，承包人可继续施工或办理竣工手续。

3. 监理人要求延期试车

监理人不能按时参加试车，须在开始试车前24小时向承包人提出书面延期要求，延期不能超过48小时。监理人未能按以上时间提出延期要求，又不参加试车，承包人可自行组织试车，发包人应当承认试车记录。

6.3.3.6 竣工验收

1. 竣工验收应满足的条件

工程具备以下条件的，承包人可以申请竣工验收：

① 除发包人同意的甩项工作和缺陷修补工作外，合同范围内的全部工程以及有关工作，包括合同要求的试验、试运行以及检验均已完成，并符合合同要求。

② 已按合同约定编制了甩项工作和缺陷修补工作清单以及相应的施工计划。

③ 已按合同约定的内容和份数备齐竣工资料。

2. 竣工验收程序

除专用合同条款另有约定外,承包人申请竣工验收的,应当按照以下程序进行:

① 承包人向监理人报送竣工验收申请报告,监理人应在收到竣工验收申请报告后 14 天内完成审查并报送发包人。监理人审查后认为尚不具备验收条件的,应通知承包人在竣工验收前承包人还需完成的工作内容,承包人应在完成监理人通知的全部工作内容后,再次提交竣工验收申请报告。

② 监理人审查后认为已具备竣工验收条件的,应将竣工验收申请报告提交发包人,发包人应在收到经监理人审核的竣工验收申请报告后 28 天内审批完毕并组织监理人、承包人、设计人等相关单位完成竣工验收。

③ 竣工验收合格的,发包人应在验收合格后 14 天内向承包人签发工程接收证书。发包人无正当理由逾期不颁发工程接收证书的,自验收合格后第 15 天起视为已颁发工程接收证书。

④ 竣工验收不合格的,监理人应按照验收意见发出指示,要求承包人对不合格工程返工、修复或采取其他补救措施,由此增加的费用和(或)延误的工期由承包人承担。承包人在完成不合格工程的返工、修复或采取其他补救措施后,应重新提交竣工验收申请报告,并按本项约定的程序重新进行验收。

⑤ 工程未经验收或验收不合格,发包人擅自使用的,应在转移占有工程后 7 天内向承包人颁发工程接收证书;发包人无正当理由逾期不颁发工程接收证书的,自转移占有后第 15 天起视为已颁发工程接收证书。

除专用合同条款另有约定外,发包人不按照约定组织竣工验收、颁发工程接收证书的,每逾期一天,应以签约合同价为基数,按照中国人民银行发布的同期同类贷款基准利率支付违约金。

3. 拒绝接收全部或部分工程

对于竣工验收不合格的工程,承包人完成整改后,应当重新进行竣工验收,经重新组织验收仍不合格的且无法采取措施补救的,则发包人可以拒绝接收不合格工程,因不合格工程导致其他工程不能正常使用的,承包人应采取措施确保相关工程的正常使用,由此增加的费用和(或)延误的工期由承包人承担。

4. 移交、接收全部与部分工程

除专用合同条款另有约定外,合同当事人应当在颁发工程接收证书后 7 天内完成工程的移交。

发包人无正当理由不接收工程的,发包人自应当接收工程之日起,承担工程照管、成品保护、保管等与工程有关的各项费用,合同当事人可以在专用合同条款中另行约定发包人逾期接收工程的违约责任。

承包人无正当理由不移交工程的,承包人应承担工程照管、成品保护、保管等与工程有关的各项费用,合同当事人可以在专用合同条款中另行约定承包人无正当理由不移交工程的违约责任。

【引例 6.2 小结】

　　发包方不能胜诉。根据《合同法》第 278 条规定："隐蔽工程在隐蔽以前,承包人应当通知发包人检查。发包人没有及时检查的,承包人可以顺延工程日期,并有权要求赔偿停工、窝工等损失。"本案的关键在于承包人是在供水管线工程隐蔽之前通知发包人前来检查的,而发包人却迟迟不去检查,致使承包人被迫停工十余天,造成经济损失 5 万元。

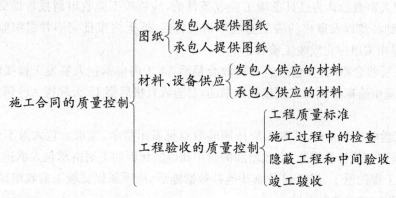

施工合同的质量控制
- 图纸
  - 发包人提供图纸
  - 承包人提供图纸
- 材料、设备供应
  - 发包人供应的材料
  - 承包人供应的材料
- 工程验收的质量控制
  - 工程质量标准
  - 施工过程中的检查
  - 隐蔽工程和中间验收
  - 竣工验收

6.4　建设工程施工合同的进度控制

【引例 6.3】

　　某工程的施工任务于 2008 年 7 月 1 日全部结束,承包人于 2008 年 7 月 15 日向发包人申请竣工验收,发包人于 2008 年 7 月 20 日组织验收,验收过程中提出修改意见,要求承包人修改,承包人修改后,于 2008 年 8 月 15 日再次提请发包人验收,发包人于 2008 年 8 月 20 日再次组织验收并顺利通过,各方在竣工验收报告上签字,并送交发包人手中。

　　你认为该工程的实际竣工日期应该为哪一天?

　　进度控制是进行施工合同管理的重要组成部分。合同当事人双方应当在合同约定的工期内完成施工任务,发包人应当按时做好准备工作,承包人应当按照经监理人认可的施工进度计划组织施工。为此,监理人应当落实进度控制部门的人员、具体的控制任务和管理职能分工;承包人也应当落实具体的进度控制人员,并且编制合理的施工进度计划并控制其执行,即在工程进展全过程中,进行计划进度与实际进度的比较,对于出现的偏差及时采取措施。

　　施工合同的进度控制可以分为施工准备阶段、施工阶段和竣工验收阶段的进度控制。

6.4.1　施工准备阶段的进度控制

　　施工准备阶段的很多工作都对施工的开始和进度产生直接的影响,包括双方对合同工期的约定、承包人提交进度计划、设计图纸的提供、材料设备的采购、延期开工的处理等。

1. 合同双方约定的合同工期

施工合同工期是指施工工程从开工起到完成施工合同专用条款双方约定的全部内容，工程达到竣工验收标准所经历的时间。合同工期是施工合同的重要内容之一，故建筑工程施工合同文本要求双方在协议书中作出明确约定。约定的内容包括开工日期、竣工日期和合同工期的总日历天数。合同工期是按总日历天数计算的，包括法定节假日在内的承包天数。合同当事人应当在开工日期前做好一切开工的准备工作，承包方则应按约定的开工日期开工。

2. 施工组织设计和施工进度计划

除专用合同条款另有约定外，承包人应在合同签订后 14 天内，但至迟不得晚于开工通知载明的开工日期前 7 天，向监理人提交详细的施工组织设计，并由监理人报送发包人。除专用合同条款另有约定外，发包人和监理人应在监理人收到施工组织设计后 7 天内确认或提出修改意见。对发包人和监理人提出的合理意见和要求，承包人应自费修改完善。根据工程实际情况需要修改施工组织设计的，承包人应向发包人和监理人提交修改后的施工组织设计。

承包人应按照施工组织设计约定提交详细的施工进度计划，施工进度计划的编制应当符合国家法律规定和一般工程实践惯例，施工进度计划经发包人批准后实施。施工进度计划是控制工程进度的依据，发包人和监理人有权按照施工进度计划检查工程进度情况。

施工进度计划不符合合同要求或与工程的实际进度不一致的，承包人应向监理人提交修订的施工进度计划，并附具有关措施和相关资料，由监理人报送发包人。除专用合同条款另有约定外，发包人和监理人应在收到修订的施工进度计划后 7 天内完成审核和批准或提出修改意见。发包人和监理人对承包人提交的施工进度计划的确认，不能减轻或免除承包人根据法律规定和合同约定应承担的任何责任或义务。

3. 开工准备

除专用合同条款另有约定外，承包人应按照施工组织设计约定的期限，向监理人提交工程开工报审表，经监理人报发包人批准后执行。开工报审表应详细说明按施工进度计划正常施工所需的施工道路、临时设施、材料、工程设备、施工设备、施工人员等落实情况以及工程的进度安排。

除专用合同条款另有约定外，发包人应在至迟不得晚于开工通知载明的开工日期前 7 天通过监理人向承包人提供测量基准点、基准线和水准点及其书面资料。发包人应对其提供的测量基准点、基准线和水准点及其书面资料的真实性、准确性和完整性负责。

承包人发现发包人提供的测量基准点、基准线和水准点及其书面资料存在错误或疏漏的，应及时通知监理人。监理人应及时报告发包人，并会同发包人和承包人予以核实。发包人应就如何处理和是否继续施工作出决定，并通知监理人和承包人。

施工过程中对施工现场内水准点等测量标志物的保护工作由承包人负责。

4. 开工通知

发包人应按照法律规定获得工程施工所需的许可。经发包人同意后，监理人发出的开工通知应符合法律规定。监理人应在计划开工日期 7 天前向承包人发出开工通知，工期自开工通知中载明的开工日期起算。

除专用合同条款另有约定外,因发包人原因造成监理人未能在计划开工日期之日起 90 天内发出开工通知的,承包人有权提出价格调整要求,或者解除合同。发包人应当承担由此增加的费用和(或)延误的工期,并向承包人支付合理利润。

6.4.2　施工阶段的进度控制

工程开工后,合同履行即进入施工阶段,直至工程竣工。这一阶段监理人进行进度管理的主要任务是控制施工工作按进度计划执行,确保施工任务在规定的合同工期内完成。

6.4.2.1　监督进度计划的执行

1. 按计划施工

开工后,承包人应按照监理人确认的进度计划组织施工,接受监理人对进度的检查和监督。一般情况下,监理人每月均应检查一次承包人的进度计划执行情况,由承包人提交一份上月进度计划执行情况和本月的施工方案和措施。同时,监理人还应进行必要的现场实地检查。

2. 承包人修改进度计划

在实际施工过程中,由于受到外界环境条件、人为条件、现场情况等的限制,经常出现与承包人开工前编制施工进度计划时预计的施工条件有出入的情况,导致实际施工进度与计划进度不符。当工程实际进度与进度计划不符时,承包人应当按照监理人的要求提出改进措施,经监理人确认后执行。但是,对于因承包人自身的原因造成工程实际进度与经确认的进度计划不符的,所有的后果都应由承包商自行承担,监理人也不对改进措施的效果负责。如果采用改进措施后,经过一段时间工程实际进度赶上了进度计划,则仍可按原进度计划执行。如果采用改进措施一段时间后,工程实际进度仍明显与进度计划不符,则监理人可以要求承包人修改原进度计划,并经监理人确认。但是,这种确认并不是监理人对工程延期的批准,而仅仅是要求承包人在合理的状态下施工。因此,如果修改后的进度计划不能按期完工,承包人仍应承担相应的违约责任。

6.4.2.2　暂停施工

暂停施工有以下几种情形。

1. 发包人原因引起的暂停施工

因发包人原因引起暂停施工的,监理人经发包人同意后,应及时下达暂停施工指示。情况紧急且监理人未及时下达暂停施工指示的,按照紧急情况下的暂停施工执行。

因发包人原因引起的暂停施工,发包人应承担由此增加的费用和(或)延误的工期,并支付承包人合理的利润。

2. 承包人原因引起的暂停施工

因承包人原因引起的暂停施工,承包人应承担由此增加的费用和(或)延误的工期,且承包人在收到监理人复工指示后 84 天内仍未复工的,视为约定的承包人无法继续履行合同的情形。

3. 指示暂停施工

监理人认为有必要时,并经发包人批准后,可向承包人作出暂停施工的指示,承包人应按监理人指示暂停施工。

4. 紧急情况下的暂停施工

因紧急情况需暂停施工,且监理人未及时下达暂停施工指示的,承包人可先暂停施工,并及时通知监理人。监理人应在接到通知后 24 小时内发出指示,逾期未发出指示,视为同意承包人暂停施工。监理人不同意承包人暂停施工的,应说明理由,承包人对监理人的答复有异议,按照争议解决约定处理。

5. 暂停施工后的复工

暂停施工后,发包人和承包人应采取有效措施积极消除暂停施工的影响。在工程复工前,监理人会同发包人和承包人确定因暂停施工造成的损失,并确定工程复工条件。当工程具备复工条件时,监理人应经发包人批准后向承包人发出复工通知,承包人应按照复工通知要求复工。

承包人无故拖延和拒绝复工的,承包人承担由此增加的费用和(或)延误的工期;因发包人原因无法按时复工的,按照因发包人原因导致工期延误约定办理。

6. 暂停施工持续 56 天以上

监理人发出暂停施工指示后 56 天内未向承包人发出复工通知,除该项停工属于承包人原因引起的暂停施工及不可抗力约定的情形外,承包人可向发包人提交书面通知,要求发包人在收到书面通知后 28 天内准许已暂停施工的部分或全部工程继续施工。发包人逾期不予批准的,则承包人可以通知发包人,将工程受影响的部分视为可取消工作。

暂停施工持续 84 天以上不复工的,且不属于承包人原因引起的暂停施工及不可抗力约定的情形,并影响到整个工程以及合同目的实现的,承包人有权提出价格调整要求,或者解除合同。解除合同的,按照因发包人违约解除合同执行。

暂停施工期间,承包人应负责妥善照管工程并提供安全保障,由此增加的费用由责任方承担。暂停施工期间,发包人和承包人均应采取必要的措施确保工程质量及安全,防止因暂停施工扩大损失。

6.4.2.3　设计变更

在施工过程中如果发生设计变更,将对施工进度产生很大的影响。因此,监理人在其可能的范围内应尽量减少设计变更。如果必须对设计进行变更,应当严格按照国家的规定和合同约定的程序进行。

1. 发包人要求对原工程设计进行的变更

发包人应不迟于变更前 14 天以书面形式向承包人发出变更通知。承包人根据发包人变更通知并按监理人要求进行变更。因变更导致合同价款的增减及造成的承包人损失,由发包人承担,延误的工期相应顺延。

合同履行中发包人要求变更工程质量标准及发生其他实质性的变更,由双方协商解决。当变更超过原设计标准或者批准的建设规模时,须经原规划管理部门和其他有关部门审查批准,并由原设计单位提供变更的相应的图纸和说明。

2. 承包人要求对原设计进行的变更

承包人要求对原设计进行变更的原则如下:

① 承包人应当严格按照图纸施工,不得随意变更设计。

② 承包人在施工中提出的合理化建议涉及设计图纸或施工组织设计的更改及对原材料、设备的换用,须经监理人同意。未经同意擅自更改或换用时,承包人承担由此发生的费用,并赔偿发包人的有关损失,延误的工期不予顺延。

③ 监理人同意采用承包人的合理化建议,所发生费用和获得收益的分担或分享,由发包人和承包人另行约定。同时承包人应修改相关的组织设计内容包给监理人,并可以要求顺延此项变更导致延误的工期。

④ 施工中承包人要求对原工程设计进行变更,须经监理人同意。监理人同意变更后,也须经原规划管理部门和其他有关部门审查批准,并由原设计单位提供变更的相应的图纸和说明。

3. 设计变更的事项

能够构成设计变更的事项包括以下变更:

① 更改有关部分的标高、基线、位置和尺寸;

② 更改有关工程的性质、质量标准;

③ 增减合同中约定的工程量;

④ 改变有关工程的施工时间和顺序;

⑤ 其他有关工程变更需要的附加工作。

由于发包人对原设计进行变更,以及经监理人同意的、承包人要求进行的设计变更,导致合同价款的增减及造成的承包人损失,由发包人承担,延误的工期相应顺延。

6.4.2.4　工期延误

1. 因发包人原因导致工期延误

在合同履行过程中,因下列情况导致工期延误和(或)费用增加的,由发包人承担由此延误的工期和(或)增加的费用,且发包人应支付承包人合理的利润:

① 发包人未能按合同约定提供图纸或所提供图纸不符合合同约定的;

② 发包人未能按合同约定提供施工现场、施工条件、基础资料、许可、批准等开工条件的;

③ 发包人提供的测量基准点、基准线和水准点及其书面资料存在错误或疏漏的;

④ 发包人未能在计划开工日期之日起 7 天内同意下达开工通知的;

⑤ 发包人未能按合同约定日期支付工程预付款、进度款或竣工结算款的;

⑥ 监理人未按合同约定发出指示、批准等文件的;

⑦ 专用合同条款中约定的其他情形。

因发包人原因未按计划开工日期开工的,发包人应按实际开工日期顺延竣工日期,确保实际工期不低于合同约定的工期总日历天数。因发包人原因导致工期延误需要修订施工进度计划的,按照施工进度计划的修订执行。

2. 因承包人原因导致工期延误

因承包人原因造成工期延误的,可以在专用合同条款中约定逾期竣工违约金的计算方法和逾期竣工违约金的上限。承包人支付逾期竣工违约金后,不免除承包人继续完成工程及修补缺陷的义务。

3. 不利物质条件

不利物质条件是指有经验的承包人在施工现场遇到的不可预见的自然物质条件、非自然的物质障碍和污染物,包括地表以下物质条件和水文条件以及专用合同条款约定的其他情形,但不包括气候条件。

承包人遇到不利物质条件时,应采取克服不利物质条件的合理措施继续施工,并及时通知发包人和监理人。通知应载明不利物质条件的内容以及承包人认为不可预见的理由。监理人经发包人同意后应当及时发出指示,指示构成变更的,按变更约定执行。承包人因采取合理措施而增加的费用和(或)延误的工期由发包人承担。

4. 异常恶劣的气候条件

异常恶劣的气候条件是指在施工过程中遇到的,有经验的承包人在签订合同时不可预见的,对合同履行造成实质性影响的,但尚未构成不可抗力事件的恶劣气候条件。合同当事人可以在专用合同条款中约定异常恶劣的气候条件的具体情形。

承包人应采取克服异常恶劣的气候条件的合理措施继续施工,并及时通知发包人和监理人。监理人经发包人同意后应当及时发出指示,指示构成变更的,按变更约定办理。承包人因采取合理措施而增加的费用和(或)延误的工期由发包人承担。

6.4.3 竣工验收阶段的进度控制

竣工验收是发包人对工程的全面检验,是保修期外的最后阶段。在竣工验收阶段,监理人进度控制的任务是督促承包人完成工程扫尾工作,协调竣工验收中的各方关系,参加竣工验收。

6.4.3.1 竣工日期

工程经竣工验收合格的,以承包人提交竣工验收申请报告之日为实际竣工日期,并在工程接收证书中载明;因发包人原因,未在监理人收到承包人提交的竣工验收申请报告42天内完成竣工验收,或完成竣工验收不予签发工程接收证书的,以提交竣工验收申请报告的日期为实际竣工日期;工程未经竣工验收,发包人擅自使用的,以转移占有工程之日为实际竣工日期。

6.4.3.2 发包人要求提前竣工

发包人要求承包人提前竣工的,发包人应通过监理人向承包人下达提前竣工指示,承包人应向发包人和监理人提交提前竣工建议书,提前竣工建议书应包括实施的方案、缩短的时间、增加的合同价格等内容。发包人接受该提前竣工建议书的,监理人应与发包人和承包人协商采取加快工程进度的措施,并修订施工进度计划,由此增加的费用由发包人承担。承包人认为提前竣工指示无法执行的,应向监理人和发包人提出书面异议,发包人和监理人应在收到异议后 7 天内予以答复。任何情况下,发包人不得压缩合理工期。

发包人要求承包人提前竣工,或承包人提出提前竣工的建议能够给发包人带来效益的,合同当事人可以在专用合同条款中约定提前竣工的奖励。

6.4.3.3 缺陷责任期

缺陷责任期自实际竣工日期起计算,合同当事人应在专用合同条款约定缺陷责任期的具体期限,但该期限最长不超过 24 个月。

单位工程先于全部工程进行验收,经验收合格并交付使用的,该单位工程缺陷责任期自单位工程验收合格之日起算。因发包人原因导致工程无法按合同约定期限进行竣工验收的,缺陷责任期自承包人提交竣工验收申请报告之日起开始计算;发包人未经竣工验收擅自使用工程的,缺陷责任期自工程转移占有之日起开始计算。

工程竣工验收合格后,因承包人原因导致的缺陷或损坏致使工程、单位工程或某项主要设备不能按原定目的使用的,则发包人有权要求承包人延长缺陷责任期,并应在原缺陷责任期届满前发出延长通知,但缺陷责任期最长不能超过 24 个月。

除专用合同条款另有约定外,承包人应于缺陷责任期届满后 7 天内向发包人发出缺陷责任期届满通知,发包人应在收到缺陷责任期满通知后 14 天内核实承包人是否履行缺陷修复义务,承包人未能履行缺陷修复义务的,发包人有权扣除相应金额的维修费用。发包人应在收到缺陷责任期届满通知后 14 天内,向承包人颁发缺陷责任期终止证书。

【引例 6.3 小结】

工程竣工验收通过,承包人送交竣工验收报告的日期为实际竣工日期。但如果是工程按发包人要求修改后通过竣工验收的,实际竣工日期为承包人修改后提请发包人验收的日期。因此,实际竣工日应为 2008 年 8 月 15 日,即承包人修改后再次提请发包人验收的日期。

知识梳理

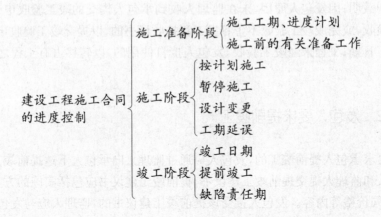

6.5　施工合同的投资控制

【引例 6.4】

某施工单位(乙方)于某建设单位(甲方)签订了某项工业建筑的地基强夯处理与基础工程施工合同。由于工程量无法准确确定,根据施工合同专用条款的规定,按施工图预算方式计价,乙方必须严格按照施工图及施工合同规定的内容及技术要求施工。乙方的分项工程首先向监理工程师申请质量认证,取得质量认证后,向造价监理人提出计量申请和支付工程款。工程开工前,乙方提交了施工组织设计并得到批准。

① 在工程施工过程中,当进行到施工图所规定的处理范围边缘时,乙方在取得在场的监理工程师认可的情况下,为了使夯击质量得到保证,将夯击范围适当扩大。施工完成后,乙方将扩大范围内的施工工程量向造价监理人提出计量付款的要求,但遭到拒绝。

试问:造价监理人拒绝承包商的要求合理否?为什么?

② 在工程施工过程中,乙方根据监理工程师指示就部分工程进行了变更施工。

试问:变更部分合同价款应根据什么原则确定?

由于施工阶段工期长,资金量大,设计变更多,影响工程造价的因素也较多。因此,施工阶段的投资控制是非常重要的。

6.5.1　施工合同价款及调整

6.5.1.1　施工合同价款的约定

建设工程合同按照承包工程计价方式可分为:单价合同、总价合同和其他价格形式合同。

1. 单价合同

单价合同是指合同当事人约定以工程量清单及其综合单价进行合同价格计算、调整和确认的建设工程施工合同,在约定的范围内合同单价不作调整。合同当事人应在专用合同条款中约定综合单价包含的风险范围和风险费用的计算方法,并约定风险范围以外的合同价格的调整方法,其中因市场价格波动引起的调整按约定执行。

2. 总价合同

总价合同是指合同当事人约定以施工图、已标价工程量清单或预算书及有关条件进行合同价格计算、调整和确认的建设工程施工合同,在约定的范围内合同总价不作调整。合同当事人应在专用合同条款中约定总价包含的风险范围和风险费用的计算方法,并约定风险范围以外合同价格的调整方法,其中因市场价格波动引起的调整按、因法律变化引起的调整按约定执行。

3. 其他价格形式合同

合同当事人可在专用合同条款中约定其他合同价格形式。如成本加酬金合同。

2013 版《建设工程工程量清单计价规范》(GB 50500—2013)的规定:

① 实行工程量清单计价的工程,应采用单价合同;

② 技术简单、规模偏小、工期较短的项目,且施工图设计已审查批准的,可采用总价合同;

③ 紧急抢修、救灾以及施工技术特别复杂,可采用成本加酬金合同。

6.5.1.2　价格调整

1. 市场价格波动引起的调整

除专用合同条款另有约定外,市场价格波动超过合同当事人约定的范围,合同价格应当调整。合同当事人可以在专用合同条款中约定选择以下方式中的一种对合同价格进行调整:

第 1 种方式:采用价格指数进行价格调整。

① 价格调整公式;

② 暂时确定调整差额;

③ 权重的调整;

④ 因承包人原因工期延误后的价格调整。

第 2 种方式:采用造价信息进行价格调整。

合同履行期间,因人工、材料、工程设备和机械台班价格波动影响合同价格时,人工、机械使用费按照国家或省、自治区、直辖市建设行政管理部门、行业建设管理部门或其授权的工程造价管理机构发布的人工、机械使用费系数进行调整;需要进行价格调整的材料,其单价和采购数量应由发包人审批,发包人确认需调整的材料单价及数量,作为调整合同价格的依据。

第 3 种方式:专用合同条款约定的其他方式。

2. 法律变化引起的调整

基准日期后,法律变化导致承包人在合同履行过程中所需要的费用发生(除市场价格波动引起的调整)约定以外的增加时,由发包人承担由此增加的费用;减少时,应从合同价格中予以扣减。基准日期后,因法律变化造成工期延误时,工期应予以顺延。

因法律变化引起的合同价格和工期调整,合同当事人无法达成一致的,由总监理工程师按约定处理。

因承包人原因造成工期延误,在工期延误期间出现法律变化的,由此增加的费用和(或)延误的工期由承包人承担。

6.5.2　工程预付款

预付款的支付按照专用合同条款约定执行,但至迟应在开工通知载明的开工日期 7 天前支付。预付款应当用于材料、工程设备、施工设备的采购及修建临时工程、组织施工队伍进场等。

除专用合同条款另有约定外,预付款在进度付款中同比例扣回。在颁发工程接收证书前,提前解除合同的,尚未扣完的预付款应与合同价款一并结算。

发包人逾期支付预付款超过 7 天的,承包人有权向发包人发出要求预付的催告通知,发包人收到通知后 7 天内仍未支付的,承包人有权暂停施工,并按发包人违约的情形执行。

发包人要求承包人提供预付款担保的,承包人应在发包人支付预付款 7 天前提供预付款担保,专用合同条款另有约定除外。预付款担保可采用银行保函、担保公司担保等形式,具体由合同当事人在专用合同条款中约定。在预付款完全扣回之前,承包人应保证预付款担保持续有效。

发包人在工程款中逐期扣回预付款后,预付款担保额度应相应减少,但剩余的预付款担保金额不得低于未被扣回的预付款金额。

6.5.3　工程进度款的支付

6.5.3.1　工程计量

1. 计量原则

工程量计量按照合同约定的工程量计算规则、图纸及变更指示等进行计量。工程量计算规则应以相关的国家标准、行业标准等为依据,由合同当事人在专用合同条款中约定。

2. 计量周期

除专用合同条款另有约定外,工程量的计量按月进行。

3. 单价合同的计量

除专用合同条款另有约定外,单价合同的计量按照本项约定执行:

① 承包人应于每月 25 日向监理人报送上月 20 日至当月 19 日已完成的工程量报告,并附具进度付款申请单、已完成工程量报表和有关资料。

② 监理人应在收到承包人提交的工程量报告后 7 天内完成对承包人提交的工程量报表的审核并报送发包人,以确定当月实际完成的工程量。监理人对工程量有异议的,有权要求承包人进行共同复核或抽样复测。承包人应协助监理人进行复核或抽样复测,并按监理人要求提供补充计量资料。承包人未按监理人要求参加复核或抽样复测的,监理人复核或修正的工程量视为承包人实际完成的工程量。

③ 监理人未在收到承包人提交的工程量报表后的 7 天内完成审核的,承包人报送的工程量报告中的工程量视为承包人实际完成的工程量,据此计算工程价款。

4. 总价合同的计量

除专用合同条款另有约定外,按月计量支付的总价合同,按照本项约定执行:

① 承包人应于每月 25 日向监理人报送上月 20 日至当月 19 日已完成的工程量报告,并附具进度付款申请单、已完成工程量报表和有关资料。

② 监理人应在收到承包人提交的工程量报告后 7 天内完成对承包人提交的工程量报表的审核并报送发包人,以确定当月实际完成的工程量。监理人对工程量有异议的,有权要求承包人进行共同复核或抽样复测。承包人应协助监理人进行复核或抽样复测并按监理人要求提供补充计量资料。承包人未按监理人要求参加复核或抽样复测的,监理人审核或修正的工程量视为承包人实际完成的工程量。

③ 监理人未在收到承包人提交的工程量报表后的 7 天内完成复核的,承包人提交的工

程量报告中的工程量视为承包人实际完成的工程量。

5. 其他价格形式合同的计量

合同当事人可在专用合同条款中约定其他价格形式合同的计量方式和程序。

6.5.3.2　工程进度款的支付

1. 付款周期

除专用合同条款另有约定外,付款周期应按照计量周期的约定与计量周期保持一致。

2. 进度付款申请单的编制

除专用合同条款另有约定外,进度付款申请单应包括下列内容:

① 截至本次付款周期已完成工作对应的金额;

② 根据变更应增加和扣减的变更金额;

③ 根据预付款约定应支付的预付款和扣减的返还预付款;

④ 根据质量保证金约定应扣减的质量保证金;

⑤ 根据索赔应增加和扣减的索赔金额;

⑥ 对已签发的进度款支付证书中出现错误的修正,应在本次进度付款中支付或扣除的金额;

⑦ 根据合同约定应增加和扣减的其他金额。

3. 进度付款申请单的提交

(1) 单价合同进度付款申请单的提交

单价合同的进度付款申请单,按照单价合同的计量约定的时间按月向监理人提交,并附上已完成工程量报表和有关资料。单价合同中的总价项目按月进行支付分解,并汇总列入当期进度付款申请单。

(2) 总价合同进度付款申请单的提交

总价合同按月计量支付的,承包人按照总价合同的计量约定的时间按月向监理人提交进度付款申请单,并附上已完成工程量报表和有关资料。

总价合同按支付分解表支付的,承包人应按照支付分解表及进度付款申请单的编制〕的约定向监理人提交进度付款申请单。

(3) 其他价格形式合同的进度付款申请单的提交

合同当事人可在专用合同条款中约定其他价格形式合同的进度付款申请单的编制和提交程序。

4. 进度款审核和支付

① 除专用合同条款另有约定外,监理人应在收到承包人进度付款申请单以及相关资料后7天内完成审查并报送发包人,发包人应在收到后7天内完成审批并签发进度款支付证书。发包人逾期未完成审批且未提出异议的,视为已签发进度款支付证书。

发包人和监理人对承包人的进度付款申请单有异议的,有权要求承包人修正和提供补充资料,承包人应提交修正后的进度付款申请单。监理人应在收到承包人修正后的进度付款申请单及相关资料后7天内完成审查并报送发包人,发包人应在收到监理人报送的进度付款申请单及相关资料后7天内,向承包人签发无异议部分的临时进度款支付证书。存在争议的部分,按照争议解决的约定处理。

② 除专用合同条款另有约定外,发包人应在进度款支付证书或临时进度款支付证书签发后 14 天内完成支付,发包人逾期支付进度款的,应按照中国人民银行发布的同期同类贷款基准利率支付违约金。

③ 发包人签发进度款支付证书或临时进度款支付证书,不表明发包人已同意、批准或接受了承包人完成的相应部分的工作。

5. 进度付款的修正

在对已签发的进度款支付证书进行阶段汇总和复核中发现错误、遗漏或重复的,发包人和承包人均有权提出修正申请。经发包人和承包人同意的修正,应在下期进度付款中支付或扣除。

6. 支付分解表

(1)支付分解表的编制要求

① 支付分解表中所列的每期付款金额,应为进度付款申请单的编制的估算金额;

② 实际进度与施工进度计划不一致的,合同当事人可按照商定或约定修改支付分解表;

③ 不采用支付分解表的,承包人应向发包人和监理人提交按季度编制的支付估算分解表,用于支付参考。

(2)总价合同支付分解表的编制与审批

① 除专用合同条款另有约定外,承包人应根据施工进度计划约定的施工进度计划、签约合同价和工程量等因素对总价合同按月进行分解,编制支付分解表。承包人应当在收到监理人和发包人批准的施工进度计划后 7 天内,将支付分解表及编制支付分解表的支持性资料报送监理人。

② 监理人应在收到支付分解表后 7 天内完成审核并报送发包人。发包人应在收到经监理人审核的支付分解表后 7 天内完成审批,经发包人批准的支付分解表为有约束力的支付分解表。

③ 发包人逾期未完成支付分解表审批的,也未及时要求承包人进行修正和提供补充资料的,则承包人提交的支付分解表视为已经获得发包人批准。

(3)单价合同的总价项目支付分解表的编制与审批

除专用合同条款另有约定外,单价合同的总价项目,由承包人根据施工进度计划和总价项目的总价构成、费用性质、计划发生时间和相应工程量等因素按月进行分解,形成支付分解表,其编制与审批参照总价合同支付分解表的编制与审批执行。

6.5.4　变更价款的确定

6.5.4.1　变更价款的确定程序

承包人应在收到变更指示后 14 天内,向监理人提交变更估价申请。监理人应在收到承包人提交的变更估价申请后 7 天内审查完毕并报送发包人,监理人对变更估价申请有异议,通知承包人修改后重新提交。发包人应在承包人提交变更估价申请后 14 天内审批完毕。

发包人逾期未完成审批或未提出异议的,视为认可承包人提交的变更估价申请。

因变更引起的价格调整应计入最近一期的进度款中支付。

6.5.4.2　变更价款的确定原则

除专用合同条款另有约定外,变更估价按照本款约定处理:

① 已标价工程量清单或预算书有相同项目的,按照相同项目单价认定;

② 已标价工程量清单或预算书中无相同项目,但有类似项目的,参照类似项目的单价认定;

③ 变更导致实际完成的变更工程量与已标价工程量清单或预算书中列明的该项目工程量的变化幅度超过 15%的,或已标价工程量清单或预算书中无相同项目及类似项目单价的,按照合理的成本与利润构成的原则,由合同当事人按照商定或确定变更工作的单价。

6.5.5　竣工结算

工程竣工验收报告经发包人认可后,承发包双方应当按协议书约定的合同价款及专用条款约定的合同价款调整方式,进行工程竣工结算。

6.5.5.1　竣工结算申请

除专用合同条款另有约定外,承包人应在工程竣工验收合格后 28 天内向发包人和监理人提交竣工结算申请单,并提交完整的结算资料,有关竣工结算申请单的资料清单和份数等要求由合同当事人在专用合同条款中约定。

除专用合同条款另有约定外,竣工结算申请单应包括以下内容:

① 竣工结算合同价格;

② 发包人已支付承包人的款项;

③ 应扣留的质量保证金;

④ 发包人应支付承包人的合同价款。

6.5.5.2　竣工结算审核

① 除专用合同条款另有约定外,监理人应在收到竣工结算申请单后 14 天内完成核查并报送发包人。发包人应在收到监理人提交的经审核的竣工结算申请单后 14 天内完成审批,并由监理人向承包人签发经发包人签认的竣工付款证书。监理人或发包人对竣工结算申请单有异议的,有权要求承包人进行修正和提供补充资料,承包人应提交修正后的竣工结算申请单。

发包人在收到承包人提交竣工结算申请书后 28 天内未完成审批且未提出异议的,视为发包人认可承包人提交的竣工结算申请单,并自发包人收到承包人提交的竣工结算申请单后第 29 天起视为已签发竣工付款证书。

② 除专用合同条款另有约定外,发包人应在签发竣工付款证书后的 14 天内,完成对承包人的竣工付款。发包人逾期支付的,按照中国人民银行发布的同期同类贷款基准利率支付违约金;逾期支付超过 56 天的,按照中国人民银行发布的同期同类贷款基准利率的两倍支付违约金。

③ 承包人对发包人签认的竣工付款证书有异议的,对于有异议部分应在收到发包人签认的竣工付款证书后 7 天内提出异议,并由合同当事人按照专用合同条款约定的方式和程序进行复核,或按照争议解决约定处理。对于无异议部分,发包人应签发临时竣工付款证书,并按本款第②项完成付款。承包人逾期未提出异议的,视为认可发包人的审批结果。

6.5.5.3　甩项竣工协议

发包人要求甩项竣工的,合同当事人应签订甩项竣工协议。在甩项竣工协议中应明确,合同当事人按照竣工结算申请和竣工结算审核的约定,对已完合格工程进行结算,并支付相应合同价款。

6.5.5.4　最终结清

1. 最终结清申请单

① 除专用合同条款另有约定外,承包人应在缺陷责任期终止证书颁发后 7 天内,按专用合同条款约定的份数向发包人提交最终结清申请单,并提供相关证明材料。

除专用合同条款另有约定外,最终结清申请单应列明质量保证金、应扣除的质量保证金、缺陷责任期内发生的增减费用。

② 发包人对最终结清申请单内容有异议的,有权要求承包人进行修正和提供补充资料,承包人应向发包人提交修正后的最终结清申请单。

2. 最终结清证书和支付

① 除专用合同条款另有约定外,发包人应在收到承包人提交的最终结清申请单后 14 天内完成审批并向承包人颁发最终结清证书。发包人逾期未完成审批,又未提出修改意见的,视为发包人同意承包人提交的最终结清申请单,且自发包人收到承包人提交的最终结清申请单后 15 天起视为已颁发最终结清证书。

② 除专用合同条款另有约定外,发包人应在颁发最终结清证书后 7 天内完成支付。发包人逾期支付的,按照中国人民银行发布的同期同类贷款基准利率支付违约金;逾期支付超过 56 天的,按照中国人民银行发布的同期同类贷款基准利率的两倍支付违约金。

③ 承包人对发包人颁发的最终结清证书有异议的,按争议解决的约定办理。

6.5.6　建设工程质量保证金

经合同当事人协商一致扣留质量保证金的,应在专用合同条款中予以明确。

1. 承包人提供质量保证金的方式

承包人提供质量保证金有以下 3 种方式:

① 质量保证金保函；

② 相应比例的工程款；

③ 双方约定的其他方式。

除专用合同条款另有约定外，质量保证金原则上采用上述第①种方式。

2. 质量保证金的扣留

质量保证金的扣留有以下3种方式：

① 在支付工程进度款时逐次扣留，在此情形下，质量保证金的计算基数不包括预付款的支付、扣回以及价格调整的金额；

② 工程竣工结算时一次性扣留质量保证金；

③ 双方约定的其他扣留方式。

除专用合同条款另有约定外，质量保证金的扣留原则上采用上述第①种方式。

发包人累计扣留的质量保证金不得超过结算合同价格的5％，如承包人在发包人签发竣工付款证书后28天内提交质量保证金保函，发包人应同时退还扣留的作为质量保证金的工程价款。

3. 质量保证金的退还

发包人应按最终结清的约定退还质量保证金。

【引例6.4 小结】

① 造价监理人的拒绝正确。原因是：该部分的工程量超出了施工图的要求，一般地讲，也就是超出了工程合同约定的工程范围。对该部分的工程量监理工程师可以认为是承包商的保证施工质量的技术措施，一般在业主没有批准追加相应费用的情况下，技术措施费用应由乙方自己承担。

② 变更价款确定的原则：(a) 已标价工程量清单或预算书有相同项目的，按照相同项目单价认定；(b) 已标价工程量清单或预算书中无相同项目，但有类似项目的，参照类似项目的单价认定；(c) 变更导致实际完成的变更工程量与已标价工程量清单或预算书中列明的该项目工程量的变化幅度超过15％的，或已标价工程量清单或预算书中无相同项目及类似项目单价的，按照合理的成本与利润构成的原则，由合同当事人按照商定或确定变更工作的单价。

知识梳理

建设工程施工合同 投资控制
- 施工合同价款的约定
  - 单价合同
  - 总价合同
  - 其他价格形式合同
- 工程款的支付
  - 工程预付款
  - 工程进度款
    - 工程量的确认
    - 进度款的支付
- 竣工结算
  - 竣工结算的程序
  - 质量保证金

6.6　建设工程施工合同的其他管理

6.6.1　不可抗力、保险和担保

6.6.1.1　不可抗力

1. 不可抗力的范围

不可抗力是指合同当事人不能预见、不能避免并不能克服的自然灾害和社会性突发事件。建设工程施工中的不可抗力包括因战争、动乱、空中飞行物坠落或其他非发包人责任造成的爆炸、火灾,以及专用条款约定的风、雨、雪、洪水、地震等自然灾害。

2. 不可抗力事件发生后双方的工作

不可抗力事件发生后,承包人应在力所能及的条件下迅速采取措施,尽量减少损失,并在不可抗力事件结束后 48 小时内向监理人通报受害情况和损失情况,以及预计清理和修复的费用。发包人应协助承包人采取措施。如果不可抗力事件继续发生,承包人应每隔 7 天向监理人报告一次受害情况,并于不可抗力事件结束后 28 天内,向监理人提交清理和修复费用的正式报告及有关资料。

3. 不可抗力的承担

因不可抗力事件导致的费用及延误的工期由双方按以下方法分别承担:

① 工程本身的损害、因工程损害导致第三方人员伤亡和财产损失以及运至施工场地用于施工的材料和待安装的设备损害,由发包人承担。

② 承发包双方人员伤亡由其所在单位负责,并承担相应费用。

③ 承包人机械设备损坏及停工损失,由承包人承担。

④ 停工期间,承包人应监理人的要求留在施工场的必要管理人员及保卫人员的费用由发包人承担。

⑤ 工程所需清理、修复费用,由发包人承担。

⑥ 延误的工期相应顺延。

因合同一方迟延履行合同后发生不可抗力的,不能免除迟延履行方的相应责任。

4. 因不可抗力解除合同

因不可抗力导致合同无法履行连续超过 84 天或累计超过 140 天的,发包人和承包人均有权解除合同。合同解除后,由双方当事人按照商定或确定发包人应支付的款项,该款项包括:

① 合同解除前承包人已完成工作的价款;

② 承包人为工程订购的并已交付给承包人,或承包人有责任接受交付的材料、工程设备和其他物品的价款;

③ 发包人要求承包人退货或解除订货合同而产生的费用,或因不能退货或解除合同而产生的损失;

④ 承包人撤离施工现场以及遣散承包人人员的费用;

⑤ 按照合同约定在合同解除前应支付给承包人的其他款项;

⑥ 扣减承包人按照合同约定应向发包人支付的款项;

⑦ 双方商定或确定的其他款项。

除专用合同条款另有约定外,合同解除后,发包人应在商定或确定上述款项后28天内完成上述款项的支付。

6.6.1.2 保险

1. 工程保险

除专用合同条款另有约定外,发包人应投保建筑工程一切险或安装工程一切险;发包人委托承包人投保的,因投保产生的保险费和其他相关费用由发包人承担。

2. 工伤保险

发包人应依照法律规定参加工伤保险,并为在施工现场的全部员工办理工伤保险,缴纳工伤保险费,并要求监理人及由发包人为履行合同聘请的第三方依法参加工伤保险。

承包人应依照法律规定参加工伤保险,并为其履行合同的全部员工办理工伤保险,缴纳工伤保险费,并要求分包人及由承包人为履行合同聘请的第三方依法参加工伤保险。

3. 其他保险

发包人和承包人可以为其施工现场的全部人员办理意外伤害保险并支付保险费,包括其员工及为履行合同聘请的第三方的人员,具体事项由合同当事人在专用合同条款约定。

除专用合同条款另有约定外,承包人应为其施工设备等办理财产保险。

6.6.1.3 担保

承发包双方为了全面履行合同,应互相提供以下担保:

① 发包人向承包人提供工程支付担保,按合同约定支付工程价款及履行合同约定的其他义务。

② 承包人向发包人提供履约担保,按合同约定履行自己的各项义务。

承发包双方是履约担保一般都是以履约保函的方式提供的,实际上是担保方式中的保证。履约保函往往是银行出具的,即以银行为保证人。一方违约后,另一方可要求提供担保的第三方(如银行)承担相应的责任。当然,履约担保也不排除其他担保人出具的担保书,但由于其他担保人的信用低于银行,因此担保金额往往较高。

6.6.2 工程转包与分包

【引例 6.5】

某综合办公楼工程,建设单位甲通过公开招标确定本工程由乙承包商为中标单位,双方签订了工程总承包合同。由于乙承包商不具有勘察、设计能力,经甲建设单位同意,乙分别与丙建筑设计院和丁建筑工程公司签订了工程勘察设计合同和工程施工合同。勘察设计合同约定由丙对甲的办公楼及附属公共设施提供设计服务,并按勘察设计合同的约定交付有关的设计文件和资料。施工合同约定由丁根据丙提供的设计图纸进行施工,工程竣工时根据国家有关验收规定及设计图纸进行质量验收。合同签订后,丙按时将设计文件和有关资料交付给丁,丁根据设计图纸进行施工。工程竣工后,甲会同有关质量监督部门对工程进行验收,发现工程存在严重质量问题,后查明是由于设计不符合规范所致原来丙未对现场进行仔细勘察即自行进行设计导致设计不合理,给甲带来了重大损失。丙以与甲方没有合同关系为由拒绝承担责任,乙又以自己不是设计人为由推卸责任,甲遂以丙为被告向法院提起诉讼。

试问:① 本案例中,甲与乙、乙与丙、乙与丁分别签订的合同是否有效?并分别说明理由。

② 甲以丙为被告向法院提起诉讼是否妥当?为什么?

③ 工程存在严重质量问题的责任应如何划分?

6.6.2.2 工程转包

1. 转包的概念

转包是指承包单位承包建设工程后,不履行合同约定的责任和义务,将其承包的全部建设工程转给第三人或者将其承包的全部工程肢解以后以分包的名义分别转给第三人承包的行为。

2. 转包的法律特征

转包的法律特征如下:

① 转包人将合同权利与义务全部转让给转承包人,转承包人与原合同发包人之间建立了新的事实合同关系;

② 转包人不履行建设工程合同全部义务,不履行施工、管理、技术指导等技术经济责任;

③ 转包人对转承包人的履行行为承担连带责任。

工程转包违反我国法律法规的相关规定。

6.6.2.1 工程分包

工程分包是指经合同约定和发包单位认可,从工程承包人承担的工程中承包部分工程的行为。

承包人按照有关规定对承包的工程进行分包是允许的。承包人必须自行完成建设项目(或单项、单位工程)的主要部分,其非主要部分或专业性较强的工程可分包给资质条件符合该工程技术要求的建筑安装单位。结构和技术要求相同的群体工程,承包人应自行完成半数以上的单位工程。

1. 分包合同的签订

承包人按专用条款的约定分包所承包的部分工程,并与分包单位签订分包合同。未经发包人同意,承包人不得将承包工程的任何部分分包。

分包合同签订后,发包人与分包单位之间不存在直接的合同关系。分包单位应对承包人负责,承包人对发包人负责。

2. 分包合同的履行

工程分包不能解除承包人任何责任与义务。承包人应在分包场地派驻相应监督管理人员,保证本合同的履行。分包单位的任何违约行为、安全事故或疏忽导致工程损害或给发包人造成其他损失,承包人承担连带责任。

分包工程价款由承包人与分包单位结算。发包人未经承包人同意不得以任何名义向分包单位支付各种工程款项。

【引例 6.5 小结】

① 合同有效性的判定:

(a) 甲与乙签订的总承包合同有效。理由:根据《合同法》和《建筑法》的有关规定,可以分别与勘察人、设计人、施工人订立勘察、设计。

(b) 乙与丙签订的分包合同有效。理由:根据《合同法》和《建筑法》的有关规定,可以将自己承包的部分工作交由第三人完成。

(c) 乙与丁签订的分包合同无效。理由:根据《合同法》和《建筑法》的有关规定,承包人不得将其承包的全部建设工程转包给第三人或者将其承包的全部建设工程肢解以后以分包的名义分别转包给第三人。建设工程主体结构的施工必须由承包人自行完成。因此,乙将由自己总承包部分的施工工作全部分包给丁,违反了《合同法》及《建筑法》的强制性规定,导致乙与丁之间的施工分包合同无效。

② 甲以丙为被告向法院提起诉讼不妥。理由:甲与丙不存在合同关系,甲承包单位与丙建筑设计院之间是总包和分包的关系。根据《合同法》及《建筑法》的规定,总承包单位依法将建设工程分包给其他单位的,分包单位应当按照分包合同的约定对其分包工程的质量向总承包单位负责,总承包单位与分包单位对分包工程的质量承担连带责任,故应向乙追究质量责任。

③ 工程存在严重质量问题的责任划分为:丙未对现场进行仔细勘察即自行进行设计导致设计不合理,给甲带来了重大损失,乙和丙应对工程建设质量问题向甲承担连带责任。

6.6.3 违约责任

6.6.3.1 发包人违约

1. 发包人违约的行为

在合同履行过程中发生的下列情形,属于发包人违约:

① 因发包人原因未能在计划开工日期前 7 天内下达开工通知的;

② 因发包人原因未能按合同约定支付合同价款的;

③ 发包人违反第 10.1 款(变更的范围)第②项约定,自行实施被取消的工作或转由他人实施的;

④ 发包人提供的材料、工程设备的规格、数量或质量不符合合同约定,或因发包人原因

导致交货日期延误或交货地点变更等情况的;

⑤ 因发包人违反合同约定造成暂停施工的;

⑥ 发包人无正当理由没有在约定期限内发出复工指示,导致承包人无法复工的;

⑦ 发包人明确表示或者以其行为表明不履行合同主要义务的;

⑧ 发包人未能按照合同约定履行其他义务的。

发包人发生除本项第⑦目以外的违约情况时,承包人可向发包人发出通知,要求发包人采取有效措施纠正违约行为。发包人收到承包人通知后 28 天内仍不纠正违约行为的,承包人有权暂停相应部位工程施工,并通知监理人。

2. 发包人违约的责任

发包人应承担因其违约给承包人增加的费用和(或)延误的工期,并支付承包人合理的利润。此外,合同当事人可在专用合同条款中另行约定发包人违约责任的承担方式和计算方法。

3. 因发包人违约解除合同

除专用合同条款另有约定外,承包人按发包人违约的情形约定暂停施工满 28 天后,发包人仍不纠正其违约行为并致使合同目的不能实现的,或出现发包人违约的情形第⑦目约定的违约情况,承包人有权解除合同,发包人应承担由此增加的费用,并支付承包人合理的利润。

4. 因发包人违约解除合同后的付款

承包人按照本款约定解除合同的,发包人应在解除合同后 28 天内支付下列款项,并解除履约担保:

① 合同解除前所完成工作的价款;

② 承包人为工程施工订购并已付款的材料、工程设备和其他物品的价款;

③ 承包人撤离施工现场以及遣散承包人人员的款项;

④ 按照合同约定在合同解除前应支付的违约金;

⑤ 按照合同约定应当支付给承包人的其他款项;

⑥ 按照合同约定应退还的质量保证金;

⑦ 因解除合同给承包人造成的损失。

合同当事人未能就解除合同后的结清达成一致的,按照争议解决的约定处理。

承包人应妥善做好已完工程和与工程有关的已购材料、工程设备的保护和移交工作,并将施工设备和人员撤出施工现场,发包人应为承包人撤出提供必要条件。

6.6.3.2　承包人违约

1. 承包人违约的情形

在合同履行过程中发生的下列情形,属于承包人违约:

① 承包人违反合同约定进行转包或违法分包的;

② 承包人违反合同约定采购和使用不合格的材料和工程设备的;

③ 因承包人原因导致工程质量不符合合同要求的;

④ 承包人违反材料与设备专用要求的约定,未经批准,私自将已按照合同约定进入施

工现场的材料或设备撤离施工现场的；

⑤ 承包人未能按施工进度计划及时完成合同约定的工作，造成工期延误的；

⑥ 承包人在缺陷责任期及保修期内，未能在合理期限对工程缺陷进行修复，或拒绝按发包人要求进行修复的；

⑦ 承包人明确表示或者以其行为表明不履行合同主要义务的；

⑧ 承包人未能按照合同约定履行其他义务的。

承包人发生除本项第⑦目约定以外的其他违约情况时，监理人可向承包人发出整改通知，要求其在指定的期限内改正。

2. 承包人违约的责任

承包人应承担因其违约行为而增加的费用和（或）延误的工期。此外，合同当事人可在专用合同条款中另行约定承包人违约责任的承担方式和计算方法。

3. 因承包人违约解除合同

除专用合同条款另有约定外，出现承包人违约的情形第⑦目约定的违约情况时，或监理人发出整改通知后，承包人在指定的合理期限内仍不纠正违约行为并致使合同目的不能实现的，发包人有权解除合同。合同解除后，因继续完成工程的需要，发包人有权使用承包人在施工现场的材料、设备、临时工程、承包人文件和由承包人或以其名义编制的其他文件，合同当事人应在专用合同条款约定相应费用的承担方式。发包人继续使用的行为不免除或减轻承包人应承担的违约责任。

4. 因承包人违约解除合同后的处理

因承包人原因导致合同解除的，则合同当事人应在合同解除后 28 天内完成估价、付款和清算，并按以下约定执行：

① 合同解除后，按商定或确定承包人实际完成工作对应的合同价款，以及承包人已提供的材料、工程设备、施工设备和临时工程等的价值；

② 合同解除后，承包人应支付的违约金；

③ 合同解除后，因解除合同给发包人造成的损失；

④ 合同解除后，承包人应按照发包人要求和监理人的指示完成现场的清理和撤离；

⑤ 发包人和承包人应在合同解除后进行清算，出具最终结清付款证书，结清全部款项。

因承包人违约解除合同的，发包人有权暂停对承包人的付款，查清各项付款和已扣款项。发包人和承包人未能就合同解除后的清算和款项支付达成一致的，按照争议解决的约定处理。

6.6.4　施工环境和安全管理

6.6.4.1　施工环境管理

监理人应监督现场的正常施工工作符合行政法规和合同的要求，做到文明施工。

1. 遵守法规对环境的要求

施工应遵守政府有关主管部门对施工场地、施工噪音以及环境保护和安全生产等的管理规定。承包人按规定办理有关手续，并以书面形式通知发包人，发包人承担由此发生的费用。

2. 保持现场的整洁

承包人应保证施工场地清洁,符合环境卫生管理的有关规定。交工前清理现场,达到专用条款约定的要求。

6.6.4.2　施工安全管理

1. 安全生产要求

合同履行期间,合同当事人均应当遵守国家和工程所在地有关安全生产的要求,合同当事人有特别要求的,应在专用合同条款中明确施工项目安全生产标准化达标目标及相应事项。承包人有权拒绝发包人及监理人强令承包人违章作业、冒险施工的任何指示。

在施工过程中,如遇到突发的地质变动、事先未知的地下施工障碍等影响施工安全的紧急情况,承包人应及时报告监理人和发包人,发包人应当及时下令停工并报政府有关行政管理部门采取应急措施。

因安全生产需要暂停施工的,按照暂停施工的约定执行。

2. 安全生产保证措施

承包人应当按照有关规定编制安全技术措施或者专项施工方案,建立安全生产责任制度、治安保卫制度及安全生产教育培训制度,并按安全生产法律规定及合同约定履行安全职责,如实编制工程安全生产的有关记录,接受发包人、监理人及政府安全监督部门的检查与监督。

3. 特别安全生产事项

承包人应按照法律规定进行施工,开工前做好安全技术交底工作,施工过程中做好各项安全防护措施。承包人为实施合同而雇用的特殊工种的人员应受过专门的培训并已取得政府有关管理机构颁发的上岗证书。

承包人在动力设备、输电线路、地下管道、密封防震车间、易燃易爆地段以及临街交通要道附近施工时,施工开始前应向发包人和监理人提出安全防护措施,经发包人认可后实施。

实施爆破作业,在放射、毒害性环境中施工(含储存、运输、使用)及使用毒害性、腐蚀性物品施工时,承包人应在施工前 7 天以书面通知发包人和监理人,并报送相应的安全防护措施,经发包人认可后实施。

需单独编制危险性较大分部分项专项工程施工方案的,及要求进行专家论证的超过一定规模的危险性较大的分部分项工程,承包人应及时编制和组织论证。

知识梳理

$$
建设工程施工合同\\其他管理
\begin{cases}
不可抗力、保险和担保 \\
工程转包、分包
\begin{cases}
转包(法律不允许) \\
分包(法律允许)
\end{cases} \\
违约责任
\begin{cases}
发包人违约 \\
承包人违约
\end{cases}
\end{cases}
$$

6.7　案例分析

6.7.1　建设工程施工合同内容的案例分析

【案例 6.1】

某建设单位(甲方)拟建造一栋职工住宅,采用招标方式由某施工单位(乙方)承建。甲乙双方签订的施工合同摘要如下:

1. 协议书中的部分条款

(1) 工程概况

工程名称:职工住宅楼;

工程地点:市区;

工程内容:建筑面积为 3 200 平方米的砖混结构住宅楼。

(2) 工程承包范围

承包范围:某建筑设计院设计的施工图所包括的土建、装饰、水暖电工程。

(3) 合同工期

开工日期:2002 年 3 月 12 日;

竣工工期:2002 年 9 月 21 日;

合同工期总日历天数:190 天(扣除 5 月 1～3 日的假期)。

(4) 质量标准

工程质量标准:达到甲方规定的质量标准。

(5) 合同价格

合同总价为:壹佰陆拾万肆仟元人民币。

(6) 乙方承诺的质量保修

该项目设计规定的使用年限(50)年内,乙方承担全部保修责任。

(7)甲方承诺的合同价款支付期限与方式

① 工程预付款:于开工之日支付合同总价的 10% 作为预付款。

② 工程进度款:基础工程完成后,支付合同总价的 10%;主体结构三层完成后,支付合同总价的 20%;主体结构全部封顶后,支付合同总价的 20%;工程基本竣工时,支付合同总价的 30%。为确保工程如期竣工,乙方不得因甲方资金的暂时不到位而停工和拖延工期。

③ 竣工结算:工程竣工验收后,进行竣工结算。结算时按全部工程造价的 3% 扣留工程保修金。

(8)合同生效

合同订立时间:2002 年 3 月 5 日;

合同订立地点:××市××区××街××号;

本合同双方约定:经双方主管部门批准及公证后生效。

2. 专用条款中有关合同价款的条款

合同价款与支付:本合同价款采用总价合同方式确定。

合同价款包括的风险范围:

① 工程变更事件发生导致工程造价增减不超过合同总价10%;

② 政策性规定以外的材料价格涨落等因素造成工程成本变化。

风险费用的计算方法:风险费用已包括在合同总价中。

风险范围以外的合同价款调整方法:按实际竣工建筑面积520.00元/平方米调整合同价款。

3. 补充协议条款

在上述施工合同协议条款签订后,甲乙双方接着又签订了补充施工合同协议条款,摘要如下:

补1:木门窗均用水曲柳板包门窗套;

补2:铝合金窗90系列改用42型系列某铝合金厂产品;

补3:挑阳台均采用42型系列某铝合金厂铝合金窗封闭。

试问:① 上述合同属于哪种计价方式合同类型?

② 该合同签订的条款有哪些不妥之处?应如何修改?

③ 对合同中未规定的承包商义务,合同实施过程中又必须进行的工程内容,承包商应如何处理?

【案例6.1评析】

① 从甲、乙双方签订的合同条款来看,该工程施工合同应属于总价合同。

② 该合同存在的不妥之处及修改:

(a) 合同工期总日历天数不应扣除节假日。

(b) 不应以甲方规定的质量标准作为该工程的质量标准,而应以《建筑工程施工验收统一标准》中规定的质量标准作为该工程的质量标准。

(c) 质量保修条款不妥,应按《建筑工程质量管理条例》的有关规定进行保修。

(d) 工程价款支付条款中的"基本竣工时间"不明确,应修订为具体明确的时间。"乙方不得因甲方资金的暂时不到位而停工或拖延工期"条款显失公平,应说明甲方资金不到位在说明期限内乙方不得停工和拖延工期,且应规定逾期支付的利息如何计算。

(e) 从该案例的背景来看,合同双方是合法的独立法人单位,不应约定经双方主管部门批准后合同生效。

(f) 专用条款中有关风险范围以外合同加框调整方法(按实际竣工建筑面积520.00元/平方米调整合同价款)与合同的风险范围、风险费的计算方法向矛盾,该条款应针对可能出现的除合同价款包括的风险范围以外的内容约定合同价款调整方法。

(g) 在补充施工合同协议条款中,不仅要补充工程内容,而且要说明其价款是否需要调整,若需调整应该如何调整。

③ 首先应及时与甲方协商,确认该部分工程内容是否由乙方完成。如果需要由乙方完成,则应与甲方签订补充合同条款,就该部分工程内容明确双方各自的权利义务,并对工程计划作出相应的调整;如果由其他承包商完成,乙方也要与甲方就该部分工程内容的协作配合条件及相应的费用等问题达成一致意见,以保证工程顺利进行。

【案例6.2】

某建设项目结构工程完成后,在装修施工图纸设计没有完成前,业主通过招标选择了一家装修总承包单位承包该工程的装修任务,由于设计工作尚未完成,承包范围内待实施的工程虽性质明确,但工程量难以确定,双方商定拟采用总价合同形式签订施工合同,以减少双方的风险。施工合同签订前,业主委托本工程监理单位协助审核施工合同。监理工程师在审核业主(甲方)与施工单位(乙方)草拟的施工合同条件时,发现合同中有以下一些条款:

① 施工合同的解释顺序为:合同协议书、投标书及其附件、中标通知书、合同通用条款、合同专用条款、标准规范、工程量清单、图纸。

② 乙方按监理人批准的施工组织设计(或施工方案)组织施工,乙方不应承担因此引起的工期延误和费用增加的责任。

③ 乙方不得将工程转包,但允许分包,也允许分包单位将分包的工程再次分包给其他分包施工单位。

④ 监理人的检查检验不应影响施工正常进行,如影响施工正常进行,检查检验不合格时,影响正常施工的费用由承包人承担,工期不予顺延;除此之外,影响正常施工的追加合同价款由发包人承担,相应顺延工期。

⑤ 乙方应按协议条款约定的时间,向监理人提交实际完成工程量的报告,监理人接到报告后7天内按乙方提供的实际完成的工程量报告核实工程量(计量),并在计量前24小时通知乙方。

⑥ 乙方努力使工期提前的,按提前产生利润的一定比例提成。

试问:① 业主与施工单位选择的总价合同形式是否恰当? 为什么?

② 指出所提供的合同条款的不妥之处,应如何改正?

【案例6.2评析】

① 本合同不宜采用总价合同形式,因为该项目装修工程图纸尚未完成,工程量难以确定。

② 合同条款的不妥之处如下:

(a) 第1条施工合同解释顺序不妥。施工合同的正解解释顺序为:合同协议书、中标通知书、投标书及其附件、合同专用条款、合同通用条款、标准规范、图纸、工程量清单。

(b) 第2条"乙方不应承担因此引起的工期延误和费用增加的责任"不妥。应改为:乙方按监理人批准的施工组织设计(或施工方案)组织施工,不应承担由于非自身原因引起的工期延误和费用增加的责任。

(c) 第3条"也允许分包单位将分包的工程再次分包给其他分包施工单位"不妥。应改为:不允许分包单位再次分包。

(d) 第4条正确。

(e) 第5条"监理人接到报告后7天内按乙方提供的实际完成的工程量报告核实工程量(计量)"不妥。应改为:监理人接到报告后7天内按设计图纸对已完工程量进行计量。

(f) 第6条"按提前产生的,利润的一定比例提成"不妥。应改为:按合同规定得到奖励。

6.7.2　建筑工程施工准备阶段的合同管理案例

【案例 6.3】

某输气管道工程在施工过程中,施工单位未经监理工程师事先同意,订购了一批钢管,钢管运抵施工现场后监理工程师进行了检验,检验中监理人员发现钢管质量存在以下问题:

① 施工单位未能提交产品合格证、质量合格证书和检测证明资料。

② 实物外观粗糙,标识不清,且有锈斑。

监理工程师应如何处理上述问题?

【案例 6.3 评析】

① 由于该批材料由施工单位采购,监理工程师检验发现外观不良,标识不清,且无合格证等资料,监理工程师应书面通知施工单位不得将该批材料用于工程,并抄送业主备案。

② 监理工程师应要求施工单位提交该批产品的产品合格证、质量保证书、材质化验单、技术指标报告和生产厂家生产许可证等资料,以便监理工程师对生产厂家和材质保证等方面进行书面资料的审查。

③ 如果施工单位提交了上述有关资料,经监理工程师审查符合要求,则施工单位应按技术规范要求对该产品进行有监理人员签证的取样送检。如果经检测后证明材料质量符合技术规范、设计文件和工程承包合同要求,则监理工程师可进行质检签证,并书面通知施工单位。

④ 如果施工单位不能提供第②条所述资料,或虽提供了上述资料,但经抽样检测后质量不符合技术规范或设计文件或承包合同要求,则监理工程师应书面通知施工单位不得将该批管材用于工程,并要求施工单位将该批管材运出施工现场(施工方与供货厂商之间的经济、法律问题,由他们双方协商解决)。

⑤ 监理工程师应将处理结果书面通知。工程材料的检测费用由施工单位承担。

【案例 6.4】

某工程项目业主与某施工单位签订了施工承包合同,并与某监理单位签订了施工监理合同。合同签订后,总监理工程师及时组建了监理机构,并组织专业监理工程师编制了监理规划和相应的监理实施细则。在开工前的施工准备阶段实施监理时,遇到了以下事件:

事件 1:在施工合同专用条款中约定的开工日之前 4 天,施工承包单位派人口头通知监理工程师,以施工机械因故未能到场为由要求申请延期开工。监理工程师以其口头通知无效为由不予理睬。

事件 2:施工合同约定业主应按规定的时间提供图纸 7 套,但施工单位要求业主多提供 2 套图纸。

事件 3:在合同约定的工程开工日前某个规定的时间,承包方按时提交了施工组织设计和施工进度计划,监理工程师及时进行了审查,并予以确认和批准。此后,承包方在按施工组织设计组织施工时,发现施工方案有缺陷,造成了安全事故,延误了工程进度。为此,承包方以施工组织设计经监理工程师审查认可,监理工程师应承担相应责任为理由而提出索赔要求。

事件4：按合同约定，发包人应在约定的开工日前7天向承包人支付相当于合同额20%的工程预付款。但在合同约定的支付日发包人以资金未到位为由而未支付。而且，承包人到约定支付日之后的第8天仍未收到预付款。为此，承包人向发包人发出支付要求的书面通知。但此后仍未见发包方支付，承包方乃于开工后的第10天停止了施工，并要求发包人承担由此造成的一切损失，并承担由约定支付日起算的利息。

试问：① 事件1中，承包方与监理方的做法是否恰当，工期是否应予以延长？

② 事件2中，施工图纸的费用应由谁承担？如果在基础施工前，业主未能按期提供相应的图纸，使施工延误了一周，承包方为此提出了延长工期一周及补偿相应经济损失的要求，监理工程师对此是否应予以同意？

③ 事件3中，监理方应如何处理？

④ 事件4中，承包方的做法是否正确？

【案例6.4评析】

① 监理方的做法恰当，承包方的做法不恰当；工期不予延长。

根据《建设工程施工合同（示范文本）》的有关规定：如果是承包人要求的延期开工，则监理人有权批准是否同意延期开工。承包人不能按时开工，应在不迟于协议书约定的开工日期前7天，以书面形式向监理人提出延期开工的理由和要求。如果监理人不同意延期要求，工期不予顺延。如果承包人未在规定的时间内提出延期开工要求，工期也不予顺延。本例中承包人提出延期开工的时间和方式均不妥。

② (a) 7套图纸的费用由发包人承担，多提供的2套图纸的费用由承包人承担。

根据《建设工程施工合同（示范文本）》的有关规定：发包人应当按照专用条款约定的日期和套数，向承包人提供图纸。承包人如果需要增加图纸套数，发包人应代为复制，复制费用由承包人承担。

(b) 由于发包人未能及时提供图纸造成的工期延误和经济损失，监理工程师应同意承包人的要求。

根据《建设工程施工合同（示范文本）》的有关规定：在履行合同过程中，由于发包人原因遭受工期延误和（或）费用增加，承包人有权要求发包人延长工期和增加费用。

③ 事件3中，监理单位不能同意承包人的索赔要求。

根据《建设工程施工合同（示范文本）》的有关规定：监理人对进度计划予以确认或者提出修改意见，并不免除承包人对施工组织设计和工程进度计划本身的缺陷所应承担的责任。

④ 事件4中，承包方的做法正确。

根据《建设工程施工合同（示范文本）》的有关规定：合同约定有工程预付款的，双方应当在专用条款内约定发包人向承包人预付工程款的时间和款额，开工后按约定的时间和比例逐次扣回。预付时间应不迟于约定的开工日期前7天。发包人不按约定支付额付款，承包人应在约定预付时间7天后向发包人发出要求预付的通知。发包人收到通知后仍不能按要求预付，承包人可在发出通知后7天停止施工，发包人应从约定应付款之日起向承包人支付应付款的贷款利息，并承担违约责任。

6.7.3　建筑工程施工阶段的合同管理案例

【案例 6.5】

某施工单位根据领取的某 2 000 平方米两层厂房工程项目招标文件和全套施工图纸,采用低报价策略编制了投标文件,并获得中标。该施工单位(乙方)于某年某月某日于建设单位(甲方)签订了该工程项目的固定价格施工合同。合同工期为 8 个月。甲方在乙方进入施工现场后,因资金紧缺,无法如期支付工程款,口头要求乙方暂停施工 1 个月。乙方也口头答应。工程按合同规定期限验收时,甲方发现工程质量有问题,要求返工。两个月后,返工完毕。结算时甲方认为乙方延迟交付工程,应按合同约定偿付逾期违约金。乙方认为临时停工是甲方要求的。乙方为抢工期,加快施工进度才出现了质量问题,因此延迟交付的责任不在乙方。甲方则认为临时停工和不顺延工期是当时乙方答应的。乙方应履行承诺,承担违约责任。

该工程采用总价合同是否合适? 该施工合同的变更形式是否妥当?

【案例 6.5 评析】

① 因为总价合同适用于工程量不大且能够较准确计算、工期较短、技术不太复杂、风险不大的项目。该工程基本符合这些条件,故采用固定价格合同是合适的。

② 根据《中华人民共和国合同法》和《建设工程施工合同(示范文本)》的有关规定:建设工程合同应当采取书面形式,合同变更亦应当采取书面形式。若在应急情况下,可采取口头形式,但事后应予以书面形式确认。否则,在合同双方对合同变更内容有争议时,往往因口头形式协议很难举证,而不得不以书面协议约定的内容为准。本案例甲方要求临时停工,乙方也答应,是甲、乙双方的口头协议,且事后并未以书面的形式确认,所以该合同变更形式不妥。

【案例 6.6】

某项工程业主和承包商签订了承包合同,合同中含两个工程,估算工程量甲为 2 300 立方米,乙为 3 200 立方米,经协商甲项为 180 元/立方米,乙项为 160 元/立方米。承包合同规定:

(1) 开工前业主向承包商支付合同价 20% 的预付款;

(2) 业主从第一个月起,从承包商的工程款中,按 5% 扣留保留金;

(3) 当子项工程实际工程量超过估算工程量 10% 时,可进行调价,调价系数为 0.9;

(4) 根据市场情况规定价格调整系数平均按 1.2 计算;

(5) 监理工程师签发月度付款最低金额为 25 万元;

(6) 预付款在最后两个月扣除,每月扣 50%。

监理人签认的工程量完成情况见表 6.1。

表 6.1　监理人签认的工程量完成情况

月份	1	2	3	4
甲项	500	800	800	600
乙项	700	900	800	600

第 1 个月工程价款为 $500 \times 180 + 700 \times 160 = 20.2$ 万元。

应签证的工程款为 $20.2 \times 1.2 \times (1-5\%) = 23.028$ 万元。

试问：① 预付款是多少？

② 从第 2 个月起，每月工程价款是多少？监理工程师应签证的工程款是多少？实际签发的付款凭证金额是多少？

【案例 6.6 评析】

① 预付款为 $(2\,300 \times 180 + 3\,200 \times 160) \times 20\% = 18.52$ 万元。

②（a）第 2 月工程价款为 $800 \times 180 + 900 \times 160 = 28.8$ 万元。

应签证的工程款为 $28.8 \times 1.2 \times (1-5\%) = 32.832$ 万元。

实际签发的付款凭证为 $23.028 + 32.832 = 55.86$ 万元。

（b）第 3 个月工程价款为 $800 \times 180 + 800 \times 160 = 27.2$ 万元。

应签证的工程款为 $27.2 \times 1.2 \times (1-5\%) = 31.008$ 万元。

该月应支付的净金额为 $31.008 - 18.52 \times 50\% = 21.748$ 万元。

由于不足 25 万元，监理工程师不签付款凭证。

（c）甲项：累计完成工程量为 2 700 立方米与 2 300 立方米之差为 400，占 17.4%，超过 10%，故应调价。

工程量增加为 $2\,300 \times (1+10\%) = 2\,530$ 立方米。

超过 10% 的工程量为 $2\,700 - 2\,530 = 170$ 立方米。

其单价调整为 $180 \times 0.9 = 162$ 元/立方米。

甲项工程价款为 $(600-170) \times 180 + 170 \times 162 = 10.494$ 万元。

乙项：累计完成工程量为 3 000 立方米，与 3 200 立方米之差未超过 10%，故不予调整。

乙项工程价款为 $600 \times 160 = 9.6$ 万元。

甲、乙工程价款为 $10.494 + 9.6 = 20.094$ 万元。

应签证的工程价款为 $20.094 \times 1.2 \times (1-5\%) - 18.52 \times 50\% = 13.647$ 万元。

本期实际签发的付款凭证为三月的加四月的：$21.748 + 13.647 = 35.395$ 万元。

【案例 6.7】

某单位为解决职工住房，新建一座住宅楼，地上 20 层地下 2 层，钢筋混凝土剪力墙结构，业主与施工单位、监理单位分别签订了施工合同、监理合同。施工单位（总包单位）将土方开挖、外墙涂料与防水工程分别分包给专业性公司，并签订了分包合同。

施工合同中说明：建筑面积 25 586 平方米，建设工期 450 天，2000 年 9 月 1 日开工，2001 年 12 月 26 日竣工，工程造价 3 165 万元。专用条款约定结算方法：合同价款调整范围为业主认定的工程量增减、设计变更和洽商；外墙涂料、防水工程的材料费。调整依据为本地区工程造价管理部门公布的价格调整文件。

试问：① 总包单位于 8 月 25 日进场，进行开工前的准备工作。原定 9 月 1 日开工，因业主办理伐树手续而延误至 9 月 6 日才开工。总包单位要求工期顺延 5 天。此项要求是否成立？根据是什么？

② 土方公司在基础开挖中遇有地下文物，采取了必要的保护措施。为此，总包单位请他们向业主要求索赔，做法对吗？为什么？

③ 在基础回填过程中，总包单位已按规定取土样，试验合格。监理工程师对填土质量

表示异议,责成总包单位再次取样复验,结果合格。总包单位要求监理单位支付试验费。做法对吗? 为什么?

④ 总包单位对混凝土搅拌设备的加水计量器进行改进研究,在本公司试验室内进行试验,改进成功并用于本工程。总包单位要求此项试验费由业主支付。监理工程师是否批准? 为什么?

⑤ 结构施工期间,总包单位经总监理工程师同意更换了项目经理,但现场组织管理一度失调,导致封顶时间延误 8 天。总包单位以总监理工程师同意为由,要求给予适当工期补偿。总监理工程师是否批准? 为什么?

⑥ 在进行结算时,总包单位根据投标书,要求外墙涂料费用按发票价计取,业主认为应按合同条件中约定计取,为此发生争议。如果你是项目经理,你支持哪种意见? 为什么?

【案例 6.7 评析】

① 成立。因为属于业主责任,业主未及时提供施工场地,非总承包单位原因。

② 不对。因为土方公司为分包,与业主无合同关系。

③ 不对。因按规定,此项费用应由业主支付。

④ 不批。因为此项支出已包含在工程合同价中,应由总承包单位承担。

⑤ 不批。虽然总监理工程师同意更换,不等同于免除总包单位应负的责任。

⑥ 支持总包单位意见。因为按规定,合同文件解释顺序为:本合同协议书,中标通知书,投标书及其附件,本合同专用条款。

6.7.4　建筑工程竣工阶段的合同管理案例

【案例 6.8】

某市南苑北里小区 22 号楼为 6 层混合结构住宅楼,设计采用混凝土小型砌块砌墙,墙体加芯柱,竣工验收合格后,用户入住。但用户在使用过程中(5 年后),发现墙体中没有芯柱,只发现了少量钢筋,而没有浇筑混凝土,最后经法定检测单位采用红外线照相法统计,发现大约有 82% 墙体中未按设计要求加芯柱,只在一层部分墙体中有芯柱,造成了重大的质量隐患。

试问:① 该混合结构住宅楼工程质量验收合格应符合什么规定?

② 该工程已交付使用(5 年),施工单位是否需要对此问题承担责任? 为什么?

【案例 6.8 评析】

① 该混合结构住宅楼工程质量验收合格应符合下列规定:

(a) 单位(子单位)工程所含分部(子分部)工程的质量均应验收合格。

(b) 质量控制资料应完整。

(c) 单位(子单位)工程所含分部工程有关安全和功能的检测资料应完整。

(d) 主要功能项目的抽查结果应符合相关专业质量验收规范的规定。

(e) 观感质量验收应符合要求。

② 施工单位必须对此问题承担责任,原因是该质量问题是由施工单位在施工过程中未按设计要求施工造成的,并且主体结构工程质量保修期为工程设计使用年限。

【案例 6.9】

某海滨城市为发展旅游业,经批准兴建一座三星级大酒店。该项目甲方于××年 10 月 10 日分别与某建筑工程公司(乙方)和某外资装饰工程公司(丙方)签订了主体建筑工程施工合同和装饰工程施工合同。

合同约定主体建筑工程施工于当年 11 月 10 日正式开工。合同日历工期为 2 年 5 个月。因主体工程与装饰工程分别为两个独立的合同,由两个承包商承建,为保证工期,当事人约定:主体与装饰施工采取立体交叉作业,即主体完成 3 层,装饰工程承包商立即进入装饰作业。为保证装饰工程达到三星级水平,业主委托某监理公司实施"装饰工程监理"。

在工程施工 1 年 6 个月时,甲方要求乙方将竣工日期提前 2 个月,双方协商修订施工方案后达成协议。

该工程按变更后的合同工期竣工,经验收后投入使用。

在该工程投入使用 2 年 6 个月后,乙方因甲方少付工程款起诉至法院。诉称:甲方于该工程验收合格后签发了竣工验收报告,并已开张营业。在结算工程款时,甲方本应付工程总价款 1 600 万元人民币,但只付 1 400 万元人民币。特请求法庭判决被告支付剩余的 200 万元及拖期的利息。

在庭审中,被告答称:原告主体建筑工程施工质量有问题,如大堂、电梯间门洞、大厅墙面、游泳池等主体施工质量不合格。因此,装修商进行返工,并提出索赔,经监理工程师签字报业主代表认可,共支付 15.2 万美元,折合人民币 125 万元。此项费用应由原告承担。另外还有其他质量问题,并造成客房、机房设备、设施损失计人民币 75 万元。共计损失 200 万元人民币,应从总工程款中扣除,故支付乙方主体工程款总额为 1 400 万元人民币。

原告辩称:被告称工程主体不合格不属实,并向法庭呈交了业主及有关方面签字的合格竣工验收报告及业主致乙方的感谢信等证据。

被告又辩称:竣工验收报告及感谢信,是在原告法定代表人宴请我方时,提出为了企业晋级的情况下,我方代表才签字的。此外,被告代理人又向法庭呈交业主被装饰工程公司提出的索赔 15.2 万美元(经监理工程师和业主代表签字)的清单 56 件。

原告再辩称:被告代表发言纯属戏言,怎能以签署竣工验收报告为儿戏,请求法庭以文字为证。又指出:如果真的存在被告所说的情况,那么被告应当根据《建设工程质量管理条例》的规定,在装饰施工前通知我方修理。

原告最后请求法庭关注:从签发竣工验收报告到起诉前,乙方向甲方多次以书面方式提出结算要求。在长达两年多的时间里,甲方从未向乙方提出过工程存在质量问题。

试问:① 原、被告之间的合同是否有效?

② 如果在装修施工过程中,发现主体工程施工质量有问题,甲方应采取哪些正当措施?

③ 对于乙方因工程款纠纷的起诉和甲方因工程质量问题的起诉,法院应否予以保护?

【案例 6.9 评析】

① 合同双方当事人符合建设工程施工合同主体资格的要求,并且合同订立形式与内容均合法,所以原、被告之间的合同有效。

② 根据《建设工程质量管理条例》的规定,主体工程保修期为设计文件规定的该工程合理使用年限。在保修期内,当发现主体工程施工质量有问题时,业主应及时通知承包商进行修理。承包商不在约定期限内派人修理,业主可委托其他人员修理,保修费用从质量保修金

内扣除。显然,如果装饰施工中发现的主体工程施工质量问题属实,应按保修处理。

③ 根据我国《民法通则》的规定,向人民法院请求保护民事权利的诉讼时效期为 2 年,从当事人知道或应当知道权利被侵害时起算。本案例中业主在直至庭审前的两年多时间里,一直未就质量问题提出异议,已超过诉讼时效,所以,不予保护。而乙方自签发竣工验收报告后,向甲方多次以书面方式提出结算要求,其诉讼权利应予保护。

6.7.5　建筑工程施工合同分包管理案例

【案例 6.10】

某房地产开发公司甲在某市老城区参与旧城改造建设,投资 3 亿元,修建 1 个四星级酒店,2 座高档写字楼,6 栋宿舍楼,建筑周期为 20 个月,该项目进行了公开招标,某建筑工程总公司乙中标,甲与乙签订工程总承包合同,双方约定:必须保证工程质量优良,保证工期,乙可以将宿舍楼分包给其下属分公司施工。乙为保证工程质量与工期,将 6 楼宿舍楼分包给施工能力强、施工整体水平高的下属分公司丙与丁,并签订分包协议书。根据总包合同要求,在分包协议中对工程质量与工期进行了约定。

工程根据总包合同工期要求按时开工,在实施过程中,乙保证按期完成了酒店与写字楼的施工任务。丙在签订分包合同后因其资金周转困难,随后将工程转交给了一个具有施工资质的施工单位,并收取 10% 的管理费,丁为加快进度,将其中 1 栋单体宿舍楼分包给没有资质的农民施工队。

工程竣工后,甲会同有关质量监督部门对工程进行验收,发现丁施工的宿舍存在质量问题,必须进行整改才能交付使用,给甲带来了损失,丁以与甲没有合同关系为由拒绝承担责任,乙又以自己不是实际施工人为由推卸责任,甲遂以乙为第一被告、丁为第二被告向法院起诉。

试问:① 丙与丁的行为是否合法? 各属于什么行为?

② 这起事件应该由谁来承担责任? 为什么?

③ 违法分包行为主要有哪些?

【案例 6.10 评析】

① 丙与丁的行为不合法。根据《合同法》规定,丙是属于非法转包,丁是属于违法肢解分包。

② 这起事件应该由乙来承担责任。根据《合同法》规定,总承包单位和分包单位应该就分包工程对建设单位承担连带责任。

③ 违法分包行为主要有:

(a) 总承包单位将建设工程分包给不具备相应资质条件的单位的;

(b) 建设工程总承包合同中未有约定,又未经建设单位认可,承包单位将其承包的部分建设工程交由其他单位完成的;

(c) 施工总承包单位将建设工程主体结构的施工分包给其他单位的;

(d) 分包单位将其承包的建设工程再分包的。

本 章 小 结

1. 建设工程施工合同是建设工程合同的主要合同，是工程建设质量控制、进度控制、投资控制的主要依据。

2. 合同履行中，发包人与承包人有关工程的洽商、变更等书面协议或文件视为本合同的组成部分。变更的协议或文件，效力高于其他合同文件；且签署在后的协议或文件效力高于签署在先的协议或文件。

3. 《施工合同文本》分为 3 个部分，可以简单地概括其内容为："一书，二款，十一附件"。"一书"是指《协议书》，它是《施工合同文本》的总纲性文件。"两款"是指《通用条款》和《专用条款》，是合同的主要内容，是合同的主体部分。"十一附件"是指合同后附的 11 个表格。

4. 工程质量应当达成协议书约定的质量标准，质量标准的评定以国家或者专业的质量检验为评定标准。

5. 工程具备竣工验收条件，承包人按国家工程竣工验收的有关规定，向发包人提供完整竣工资料及竣工验收报告。发包人收到竣工验收报告后 28 天内组织有关部门验收，并在验收后 14 天内给予认可或提出修改意见，承包人应按要求进行修改。

6. 施工合同的进度控制可以分为施工准备阶段、施工阶段和竣工验收阶段的进度控制。

7. 承包人应按专用条款约定的时间，向监理人提交已完工程量的报告。监理人接到报告后 7 天内按设计图纸核实已完工程量（以下称计量）。监理人对承包人超出设计图纸范围和因自身原因造成返工的工程量，不予计量。

8. 付款周期应按照计量周期的约定与计量周期保持一致。

9. 承包人应在收到变更指示后 14 天内，向监理人提交变更估价申请。发包人应在承包人提交变量估价申请后 14 天内审批完毕。

10. 承包人应在工程竣工验收合格后 28 天内向发包人和监理人提交竣工结算申请单，并提交完整的结算资料。发包人在收到承包人提交竣工申请书后 28 天内未完成审批且未提出异议的，视为发包人认可承包人提交的竣工结算申请单。

习 题

1. 单项选择题

(1) 承包人的施工质量未达到合同要求，监理人发布暂时停工通知，承包人按监理人指示修复缺陷后，发出复工通知，监理人在 48 小时内未作答复，承包人（ ）。

　　A. 继续后续工作的施工　　　　　　　　B. 向发包人请示复工

　　C. 向监理人再次请示复工　　　　　　　D. 向发包人发出解除合同通知

(2) 发包人经原设计人书面同意后，可委托其他设计单位修改，（ ）对修改后的设计文件负责。

　　A. 发包人　　　　B. 原设计人　　　　C. 修改单位　　　　D. 承包人

(3) 施工合同示范文本通用条款规定，承包人对（ ）的保修期限应为 5 年。

　　A. 地基基础工程　　　　　　　　　　　B. 屋面防水工程

　　C. 设备安装工程　　　　　　　　　　　D. 排水管道工程

(4) 工程建设施工由于设计方面的原因造成质量缺陷，由施工单位负责维修，其费用（ ）。

　　A. 由施工单位直接向设计单位索赔

　　B. 由设计单位全额承担

C. 由建设单位全额承担

D. 通过建设单位向设计单位索赔,不足部分由建设单位负责

(5) 下列选项属于竣工后试车的是( )。

A. 单机无负荷试车　　　　　　　　B. 联动无负荷试车

C. 拟运行试车　　　　　　　　　　D. 投料试车

(6) 发包人供应的材料未通知承包人验收,入库后发生的损坏丢失由( )。

A. 承包人负责　　　　　　　　　　B. 发包人负责

C. 谁承担视具体情况决定　　　　　D. 承包人和发包人共同负责

(7) 按照《建设工程施工合同(示范文本)》规定,下列事项中,属于发包人应承担的义务是( )。

A. 提供监理单位施工现场办公房屋　　B. 提供夜间施工使用的照明设施

C. 提供施工现场的工程地质资料　　　D. 提供工程进度计划

(8) 参与工程竣工验收的各方不能形成一致意见时,应( ),待意见统一后,重新组织工程竣工验收。

A. 由总监理工程师协调参与竣工验收各方

B. 报当地建设行政主管部门或监督机构进行协调

C. 由承包人进行协调

D. 由发包人进行协调

(9) 《建设工程施工合同(示范文本)》规定,投料试车工作应在工程竣工( )。

A. 验收后由发包人负责　　　　　　B. 验收前由发包人负责

C. 验收后由监理人负责　　　　　　D. 验收前由监理人负责

(10) 下列施工合同文件中,解释顺序优先的是( )。

A. 中标通知书　　　　　　　　　　B. 投标书

C. 施工合同专用条款　　　　　　　D. 规范

(11) 对于施工合同约定由发包人提供的图纸,如果承包人要求增加图纸套数,则下列关于图纸的复制人和复制费用承担的说法中,正确的是( )。

A. 应由承包人自行复制,复制费用自行承担

B. 应由承包人自行复制,复制费用由发包人承担

C. 应由发包人复制,复制费用由发包人承担

D. 应由发包人复制,复制费用由承包人承担

(12) 通过招标选择的承包人,在合同协议书内明确的工期总天数应为( )。

A. 招标文件要求的天数

B. 投标书内承包人承诺的天数

C. 发包人和承包人协商的天数

D. 承包人提交的施工组织设计中的天数

(13) 施工工程竣工验收通过后,确定承包人的实际竣工日应为( )。

A. 承包人递交竣工验收报告日　　　B. 发包人组织竣工验收日

C. 开始进行竣工检验日　　　　　　D. 验收组通过竣工验收日

(14) 工程竣工验收未能通过,经过承包人修正缺陷再次验收检验合格。这种情况下,计算承包人的实际竣工日期应为( )日。

A. 承包人第一次提交竣工验收报告　　B. 承包人修改后再次提请竣工验收

C. 最终验收合格　　　　　　　　　　D. 办理竣工验收手续

(15) 按照施工合同示范文本的规定,监理人接到承包人提交的进度计划后,应在合同约定的时间内予以确认或提出修改意见。如果监理人没有在约定时间内予以确认或提出修改意见,则视为( )。

    A. 监理人已经确认,承包人不再承担计划的缺陷责任

    B. 监理人已经确认,承包人仍应承担计划的缺陷责任

    C. 监理人未确认,承包人应修改进度计划

    D. 监理人未确认,承包人应等待监理人的进一步指示

(16) 某施工合同约定承包工程应于 10 月 20 日竣工。9 月中旬发现,因承包人的施工管理不严格,导致实际进度滞后于计划进度。承包人按监理人要求修改了进度计划,竣工日期推迟到 10 月 30 日。该进度计划得到监理人的确认,则(　　)。

    A. 如果通过赶工在 10 月 20 日竣工,可获提前竣工奖励

    B. 如果通过赶工在 10 月 20 日竣工,不能获提前竣工奖励

    C. 如果在 10 月 25 日竣工,既不获得奖励,也不承担拖期赔偿责任

    D. 如果在 10 月 30 日竣工,不需承担拖期赔偿责任

(17) 下列关于施工进度计划的说法中,错误的是(　　)。

    A. 承包人应当依据施工组织设计编制施工进度计划

    B. 监理人无权对承包人提交的施工进度计划提出不同意见

    C. 监理人对施工进度计划的认可,不能免除承包人对施工组织设计缺陷应负的责任

    D. 经监理人认可的施工进度计划,将作为工程的施工进度控制的依据

(18) 某施工合同约定的开工日期为 2010 年 9 月 10 日,承包人在 9 月 1 日向监理人提出了将在 9 月 17 日开工的延期申请,理由是主要施工机械正在大修,监理人批准了延期申请,要求按延期申请的日期开工,承包人的主要施工机械于 9 月 25 日运抵施工现场,实际开工日期为 9 月 30 日,根据《建设工程施工合同(示范文本)》,该工程的开工日期应为(　　)。

    A. 9 月 10 日　　　B. 9 月 17 日　　　　　C. 9 月 25 日　　　　　D. 9 月 30 日

(19) 依据《建设工程施工合同(示范文本)》规定,工程竣工验收报告经发包人认可后 28 天内,承包人未能向发包人递交竣工决算报告及完整的结算资料,造成工程竣工结算不能正常进行或工程竣工结算价款不能及时支付时,(　　)。

    A. 承包人要求交付工程,发包人应当接收

    B. 承包人不要求交付工程,发包人不可提出交付要求

    C. 发包人要求交付工程,承包人应当交付

    D. 发包人不要求交付工程,承包人仍应承担保管责任

(20) 工程月进度款的支付依据是(　　)。

    A. 当月拟完工程量预算值　　　　　　B. 当月已完工程量概算值

    C. 当月实际完成工程量计量值　　　　D. 累计已完工程量匡算值

(21) 在施工合同履行过程中,由于设计变更需要确定变更价款。而报价单中没有适用于变更工作的单价,则计算变更合同的价款应(　　)计算。

    A. 按监理人提出的单价　　　　　　　B. 按承包人提出的单价

    C. 按设计单位提出的单价　　　　　　D. 参照报价单内类似工作的单价

(22) 依据施工合同示范文本通用条款,在施工合同履行中,如果发包人不按时支付预付款,承包人可以(　　)。

    A. 立即发出解除合同通知

    B. 立即停工并发出通知要求支付预付款

    C. 在合同约定预付时间 7 天后发出通知要求支付预付款,如仍不能获得预付款,则在发出通知 7 天后停止施工

    D. 在合同约定预付时间 7 天后发出通知要求支付预付款,如仍不能获得预付款,则在发出通知之日起停止施工

(23) 某工程项目的发包人代表只有30万元变更确认权,但施工企业并不知道具体的确认权限,某日,施工企业提交发包人代表签字确认了一项工程款为50万元的变更工程,该50万元工程款的确认应该由(　　)。

A. 发包人承担责任　　　　　　　　B. 发包人代表承担责任

C. 承包人与发包人代表承担法律责任　D. 施工企业决定责任承担人

(24) 下列关于施工合同计价方式的说法中,正确的是(　　)。

A. 工期在18个月以上的合同,因市场价格不易准确预期,宜采用可调价格合同

B. 业主在初步设计完成后即招标的,因工程量估算不够准确,宜采用固定总价合同

C. 采用新技术的施工项目,因合同双方对施工成本不易准确确定,宜采用固定单价合同

D. 设备安装工程因无法估算工程量,宜采用成本加酬金合同

2. 多项选择题

(1) 对于在正常使用条件下的保修期限,下列说法正确的有(　　)。

A. 供热系统为2个采暖期　　　　　B. 供冷系统为2个供冷期

C. 外墙面的防渗漏为2年　　　　　D. 电气管线工程为2年

E. 设备安装工程为2年

(2) 设备安装工程的竣工验收阶段,下列有关组织试车的论述中,正确的有(　　)。

A. 单机无负荷试车由发包人组织　　B. 单机无负荷试车由承包人组织

C. 联动无负荷试车由发包人组织　　D. 联动无负荷试车由承包人组

E. 竣工后的试车由承包人组织

(3) 在建设工程施工合同履行过程中,不应由发包人完成的工作是(　　)

A. 提供地下管线资料　　　　　　　B. 办理法律、法规规定的批准手续

C. 进行图纸会审　　　　　　　　　D. 按规定办理安全生产有关手续

E. 协调处理古树、名木的保护工作

(4) 施工合同示范文件中定义的监理人包括(　　)。

A. 负责工程施工的总负责人　　　　B. 负责工程设计的总负责人

C. 总监理工程师　　　　　　　　　D. 发包人派驻施工场地的代表

E. 项目经理

(5) 某施工项目双方约定3月10日开工,当年10月10日竣工,开工前承包人以书面形式向监理人提出延期开工的理由和要求,未获批准,但承包人仍延至3月20日开工,则(　　)。

A. 承包人应通过赶工在10月10日竣工,赶工费用自行承担

B. 承包人应通过赶工在10月10日竣工,赶工费用由发包人承担

C. 承包人应通过赶工在10月10日竣工,可获提前竣工奖励

D. 如果工程在10月20日竣工,承包人不承担拖期违约责任

E. 如果工程在10月20日竣工,承包人承担拖期违约责任

(6) 在施工合同履行中,由于承包人的原因造成工程竣工结算价款不能及时支付,则(　　)。

A. 发包人无权要求交付工程

B. 发包人有权要求交付工程

C. 发包人未要求交付工程的,承包人仍应承担工程照管责任

D. 发包人未要求交付工程的,承包人不再承担工程照管责任

E. 承包人可以留置该工程

(7) 施工合同采用可调价合同时,可以对合同价款进行相应调整的情况包括(　　)。

A. 国家规定应缴纳的税费发生变化　B. 工程造价管理部门公布的价格调整

C. 电价发生变化 D. 承包人租赁的设备损坏增加了维修费用

E. 一周内非承包人原因停水造成停工累计超过 8 小时

(8) 下列有关确定变更价款的做法,正确的有( )。

A. 变更确定后承包人及时提出追加价款要求的报告

B. 监理人在规定时间内对承包人的要求作出答复

C. 确定的价款报送造价管理部门备案

D. 监理人未在规定时间内作出答复,视为承包人的要求已批准

E. 承包人未提出追加价款报告,监理人可单独决定补偿额

(9) 按照施工合同示范文本的规定,发包人收到竣工结算报告及结算资料后 56 天内仍不支付结算价款,则承包人有权( )。

A. 将工程直接收归已有 B. 与发包人协议将该工程折价

C. 自行将该工程卖给他人 D. 申请人民法院将该工程依法拍卖

E. 就该工程拍卖的价款优先受偿

(10) 施工合同采用可调价合同时,可以对合同价款进行相应调整的情况包括( )。

A. 国家规定应缴纳的税费发生变化

B. 工程造价管理部门公布的价格调整

C. 电价发生变化

D. 承包人租赁的设备损坏增加了维修费用

E. 一周内非承包人原因停水造成停工累计超过 8 小时

3. 案例分析

案例1:

某建筑公司与某学校签订一建设工程施工合同,明确承包人(建筑公司)保质、保量、保工期完成发包人(学校)的教学楼施工任务。工程竣工后,承包人向发包人提交了竣工报告,发包人认为双方合作愉快,为了不影响学生上课,还没有组织验收,便直接使用了。在使用过程中,校方发现教学楼存在质量问题,遂要求承包人修理。承包人则认为工程未经验收,发包人提前使用,出现质量问题,承包人不再承担责任。

问题:

① 根据有关法律、法规,该质量问题的责任由( )承担。

A. 承包人 B. 业主 C. 承包人与业主共同 D. 现场监理工程师

② 工程未经验收,业主提前使用,可否视为工程已交付,承包人不再承担责任?

③ 发生上述问题,承包人的保修责任应如何履行?

④ 上述纠纷,业主和承包人可以通过何种方式解决?

案例2:

某工程项目分为 A、B 两个单项工程,分别以公开招标的形式确定了中标单位并签订了施工合同。这两个单项工程在签订合同及施工过程中发生如下情况:

(1) A 工程在签订合同时,施工图纸设计未完成,业主即通过招标选择了一家总承包单位。由于设计未完成,承包范围内待实施的工程虽然性质明确,但工程量还难以确定,双方商定拟采用总价合同形式签订施工合同,以减少双方的风险。合同条款中规定:

① 乙方按业主代表批准的施工组织设计(或施工方案)组织施工,乙方不承担因此引起的工期延误和费用增加的责任。

② 甲方向乙方提供场地的工程地质和地下主要管网线路资料,供乙方参考使用。

③ 乙方不能将工程转包,但允许分包,也允许分包单位将分包的工程再次分包给其他施工单位。

(2) B 工程合同额为 9 000 万元,总工期为 30 个月,工程分两期进行验收,第一期为 18 个月,第二期为

12 个月。在工程实际实施过程中,出现了下列情况:

① 工程进行到第 10 个月时,国务院有关部门发出通知,指令压缩国家基建投资,要求某些建设项目暂停施工。该综合娱乐城项目属于指令停工下马项目,因此,业主向承包商提出暂时中止合同实施的通知。为此,承包商要求业主承担单方面中止合同给承包商造成的经济损失赔偿责任。

② 复工后在工程后期,工地遭到当地百年罕见的台风的袭击,工程被迫暂停施工,部分已完工程受损,现场场地遭到破坏,最终使工期拖延了 2 个月。为此,业主要求承包商承担工期拖延所造成的经济损失责任和赶工的责任。

问题:

① A 单项工程合同中业主与施工单位选择总价合同形式是否妥当? 合同条款中有哪些不妥之处?

② 施工合同按承包工程计价方式不同分为哪几类?

③ B 单项工程合同执行过程中出现的问题应如何处理?

第7章 国际工程合同管理

教学目标

知识要点	知识目标	专业能力目标
国际工程的概念和特点	1. 了解国际工程的概念； 2. 了解国际工程的特点； 3. 熟悉国际工程的参与主体	
国际工程合同管理的概念和特点	1. 了解国际工程合同的概念； 2. 熟悉国际工程合同的分类； 3. 掌握国际工程合同管理的概念； 4. 掌握国际工程合同管理的特点； 5. 掌握国际工程施工承包合同争议解决方法； 6. 熟悉国际工程承包合同的订立和常用的合同条件	熟知国际上大多数国家建筑施工的合同管理，做到与国际接轨
FIDIC 合同条件概述	1. 熟悉 FIDIC 合同条件简介； 2. 掌握 FIDIC 合同条件的基本特点； 3. 掌握 FIDIC 合同条件的适用范围和条件	
FIDIC《施工合同条件》的主要内容	1. 掌握 FIDIC《土木工程施工合同条件》(红皮书)的条款内容； 2. 掌握 1999 年版的《施工合同条件》(新红皮书)的条款内容； 3. 掌握 1999 年版的《施工合同条件》(新红皮书)的适用情况	

7.1 国际工程的概念和特点

1. 国际工程的概念

国际工程是指一个工程项目的策划、咨询、融资、采购、承包、管理以及培训等阶段或环节,其主要参与者来自不止一个国家或地区,并且按照国际上通用的工程项目管理模式进行建设管理的工程。通常是指工程参与主体来自不同国家,并且按照国际惯例进行管理的工程项目,即面向国际进行招标的工程。

在许多发展中国家,根据项目建设资金的来源(例如,外国政府贷款、国际金融机构贷款等)和技术复杂程度,以及本国公司的能力具有局限性等情况,允许外国公司承担某些工程任务。

国际工程咨询,包括对工程项目前期的投资机会研究、预可行性研究、可行性研究、项目评估、勘察、设计、招标文件编制、监理、管理、后评价等。国际工程承包,包括对工程项目进行投标、施工、设备采购及安装调试,既包括建设工程项目总承包或施工总承包,又包括专业工程分包、劳务分包等。按照业主的要求,有时也作施工详图设计和部分永久工程的设计。

2. 国际工程的特点

国际工程的特点如下:

① 具有合同主体的多国性;

② 货币和支付方式的多样性;

③ 国际政治、经济影响因素的权重明显增大;

④ 规范标准庞杂,差异较大;

⑤ 风险大,需要严格的合同管理;

⑥ 发达国家市场垄断。

3. 国际工程的参与主体

国际工程的参与主体有:

① 发包人。发包人是工程项目的投资决策者、资金筹集者、项目实施组织者(常常也是项目的产权所有者)。

② 承包人。承包人通常指承担工程项目施工及设备采购的公司或其联合体。

③ 建筑师/工程师。建筑师/工程师均指不同领域和阶段负责咨询或设计的专业公司和专业人员。他们的服务内容一般包括:项目的调查、规划与可行性研究、工程各阶段的设计、工程监理、参与竣工验收、试车和培训、项目后评价以及各类专题咨询。

④ 分包商。分包商是指那些直接与承包人签订合同,分担一部分承包人与发包人签订合同中的任务的公司。

⑤ 供应商。供应商是指为工程实施提供工程设备、材料和建筑机械的公司和个人。

⑥ 工料测量师。工料测量师是英国、英联邦国家以及香港地区对工程经济管理人员的称谓。在美国称造价工程师或成本咨询工程师,在日本称谓建筑测量师。其主要任务是为委托人(一般是发包人,也可以是承包人)进行工程造价管理,协助委托人将工程成本控制在预定目标之内。

 **知识梳理**

$$\left\{\begin{array}{l}\text{国际工程的概念}\\[4pt]\text{国际工程的特点}\\[4pt]\text{国际工程的参与主体}\end{array}\right.$$

7.2 国际工程合同管理的概念和特点

合同在国际工程中占据着中心地位,体现了相关的法律法规和惯例,规范了当事人的权利、责任与义务以及工程实施过程中的风险分担,是国际工程中参与各方实施工程管理的基本依据。合同的签订和管理是搞好国际工程项目的关键。没有合同意识,项目整体目标不明;没有合同管理,项目不可能实现预期目标。

1. 国际工程合同的概念

国际工程合同是指参与国际工程的不同国家的有关法人或个人之间,为了实现在某个工程项目中的施工、设备供货、安装调试以及提供劳务等特定目的,所签订的确定相互权利和义务关系的协议。由于国际工程是跨国的经济活动,因而国际工程合同远比一般国内合同复杂。

2. 国际工程合同的分类

国际工程合同的形式和类别非常之多,有许多分类方法,如:

① 按工作范围可分为:全过程总包合同(EPC Turn-Key)、设计－管理承包合同(Design-Manage)、设计－采购承包合同(Design-Procure)、管理承包合同(PMC)、设计服务合同(Design Service)、咨询服务合同(Procurement Service)、施工或供货安装承包合同(Construction/Supply-Erection/ME)等。

② 按计价方式可分为:固定总价合同(Fixed Lump-Sum Price)、固定单价合同(Fixed Unite Price)、成本加酬金合同(Cost + Fee)等。

③ 按合同关系分类,一般分为总承包合同(Main Contract)和分包合同(Construction Subcontract)。分包合同包括:施工分包、设计分包、劳务分包(Labor Subcontract)、设备材料供应分包(EM Subcontract)、运输分包(Transportation Subcontract)等。

3. 国际工程合同管理的概念

国际工程合同管理是指参与国际工程各方均应在合同实施过程中自觉地、认真地、严格地遵守所签订的合同的各项规定和要求,按照各自的职责,行使各自的权利、履行各自的义务、维护各方的权利,发扬协作精神,处理好"伙伴关系",做好各项管理工作,使项目目标得到完整的体现。

在国际工程中,许多业主方都聘请专业化的项目管理公司负责或者协助其进行项目管理,项目管理公司代表业主的利益进行管理,实现项目管理的专业化。

国际工程承包合同通常使用国际通用的合同示范文本,比如 FIDIC 合同、NEC 合同、AIA 合同等。合同管理是整个项目管理的核心,合同双方对合同的内容和条款非常重视。

4. 国际工程合同管理的特点

国际工程合同管理的特点如下:

① 国际工程的合同管理是工程项目管理的核心。国际工程合同从前期准备(指编制招标文件)招投标、谈判、修改、签订到实施,都是十分重要的环节。合同有关任何一方都不能粗心大意。只有订立一个好的合同才能保证项目的顺利实施。

② 国际工程合同文件内容全面,包括:合同协议书、投标书、中标函、合同条件、技术规

范、图纸、工程量表等多个文件。编制合同文件时,各部分的论述都应力求详尽具体,以便在实施中减少矛盾和争论。

③ 国际工程咨询和承包在国际上已有上百年历史,经过不断地总结经验,在国际上已经有了一批比较完善的合同范本,如 FIDIC、ICE、AIA 等国际知名机构都编制了标准的合同范本,这些范本还在不断地修订和完善,可供我们学习和借鉴。

④ 每个工程项目都有各自的特点,"项目"本身就是不重复的,一次性的活动,国际工程项目由于处于不同的国家和地区,不同的工程类型、不同的资金条件、不同的合同模式、不同的业主和咨询工程师、不同的承包商,因而可以说每个项目都是不相同的。研究国际工程合同管理时,不但要研究其共性,而且要研究其特性。

⑤ 国际工程合同制定时间长,实施时间更长。一个合同实施期短则 1～2 年,长则 20～30 年(如 BOT 项目)。因而合同中的任一方都必须十分重视合同的订立和实施。依靠合同来保护自己的权益。

⑥ 一个国际工程项目往往是一个综合性的商务活动,实施一个工程除主合同外,还可能需要签订多个其他合同,如融资贷款合同、各类货物采购合同、分包合同、劳务合同、联营体合同、技术转让合同、设备租赁合同等。其他合同均是围绕主合同、为主合同服务的,每一个合同的订立和管理都会影响到主合同的实施。

除此之外,国际工程合同管理还具有合同实施的风险大,合同管理变更、索赔工作量大,合同管理的全员性,合同管理涉及更多的协调管理,合同实施过程复杂等特点。

合同的签订和管理是搞好国际工程项目的关键。工程项目管理包括:进度管理、质量管理与造价管理等,而这些管理均是以合同要求和规定为依据的。项目各方都应配备得力人员认真研究合同,管好用好合同。国际工程公司都应尽早地主动培养一批合同专家,以满足日益对外开放的国内市场和走向国际市场实施国际工程项目的需要。

5. 国际工程施工承包合同争议解决

国际工程施工承包合同争议解决的方式一般包括:协商、调解、仲裁或诉讼等。

在许多国际工程承包合同中,合同双方往往愿意采用 DAB(争端裁决委员会)或 DRB(Dispute Review Board,纠纷审议委员会)方式解决争议。这不同于调解,也不同于仲裁或诉讼。在 FIDIC 合同中采用的是 DAB 方式。

合同双方经过协商,选定一个独立公正的 DAB,当发生合同争议时,由该委员会对其争议作出决定。合同双方在收到决定后 28 天内,均未提出异议,则该决定即是最终的,对双方均具有约束力。

6. 国际工程承包合同的订立和常用的合同条件

(1) 国际工程承包合同的订立

招标是国际工程承包合同订立的最主要形式。世界银行贷款项目的工程招标方式主要包括:国际竞争性招标(ICB)、国内竞争性招标(NCB)、有限国际招标(LIB)等。

(2) 国际工程承包合同常用的合同条件

国际工程承包合同常用的合同及其条件如下:

① FIDIC 系列合同条件。

② 英国 ICE 合同条件、NEC 合同条件、ECC 合同条件。

其中,ECC 的特点如下:

(a) 灵活性。

（b）简洁性。

（c）体现伙伴关系理念。ECC 合同的工作原则是合同参与各方的互相信任和合作；在合同双方之间合理分摊风险，鼓励业主和承包商通过共同预测来降低风险；严格定义项目决策的客观基础，减少项目决策的主观性；引入"早期警告程序"及处理"补偿事件"的方法；设立"裁决人"制度，使争端解决在萌芽状态。

（d）有利于项目信息化管理。

③ 美国 AIA 系列合同条件。分为 A、B、C、D、G、INT 六个系列。A 系列，是关于业主与承包人之间的合同文件；B 系列，是关于业主与建筑师之间的合同文件；C 系列，是关于建筑师与提供专业服务的咨询机构之间的合同文件。AIA 合同条件主要用于私营的房屋建筑工程。

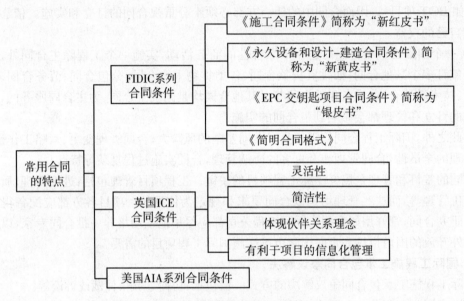

图 7.1　常用的几种国际建设工程承包合同条件

　知识梳理

国际工程合同的概念
国际工程合同的分类
国际工程合同管理的概念
国际工程合同管理的特点
国际工程施工承包合同争议解决
国际工程承包合同的订立和常用的合同条件 ｛ 国际工程承包合同的订立
国际工程承包合同常用的合同条件

7.3　FIDIC 合同条件概述

FIDIC 是国际咨询工程师联合会(Fédération Internationale Des Ingénieurs Conseils)的法文缩写,中文音译为"菲迪克",是国际上最具有权威性的咨询工程师组织。FIDIC 帮助会员提高服务水平,加强国际合作,解决工作中遇到的一些问题,起草了众多规范性文件等,做了大量的有益工作。

FIDIC 于 1913 年由欧洲五国独立的咨询工程师协会在比利时根特成立,现在在瑞士洛桑。FIDIC 成立 100 年来对国际实施的工程建设项目起到了重要作用。该会编制的《业主与咨询工程师标准服务协议书》(白皮书)、《土木工程施工合同条件》(红皮书)、《电气与机械工程合同条件》(黄皮书)、《工程总承包合同条件》(橘黄皮书)被世界银行、亚洲开发银行等国际和区域发展援助金融机构作为实施项目的合同协议范本。

7.3.1　FIDIC 合同条件简介

7.3.1.1　FIDIC 标准合同范本体系

FIDIC 编写的《土木工程施工合同条件》由于封皮为红色,又俗称"红皮书"。1957 年制定了第 1 版。主要沿用英国的传统作法和法律体系。1969 年修订为第 2 版。第 2 版没有改变第 1 版中包含的条件,只是在第 1 版的基础上增加了一个第 3 部分。此部分的编撰适用于疏浚工程的特殊条件,对通用条件作了一些具体变动。1977 年出版的第 3 版对第 2 版作了全面修订,同时出版了一本《土木工程合同注释》。1987 年 9 月,在瑞士举行的 FIDIC 年会上发行了第 4 版。第 4 版从 5 个方面作了体系的改动。1988 年和 1994 年先后两次对第 4 版进行了大量的修改和补充。

FIDIC 最早发行适用于土木工程的《施工合同条件》(红皮书)和适用于机电工程的《电气与机械工程合同条件》(黄皮书)已被广泛使用了几十年(现行的红皮书已是第 5 版,黄皮书也已是第 4 版),1995 年又起草发行了适用于由承包商同时承担工程设计与施工的《设计-施工和交钥匙合同条件》(橘皮书)。由于国际工程项目管理的飞速发展,无论是红皮书、黄皮书还是橘皮书到 20 世纪 90 年代实际上已经不能完全满足世界上许多项目的管理需求。一方面,当时的版本相当局限地定位在传统的土木工程以及传统的电气和机械工程,像公路、桥梁、水坝,以及水电站的涡轮机与洪水闸门、机械搬运和安装等,已不再适应建造实施方式日益普及的新需求,如民用建筑项目中土建施工与复杂的机械、强电、弱电及其他系统的供应与安装一体化趋势等。另一方面,因为有些项目出于融资需要而派生出一些新的建造实施方式,像公共/私营合作方式(Public/Private Partnership,PPP)、民间主动融资方式(Private Finance Initiate,PFI)、建造-运营-移交方式(Build-Operate-Transfer,BOT)等,使得美国称为交钥匙(Turn-Key)、欧洲称为工程设计-采购-施工的项目管理模式(Engineering-Procurement-Construction,EPC)得到了广泛的应用,而当时的标准合同版本对此却缺乏适应性。

基于以上情况,FIDIC 将标准合同范本的分类方式从"土建"与"电气和机械"转向"业主设计"与"承包商设计"。在 1999 年编写发行了全新版 FIDIC 合同条件的 4 个新范本,形成了 1999 年版标准合同族,即新的彩虹合同系列:

①《施工合同条件》(*Condition of Contract for Construction*,新红皮书);

②《生产设备与设计-施工合同条件》(*Condition of Contract for Plant and Design-Build*,新黄皮书);

③《设计-采购-施工(EPC)/交钥匙项目合同条件》(*Condition of Contract for EPC/Turn Key Project*,银皮书);

④《简明合同格式》(*Short Form of Contract*,绿皮书)。

表 7.1　FIDIC 的 4 种合同条件特点

合同条件	施工合同条件	生产设备与设计-施工合同条件	设计-采购-施工(EPC)/交钥匙项目合同条件	简明合同格式
简称	新红皮书	新黄皮书	银皮书	绿皮书
适用范围	主要用于由发包人设计的或由咨询工程师设计的房屋建筑工程和土木工程的施工项目	由承包商做绝大部分设计的工程项目	适用于在交钥匙的基础上进行的工程项目的设计和施工,承包商要负责所有设计、采购和建造工作,在交钥匙时,要提供一个设施配备完整、可以投产运行的项目	投资较低的一般不需要分包的建筑工程或设施,或尽管投资较高,但工作内容简单、重复,或建设周期短
计价方式	属于单价合同,但也有某些子项采用包干价格。一般情况下,单价可随各类物价的波动而调整	总价合同方式,如果发生法规规定的变化或物价波动,合同价格可随之调整	合同计价采用固定总价方式,只有在某些特定风险出现时才调整价格	单价合同、总价合同、其他方式
业主管理	工程师	工程师	业主的管理者	业主代表

作为一个与时俱进的行业组织,FIDIC 为适应国际工程投资与咨询界的发展需要,应国际多边开发银行组织的要求,2006 年起草发布了《施工合同条件:多边开发银行协调版》(*Condition of Contract for Construction:MDB Harmonised Edition*,粉皮书),2007 年又编制发布了《设计、施工与运营项目合同条件》(*Condition of Contract for Design,Build and Operate Project*,金皮书),进一步扩大了工程承包的彩虹合同系列。再结合 1998 年发行的第 3 版《客户/咨询工程师服务协议书范本》(*Client/Consultant Model Service Agreement*,白皮书)等文本。由此,FIDIC 向国际工程界提供了较为完整的标准合同体系。

7.3.1.2　1999 版 FIDIC《施工合同条件》(新红皮书)简介

FIDIC(国际咨询工程师联合会)在 1999 年出版的《施工合同条件》范本,在维持《土木工程施工合同条件》(1988 年第 4 版)基本原则的基础上,对合同结构和条款内容作了较大修订。新的版本有以下几个方面的重大改动：

（1）合同的适用条件更为广泛

FIDIC 在《土木工程施工合同条件》基础上编制的《施工合同条件》不仅适用于建筑工程施工，也可以用于安装工程施工。

（2）通用条件条款结构改变

通用条件条款的标题分别为：一般规定；业主；工程师；承包商；指定分包商；职员和劳工；永久设备、材料和工艺；开工、延误和暂停；竣工检验；业主的接收；缺陷责任；测量和估价；变更和调整；合同价格和支付；业主提出终止；承包商提出暂停和终止；风险和责任；保险；不可抗力；索赔、争端和仲裁 20 条 163 款。比《土木工程施工合同条件》的条目数少，但条款数多，克服了合同履行过程中发生的某一事件往往涉及排列序号不在一起的很多条款，使得编写合同、履行管理都感到很繁琐的缺点，尽可能将相关内容归列在同一主题下。

（3）对业主、承包商双方的权利和义务作了更严格明确的规定

FIDIC 对业主、承包商双方的权利和义务作了更严格明确的规定。

（4）对工程师的职权规定得更为明确

通用条款内明确规定，工程师应履行施工合同中赋予他的职责，行使合同中明确规定的或必然隐含的赋予他的权利。如果要求工程师在行使施工合同中某些规定权利之前需先获得业主的批准，则应在业主与承包商签订合同的专用条件的相应条款内注明。合同履行过程中业主或承包商的各类要求均应提交工程师，由其作出"决定"；除非按照解决合同争议的条款将该事件提交争端裁决委员会或仲裁机构解决外，对工程师作出的每一项决定各方均应遵守。业主与承包商协商达成一致以前，不得对工程师的权利加以进一步限制。通用条件的相关条款同时规定，每当工程师需要对某一事项作出商定或决定时，应首先与合同双方协商并尽力达成一致。如果不能达成一致，则应按照合同规定并适当考虑所有有关情况后再作出公正的决定。

（5）补充了部分新内容

随着工程项目管理的规范化发展，增加了一些《土木工程施工合同条件》没有包括的内容，如业主的资金安排、业主的索赔、承包商要求的变更、质量管理体系、知识产权、争端裁决委员会等，使条款涵盖的范围更为全面、合理。

（6）通用条件的条款更具备操作性

通用条件条款数目的增加不仅表现为涵盖内容的面宽，而且条款约定更为细致和便于操作。如将预付款支付与扣还、调价公式等编入了通用条件的条款。

《施工合同条件》具有全面、完整的通用条件的条款规定和专用条件部分条款的编制说明及范例，使用时可结合项目的特点编写。

7.3.1.3　2006 版 FIDIC《施工合同条件：多边开发银行协调版》（粉皮书）简介

2006 版《施工合同条件：多边开发银行协调版》（粉皮书）主要是基于国际多边开发银行组织成员在长期使用 FIDIC 红皮书的实践中，需要规律性地将某些合同措辞纳入专用合同条款，此外，招标文件特别条款中的某些附加条款与多边开发银行组织的习惯也有所不同，这就造成文件使用者的无效率性和不确定性，增加了造成合同纠纷的可能。多边开发银行

组织采购主管意识到这些问题的重要性,FIDIC 也意识到必要的修改可以简化合同的使用,有益于客户及其他项目参与方的管理。协调版(粉皮书)的使用将大大减少因使用红皮书所做的大量修改。

7.3.1.4　2007版FIDIC《设计、施工与运营项目合同条件》(金皮书)简介

FIDIC《设计、施工与运行项目合同条件》(金皮书)代表了国际工程项目管理的一种新趋势。

《设计、施工与运行项目(DBO)》(金皮书)的合同承包方式是将设计、施工、设施长期运行(和维护)整合到一个合同中授予一个承包商承担。适用于设计、建造、运行要求一体化的项目管理模式。

承包商一般是指具有设计、建造、运行能力要求的专业及技能的联营体(Joint Venture)或联合体(Consortium),不仅承担设施的设计与施工,在移交给业主之前的一段时间内,比如20年,还要负责其所建设施的运营。

DBO 合同最大优势是可以优化项目的全寿命周期成本,还可以由承包商向业主提供可靠有效率的持续技术改造与创新。

DBO 的承包商不承担融资责任,在 DBO 合同方式下项目所有权始终归公共部门所有。承包商收回成本的唯一途径就是公共部门的付款。

7.3.2　FIDIC 合同条件的基本特点

FIDIC 合同条件的基本特点有5个。

1. 国际性、广泛的适用性和权威性

FIDIC 编制的合同条件是在总结国际工程合同管理各方面经验教训的基础上制定的,是在总结各个国家和地区的业主、咨询工程师和承包商各方经验的基础上编制出来的,并且不断地修改完善,是国际上最具有权威性的合同文件,也是世界上国际招标的工程项目中使用最多的合同条件。我国有关部委编制的合同条件或协议书范本也都把 FIDIC 编制的合同条件作为重要的参考文本。世界银行、亚洲开发银行、非洲开发银行等国际金融组织的贷款项目,也都采用 FIDIC 编制的合同条件。

FIDIC 条件包括通用条件和专用条件两部分,将工程合同管理的一般性与特殊性相结合,使 FIDIC 合同条件既保证了普遍的适用性,又照顾了工程特点和合同双方的特殊要求,因此使用范围非常广泛。

2. 公正合理

FIDIC 合同条件较为公正地考虑了合同双方的利益,包括合理地分配工程责任,合理地分配工程风险,为双方确定一个合理的价格奠定了良好的基础。同时,在确定工程师权利的同时,又要求其必须公正地行事,这从一个重要侧面进一步保证了 FIDIC 的公正性。

3. 程序严谨,易于操作

合同条件中处理各种问题的程序都有严谨的规定,特别强调要及时地处理和解决问题,以避免由于拖拉而产生的不良后果。另外,还特别强调各种书面文件及证据的重要性,这些

规定使各方都有章可循,易于操作和实施。

4. 强化了工程师的作用

FIDIC 合同条件明确规定了工程师的权利和职责,赋予工程师在工程管理方面的充分权利。工程师是相对独立而具有专业精神的第三方,受业主聘用,并代表业主负责项目的合同管理和工程监督。承包商则被要求严格遵守和执行工程师的指令,这就简化了工程项目管理中一些不必要的环节,为工程项目的顺利实施创造了条件。

5. 不断更新,与时俱进

FIDIC 在不断更新原有合同文本时,并不废止老的合同文本,新老文本同时在业内混合使用,既可以满足原使用者的习惯,又可以适应行业发展的新趋势、新要求。

7.3.3　FIDIC 合同条件的适用范围和条件

7.3.3.1　FIDIC 合同条件的适用范围

FIDIC 合同条件的适用范围有 4 个。

1. 直接应用于国际金融机构提供贷款的国际工程建设项目

在世界各地,凡是世界银行等国际开发银行组织的成员以往提供贷款的工程项目招标文件,全文都采用与 FIDIC 相应合同条件。这样有利于合同各方都了解和熟悉同一个权威的合同条件,从而降低招投标交易的成本,保证工程合同的顺利执行,并根据较为均衡的合同条款行使各方的职权,保护合法的利益。

2. 用于对比分析

许多国家都有自己编制的合同条件,这些合同条件的条目、内容和 FIDIC 编制的合同条件大同小异,只是在处理问题的程序规定以及风险分担等方面有所不同。FIDIC 合同条件在处理业主和承包商的风险分担和权利和义务时较为公正,各项程序较为严谨完善,因而 FIDIC 合同条件可以作为一把尺子衡量其他合同文本的条件,通过分析和研究,可以从中发现风险因素,以便制定防范或利用风险的措施。

3. 用于合同谈判

因为 FIDIC 合同条件是国际上权威性的文件,在招标过程中,如承包商感到招标文件有些规定不合理或是不完善,可以在答疑或商签合同阶段,用 FIDIC 合同条件作为"国际惯例",要求对方修改或补充某些条款。

4. 在个别特殊情况下局部采用

当咨询工程师协助业主编制招标文件时或总承包商编制分包项目招标文件时,可以局部选择 FIDIC 合同条件中的某些部分、某些条款、某些思路、某些程序或某些规定,也可以在项目实施过程中借助于某些思路和程序去处理遇到的问题。

7.3.3.2　1999 版 FIDIC 合同条件的适用条件

以下对 1999 版 FIDIC 合同条件的适用条件分别进行介绍。

①《施工合同条件》(新红皮书)见 7.4.3。

②《生产设备与设计-施工合同条件》(新黄皮书)。新黄皮书被推荐用于电力或机械设备的提供和施工安装,以及房屋建筑或其他土木工程的设计和实施。在这种合同条件形式下,一般都是由承包商按照业主的要求设计和提供设备或其他工程(可能包括由土木、机械、电力或建造工程的任何组合形式)。新黄皮书与原来的《电气与机械工程合同条件》(黄皮书)相对应。新黄皮书的适用条件为:

(a) 该合同条件的支付管理程序与责任划分基于总价合同,因此一般适用于大型项目中的工业或工艺设备安装工程。

(b) 业主只负责编制项目纲要和提出对设备的性能要求,承包商负责全部设计工作和全部施工安装工作。

(c) 工程师负责监督设备的制造、安装和工程施工,并签发支付证书。

(d) 风险分担较均衡,新黄皮书与新红皮书相比,最大区别在于新黄皮书的业主不再将合同的绝大部分风险由自己承担,而将一定风险转移至承包商。

(e) 银皮书不适用的某些工程项目,如招投标时间不足、在勘察不足下的较大规模地下工程、业主放权不足尤其是要负责审核大部分施工图、每次中间付款要经业主员工或中间人审核确定等情况。

对在上述情况下由承包商设计的工程,FIDIC均推荐"可以采用"新黄皮书。

③《设计-采购-施工(EPC)/交钥匙工程合同条件》(银皮书)。该合同条件适用于在交钥匙的基础上进行的工厂或其他类型的开发项目的实施。在交钥匙项目中,一般情况下由承包商实施所有的设计、采购和建造工作,业主基本不参与工作,即在"交钥匙"时,提供一个配套完整、可以运行的设施。银皮书的适用条件为:

(a) 私人投资项目,如BOT项目(地下工程太多的工程除外)。

(b) 基础设施项目(如发电厂、公路、铁路、水坝等)或类似项目,业主提供资金并希望以固定价格的交钥匙方式来履行项目。

(c) 业主代表(可为业主雇员、亦可为工程师)直接管理项目实施过程,采用较宽松的管理方式,但严格进行竣工试验和竣工后试验,以保证完工项目的质量。

(d) 项目风险大部分由承包商承担,一般均为总价包干条件,不得洽商和索赔,承包商在投标时会加入较大的风险费,但业主愿意为此多付出一定的费用。

④《简明合同格式》(绿皮书)。FIDIC编委会编写绿皮书的宗旨在于使该合同范本适用于投资规模相对较小的民用和土木工程。例如造价在50万美元以下以及工期在6个月以下;工程相对简单,不需专业分包合同;重复性工作;施工周期短;设计工作既可以是业主负责,也可以是承包商负责等小规模工程。

一般情况下,绿皮书比较适合资本金额较小的工程项目。但是根据工程的类型和所处的环境,有时该简明合同格式也可用于投资金额相当大但业主和承包商相互约定较为简单的工程。该合同格式一般用于承包商按照业主或业主的代表提供的设计实施工程,同时,也可适用于部分或全部由承包商设计的土木、机械和(或)输电工程。承包商根据业主或业主代表提供的图纸进行施工。当然,简明格式合同也适用于部分或全部由承包商设计的土木、电气、机械和建筑设计的项目。

由于这类项目管理相对简单、投资金额小,不一定要委任工程师,而且大部分情况下也不实用。因此在该合同条件中没有列入关于"工程师"的内容。在这类项目中,一般可由业主代表或业主直接进行项目管理。然而,如果业主希望委任一名独立的工程师,也可以作出这种委任,但在合同专用条件中必须对其行为作出相应规定。

```
              ┌ FIDIC 标准合同范本体系
              │ 1999 版 FIDIC《施工合同条件》(新红皮书)简介
  FIDIC 合同条件简介┤ 2006 版 FIDIC《施工合同条件:多边开发银行协调版》(粉皮书)简介
              │ 2007 版 FIDIC《设计、施工与运营项目合同条件》(金皮书)简介
  FIDIC 合同条件的基本特点
                                  ┌ FIDIC 合同条件的适用范围
  FIDIC 合同条件的适用范围和条件┤
                                  └ 1999 版 FIDIC 合同条件的适用条件
```

7.4 FIDIC《施工合同条件》的主要内容

7.4.1 FIDIC《土木工程施工合同条件》(红皮书)条款内容

7.4.1.1 FIDIC《土木工程施工合同条件》组成

第1部分通用条件:① 定义和解释;② 工程师及工程师代表;③ 转让;④ 分包;⑤ 合同文件的语言和法律及优先次序;⑥ 图纸;⑦ 补充图纸;⑧ 一般义务;⑨ 合同协议书;⑩ 履约保证金;⑪ 现场考察;⑫ 标书的完备性;⑬ 按合同规定施工;⑭ 进度计划;⑮ 承包人的自监;⑯ 承包人的雇员;⑰ 放样;⑱ 钻孔和勘探性开挖;⑲ 现场环境;⑳ 工程照管;㉑ 工程和承包人设备的保险;㉒ 对人身和财产的损害和赔偿;㉓ 第三方保险;㉔ 对工人的事故处理和事故保险;㉕ 保险的完备性;㉖ 遵守法律、法规;㉗ 化石;㉘ 专利;㉙ 干扰;㉚ 材料与设备的运输;㉛ 为其他承包人提供服务机会;㉜ 保持现场的整洁;㉝ 竣工时的现场清理;㉞ 雇用劳务;㉟ 劳务和承包人设备的报表;㊱ 材料、工程设备和操作工艺的质量及有关费用;㊲ 检查和检验;㊳ 覆盖的工程检查;㊴ 承包人的违约;㊵ 工程的暂时停工;㊶ 开工;㊷ 延误;㊸ 竣工时间;㊹ 竣工时间的延长;㊺ 工作时限;㊻ 施工进度;㊼ 误期赔偿费;㊽ 工程接收;㊾ 缺陷责任;㊿ 承包人的调查;51 变更、增加和取消;52 变更工程的估价;53 索赔及其程序;54 承包人的设备、临时工程及材料;55 工程量;56 工程的计量;57 计量方法;58 暂定金额;59 指定分包人;60 支付证书;61 工程的批准凭证;62 缺陷责任证书;63 补救措施;64 紧急补救措施;65 特殊风险;66 解除履约时的支付;67 争端的解决;68 通知;69 业主的违约;70 费用与法规的变更;71 货币限制;72 兑换率;73 FIDIC 合同条款的修改。

第2部分专用条件。

第1部分(通用条件)与第2部分(专用条件)一起构成了决定合同各方权利与义务的

条件。

第 2 部分中的条款须特别注明：

① 凡第 1 部分的措词中专门要求在第 2 部分中包含更进一步信息，而第 2 部分没有这些信息，那么合同条件不完整。

② 凡第 1 部分中有说到在第 2 部分可能包含有补充材料的地方，但第 2 部分若没有这些信息，合同条件仍不失完整。

③ 必须增加工程类型、环境或所在地区条款。

④ 所在国法律或特殊环境要求第 1 部分所含条款有所变更，则在第 2 部分加以说明。

7.4.1.2　履约担保的规定

如果合同要求承包人为其正确履行合同取得担保，承包人应在收到中标函之后 28 天内，按投标书附件中注明的金额取得担保，并将此保函提交给业主。该保函应与投标书附件中规定的货币种类及其比例相一致。当向业主提交此保函时，承包人应将这一情况通知工程师。该保函采取本条件附件中的格式或由业主和承包人双方同意的格式。提供担保的机构须经业主同意。除非合同另有规定，执行本款时所发生的费用应由承包人负担。

在承包人根据合同完成施工和竣工，并修补了任何缺陷之前，履约担保将一直有效。在发出缺陷责任证书之后，即不应对该担保提出索赔，并应在上述缺陷责任证书发出后 14 天内将该保函退还给承包人。

在任何情况下，业主在按照履约担保提出索赔之前，皆应通知承包人，说明导致索赔的违约性质。

《世行采购指南》规定的履约担保的方式是：履行担保书或银行保函。

7.4.2　1999 年版的《施工合同条件》(新红皮书)条款内容

1999 年版的《施工合同条件》(新红皮书)共含 20 条 163 款。FIDIC 合同条款分为两部分。第 1 部分：通用条款(标准条款)；第 2 部分：特殊适用条款(需要专门起草，以适应特定的需要)。

7.4.2.1　通用条款内容

通用条款内容如下(括号中的数字表示条款的数目)：

① 一般规定(14)；

② 业主(5)；

③ 工程师(5)；

④ 承包商(24)；

⑤ 指定的分包商(4)；

⑥ 职员和劳工(11)；

⑦ 生产设备、材料和工艺(8)；

⑧ 开工、误期与停工(12);

⑨ 竣工检验(4);

⑩ 业主的接收(4);

⑪ 缺陷责任(11);

⑫ 计量与计价(4);

⑬ 变更与调整(8);

⑭ 合同价格预付款(15);

⑮ 业主提出终止(5);

⑯ 承包商提出停工与终止(4);

⑰ 风险与责任(6);

⑱ 保险(4);

⑲ 不可抗力(7);

⑳ 索赔、争端与仲裁(8)。

7.4.2.2 工程变更及其程序

1. 工程变更的内容

根据 FIDIC 施工合同条件,工程变更的内容可能包括以下几个方面:

① 改变合同中所包括的任何工作的数量(此类改变并不一定必然构成变更);

② 改变任何工作的质量和性质;

③ 改变工程任何部分的标高、基线、位置和尺寸;

④ 删除任何工作,但要交他人实施的工作除外;

⑤ 任何永久工程需要的任何附加工作、工程设备、材料或服务,包括任何联合竣工检验、钻孔和其他检验以及勘察工作。

⑥ 改动工程的施工顺序或时间安排。

2. 变更程序

如果工程师在发布任何变更指示之前要求承包商提交一份建议书,则承包商应尽快作出书面反应,要么说明理由为何不能遵守指示(如果未遵守),要么提交以下材料:

① 将要实施的工作的说明书以及该工作实施的进度计划;

② 承包商对进度计划和竣工时间作出任何必要修改的建议书;

③ 承包商对变更估价的建议书。

工程师在接到上述建议后(依据"价值工程"此款或其他规定),应尽快予以答复,说明批准与否或提出意见。在等待答复期间,承包商不应延误任何工作。

工程师应向承包商发出每一项实施变更的指示,并要求其记录费用,承包商应确认收到该指示。

每一项变更应依据第 12 条"测量与估价"进行估价,除非工程师依据本款另外作出指示或批准。

7.4.2.3　索赔

当承包商的工程质量不能满足要求,即某项缺陷或损害使工程、区段或某项主要生产设备不能按原定目的使用时,业主有权延长工程或某一区段的缺陷通知期。

提出索赔的一方应该在合同规定的时限内向对方提交正式的书面索赔文件。例如,FIDIC合同条件和我国《建设工程施工合同(示范文本)》(GF-99-0201)都规定,承包人必须在发出索赔意向通知后的28天内或经过工程师同意的其他合理时间内向工程师提交一份详细的索赔文件和有关资料。如果干扰事件对工程的影响持续时间长,承包人则应按工程师要求的合理间隔(一般为28天),提交中间索赔报告,并在干扰事件影响结束后的28天内提交一份最终索赔报告,否则将失去该事件请求补偿的索赔权利。具体如图7.2所示的索赔流程。

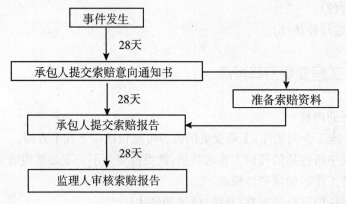

（a）索赔事件为短暂事件

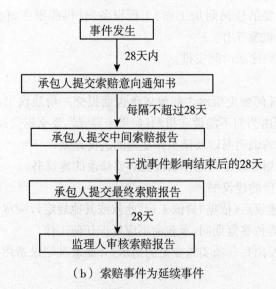

（b）索赔事件为延续事件

图 7.2　索赔流程

7.4.3　1999 年版的《施工合同条件》(新红皮书)适用情况

该合同条件被推荐用于由业主设计的,或由其代表——工程师设计的房屋建筑或其他土木工程。该合同条件与原来的《土木工程施工合同条件》(红皮书)相对应,其名称的改变并不是为了简化,而在于其适用的工程范围扩大,不仅可以用于土木工程,也可以用于房屋建筑工程。新红皮书的适用条件为:

① 各类大型复杂工程;

② 业主负责大部分或全部设计工作;

③ 承包商的主要工作为施工,但也可承担部分设计工作,如工程中的某些土木、机械、电力工程的设计;

④ 由工程师监理施工和签发支付证书;

⑤ 一般采用单价合同,按工程量表中的单价支付完成的工程量;

⑥ 业主愿意承担比较大的风险。

知识梳理

$$
\begin{cases}
\text{FIDIC《土木工程施工合同条件》} \\
\text{(红皮书)条款内容}
\end{cases}
\begin{cases}
\text{FIDIC《土木工程施工合同条件》组成} \\
\text{履约担保的规定}
\end{cases}
$$

$$
\begin{cases}
\text{1999 年版的《施工合同条件》} \\
\text{(新红皮书)条款内容}
\end{cases}
\begin{cases}
\text{通用条款内容} \\
\text{工程变更及其程序} \\
\text{索赔}
\end{cases}
$$

$$
\begin{cases}
\text{1999 年版的《施工合同条件》} \\
\text{(新红皮书)适用情况}
\end{cases}
$$

本 章 小 结

1. 国际工程是指一个工程项目的策划、咨询、融资、采购、承包、管理以及培训等阶段或环节,其主要参与者来自不止一个国家或地区,并且按照国际上通用的工程项目管理模式进行建设管理的工程。通常是指工程参与主体来自不同国家,并且按照国际惯例进行管理的工程项目,即面向国际进行招标的工程。

2. 国际工程的特点:具有合同主体的多国性;货币和支付方式的多样性;国际政治、经济影响因素的权重明显增大;规范标准庞杂,差异较大;风险大,需要严格的合同管理;发达国家市场垄断。

3. 国际工程的参与主体:发包人、承包人、建筑师/工程师、分包商、供应商、工料测量师。

4. 国际工程合同是指参与国际工程的不同国家的有关法人或个人之间,为了实现在某个工程项目中的施工、设备供货、安装调试以及提供劳务等特定目的,所签订的确定相互权利和义务关系的协议。

5. 国际工程合同可以按工作范围、计价方式和合同关系分类。

6. 国际工程合同管理是指参与国际工程各方均应在合同实施过程中自觉地、认真地、严格地遵守所签订的合同的各项规定和要求,按照各自的职责,行使各自的权利、履行各自的义务、维护各方的权利,发扬协作精神,处理好"伙伴关系",做好各项管理工作,使项目目标得到完整的体现。

7. 国际工程施工承包合同争议解决的方式一般包括协商、调解、仲裁或诉讼等。在许多国际工程承包合同中,合同双方往往愿意采用 DAB(争端裁决委员会)或 DRB(Dispute Review Board,纠纷审议委员会)方式解决争议。这不同于调解,也不同于仲裁或诉讼。在 FIDIC 合同中采用的是 DAB 方式。

8. 招标是国际工程承包合同订立的最主要形式。世界银行贷款项目的工程招标方式主要包括国际竞争性招标(ICB)、国内竞争性招标(NCB)、有限国际招标(LIB)等。

9. 国际工程承包合同常用的合同条件:FIDIC 系列合同条件;英国 ICE 合同条件、NEC 合同条件、ECC 合同条件;美国 AIA 系列合同条件。

10. FIDIC 标准合同范本体系:FIDIC《土木工程施工合同条件》(红皮书);《电气与机械工程合同条件》(黄皮书);《设计-施工和交钥匙合同条件》(橘皮书);《施工合同条件》(新红皮书);《生产设备与设计-施工合同条件》(新黄皮书);《设计采购施工(EPC)/交钥匙项目合同条件》(银皮书);《简明合同格式》(绿皮书);《施工合同条件:多边开发银行协调版》(粉皮书);《设计、施工与运营项目合同条件》(金皮书);《客户/咨询工程师服务协议书范本》(白皮书)。

11. FIDIC 合同条件的基本特点:国际性、广泛的适用性和权威性。FIDIC 条件包括通用条件和专用条件两部分,将工程合同管理的一般性与特殊性相结合,使 FIDIC 合同条件既保证了普遍的适用性,又照顾了工程特点和合同双方的特殊要求,因此使用范围非常广泛。

12. FIDIC 合同条件的适用范围:直接应用于国际金融机构提供贷款的国际工程建设项目;用于对比分析;用于合同谈判;在个别特殊情况下局部采用。

13. 根据 FIDIC 施工合同条件,工程变更的内容可能包括以下几个方面:① 改变合同中所包括的任何工作的数量(此类改变并不一定必然构成变更);② 改变任何工作的质量和性质;③ 改变工程任何部分的标高、基线、位置和尺寸;④ 删除任何工作,但要交他人实施的工作除外;⑤ 任何永久工程需要的任何附加工作、工程设备、材料或服务,包括任何联合竣工检验、钻孔和其他检验以及勘察工作。⑥ 改动工程的施工顺序或时间安排。

习　　题

1. 单项选择题

(1) 履约担保的保留金退还规定是(　　)。

    A. 工程移交时,一次性退还

    B. 质量保修期满一年后,一次性退还

    C. 工程移交时,支付一半;质量保修期满时,支付另一半

    D. 不予退还

(2)《世行采购指南》规定的履约担保的方式是(　　)。

    A. 现金支票或银行保函　　　　　　　　B. 履行担保书或银行保函

    C. 不可撤销信用证或履约担保书　　　　D. 不可撤销信用证或银行保函

(3) 某世界银行贷款项目具有工期长、属劳动密集型等特点,则该工程较适宜用(　　)方式进行招标。

    A. 国内竞争性招标　B. 有限国际招标　　　C. 国际竞争性招标　　　D. 国际邀请招标

2. 多项选择题

(1) 调解是国际工程施工承包合同争议的解决方式之一,其优点是(　　)。

    A. 提出调解,能较好地表达双方对协商谈判结果的不满意和争取解决争议的决心

    B. 调解人的介入能增加解决争议的公正性

    C. 调解实行一裁终局制,避免多次纠纷

    D. 节约时间、精力和费用

    E. 双方关系仍比较友好,不伤感情

(2) FIDIC 于 1999 年出版的新型合同条件包括(　　)。

A.《施工合同条件》

B.《永久设备和设计-建造合同条件》

C.《基础设施设计-建造合同条件》

D.《简明合同格式》

E.《EPC/交钥匙项目合同条件》

(3) 有关 1995 年英国土木工程师学会(ICE)出版的《工程设计与施工合同》(ECC),下列说法中正确的有(　　)。

A. 适用于房屋建筑工程,不适用路桥等基础设施工程

B. 适用于承包人承担全部设计责任、承担部分设计与责任和不承担设计责任的项目

C. 工程分包的比例可以从 0 到 100%

D. 既可应用于英国,也可适用于其他国家

E. 设计了 6 种主要选项(即合同模式),9 条共有的核心条款和 15 项可任选的次要选项

第8章　建设工程合同的变更和索赔管理

教学目标

知识要点	知识目标	专业能力目标
工程变更管理	1. 熟悉工程变更的概念及产生的原因； 2. 掌握工程变更的确认及处理程序； 3. 掌握工程变更价款的计算	
工程索赔概述	1. 熟悉索赔的概念及作用； 2. 熟悉索赔的处理原则； 3. 熟悉索赔的分类	1. 会收集整理索赔证据； 2. 能编制索赔报告； 3. 会运用索赔技巧并获得索赔
索赔的依据及程序	1. 掌握索赔的依据及程序； 2. 掌握索赔的证据； 3. 掌握索赔文件的构成	
索赔的计算	1. 熟悉索赔费用的组成； 2. 掌握费用索赔的计算； 3. 掌握工期索赔的计算	

8.1　工程变更管理

【引例 8.1】

　　某项目施工过程中,承包商接到工程师"新增工程"的指令,在接到指令后第 3 天承包商便向工程师提交了关于新增工程的变更价款报告,但工程师收到变更价款报告后数月都没有回复,在支付工程进度款时甲方拒绝支付该变更价款,对此承包商按合同提出了仲裁,试问:该变更价款如何确定?

8.1.1　工程变更的概念

　　工程变更是指全部合同文件的任何部分的改变,不论是形式的、质量的或数量的变化,都称之为工程变更。工程变更包括：设计变更、施工条件变更、原招标文件和工程量清单中未包括的"新增工程"。其中最常见的是设计变更和施工条件变更。按照《建设工程施工合同文本》有关规定，除专用合同条款另有约定外，合同履行过程中发生以下情形的，应按照本条约定进行变更：

①　增加或减少合同中任何工作，或追加额外的工作；

②　取消合同中任何工作，但转由他人实施的工作除外；

③　改变合同中任何工作的质量标准或其他特性；

④　改变工程的基线、标高、位置和尺寸；

⑤　改变工程的时间安排或实施顺序。

8.1.2　工程变更权及变更程序

1. 变更权

发包人和监理人均可以提出变更。变更指示均通过监理人发出，监理人发出变更指示前应征得发包人同意。承包人收到经发包人签认的变更指示后，方可实施变更。未经许可，承包人不得擅自对工程的任何部分进行变更。

涉及设计变更的，应由设计人提供变更后的图纸和说明。如变更超过原设计标准或批准的建设规模时，发包人应及时办理规划、设计变更等审批手续。

2. 变更程序

（1）发包人提出变更

发包人提出变更的，应通过监理人向承包人发出变更指示，变更指示应说明计划变更的工程范围和变更的内容。

（2）监理人提出变更建议

监理人提出变更建议的，需要向发包人以书面形式提出变更计划，说明计划变更工程范围和变更的内容、理由，以及实施该变更对合同价格和工期的影响。发包人同意变更的，由监理人向承包人发出变更指示。发包人不同意变更的，监理人无权擅自发出变更指示。

（3）承包人的合理化建议

承包人提出合理化建议的，应向监理人提交合理化建议说明，说明建议的内容和理由，以及实施该建议对合同价格和工期的影响。

除专用合同条款另有约定外，监理人应在收到承包人提交的合理化建议后 7 天内审查完毕并报送发包人，发现其中存在技术上的缺陷，应通知承包人修改。发包人应在收到监理人报送的合理化建议后 7 天内审批完毕。合理化建议经发包人批准的，监理人应及时发出变更指示，由此引起的合同价格调整按照变更估价约定执行。发包人不同意变更的，监理人应以书面形式通知承包人。

合理化建议降低了合同价格或者提高了工程经济效益的，发包人可对承包人给予奖励，奖励的方法和金额在专用合同条款中约定。

承包人收到监理人下达的变更指示后，认为不能执行，应立即提出不能执行该变更指示的理由。承包人认为可以执行变更的，应当以书面形式说明实施该变更指示对合同价格和工期的影响，且合同当事人应当按照变更估价约定确定变更估价。

8.1.3 工程变更估价及工期调整

8.1.3.1 工程变更估价

1. 变更估价原则

除专用合同条款另有约定外,变更估价按照本款约定处理:

① 已标价工程量清单或预算书有相同项目的,按照相同项目单价认定;

② 已标价工程量清单或预算书中无相同项目,但有类似项目的,参照类似项目的单价认定;

③ 变更导致实际完成的变更工程量与已标价工程量清单或预算书中列明的该项目工程量的变化幅度超过 15% 的,或已标价工程量清单或预算书中无相同项目及类似项目单价的,按照合理的成本与利润构成的原则,由合同当事人按照商定或确定变更工作的单价。

2. 变更估价程序

承包人应在收到变更指示后 14 天内,向监理人提交变更估价申请。监理人应在收到承包人提交的变更估价申请后 7 天内审查完毕并报送发包人。监理人对变更估价申请有异议时,应通知承包人修改后重新提交。发包人应在承包人提交变更估价申请后 14 天内审批完毕。发包人逾期未完成审批或未提出异议的,视为认可承包人提交的变更估价申请。

因变更引起的价格调整应计入最近一期的进度款中支付。

8.1.3.2 变更引起的工期调整

因变更引起工期变化的,合同当事人均可要求调整合同工期,由合同当事人按照商定或确定并参考工程所在地的工期定额标准确定增减工期天数。

【引例 8.1 小结】

承包商按照要求在确定变更后 14 天内向工程师提出变更工程价款报告,但工程师收到报告后数月都无回复也无任何解释,根据《建设工程施工合同(示范文本)》的规定,工程师应在收到变更工程价款报告之日起 14 天内予以确认,工程师无正当理由不确认时,自变更价款报告送达之日 14 天视为变更工程价款报告已被确认,故此变更价款应视为确认。

知识梳理

工程变更
├─ 产生原因
├─ 确认:提出→分析→确认
├─ 处理程序
│   ├─ 发包方提出
│   └─ 承包方提出
└─ 工程价款的计算
    ├─ 已标价工程量清单或预算书有相同项目的,按相同项目单价认定
    ├─ 无相同项目,但有类似项目的,参照类似项目单价认定
    ├─ 合同中没有适用及类似的,乙方提出,工程师审核确认
    └─ 无相同及类似的,由合同当事人按照商定或确定变更工作的单价

8.2　工程索赔概述

【引例 8.2】

某工程基坑开挖后发现有城市供水管道横跨基坑,须将供水管道改线并对地基进行处理。为此,业主以书面形式通知施工单位停工 10 天,并同意合同工期顺延 10 天。为确保继续施工,要求工人、施工机械等不要撤离施工现场,但在通知中未涉及由此造成施工单位停工损失如何处理。施工单位认为对其损失过大,意欲索赔。

试问:索赔是否成立,索赔证据是什么?

8.2.1　索赔的概念及其作用

1. 索赔的概念

索赔是指在合同履行过程中,对于并非自己的过错,而是应由对方承担责任的情况造成实际损失,向对方提出经济补偿或时间补偿的要求。由于施工现场条件、气候条件、施工进度、物价变化、施工图纸的变更、差错、延误等影响因素,使得该车承包中不可避免地出现索赔。《中华人民共和国民法通则》第 111 条规定,当事人一方不履行合同义务或履行合同义务不符合约定条件的,另一方有权要求履行或者采取补救措施,并有权要求赔偿损失。这即是索赔的法律依据。

在实际工作中,"索赔"是双向的,我国《建设工程施工合同(示范文本)》中的索赔就是双向的,既包括承包人向发包人的索赔,也包括发包人向承包人的索赔。但在工程实践中,发包人索赔数量较小,而且处理方便。可以通过冲账、扣拨工程款、扣留保证金等实现对承包人的索赔;而承包人对发包人的索赔则比较困难一些。通常情况下,索赔是指承包人在合同实施过程中,对非自身原因造成的工程延期、费用增加而要求发包人给予补偿损失的一种权利要求。

索赔有较广泛的含义,可以概括为以下 3 个方面:

① 一方违约使另一方蒙受损失,受损方向对方提出赔偿损失的要求;

② 发生应由业主承担责任的特殊风险或遇到不利自然条件等情况,使承包商蒙受较大损失而向业主提出补偿损失要求;

③ 承包商本人应当获得的正当利益,由于没能及时得到监理工程师的确认和业主应给予的支付,而以正式函件向业主索赔。

2. 索赔的作用

索赔的作用如下:

(1) 索赔是合同管理的重要环节

索赔和合同管理有直接的联系,合同是索赔的依索赔据。整个索赔处理的过程就是执行合同的过程,从项目开工后,合同人员就必须将每日的实施合同的情况与原合同分析,若出现索赔事件,就应当研究是否提出索赔。索赔的依据在于日常合同管理的证据,若想索赔就必须加强合同管理。

（2）索赔有利于建设单位、施工单位双方自身素质和管理水平的提高

工程建设索赔直接关系到建设单位和施工单位的双方利益。索赔和处理索赔的过程实质上是双方管理水平的综合体现。作为建设单位为使工程顺利进行，如期完成，早日投产取得收益，就必须加强自身管理，做好资金、技术等各项有关工作，保证工程中各项问题及时解决；作为施工单位要实现合同目标，取得索赔，争取自己应得的利益，就必须加强各项基础管理工作，对工程的质量、进度、变更等进行更严格、更细致的管理，进而推动建筑行业管理的加强与提高。

（3）索赔是合同双方利益的体现

从某种意义上讲，索赔是一种风险费用的转移或再分配，如果施工单位利用索赔的方法使自己的损失尽可能地得到补偿，就会降低工程报价中的风险费用，从而使建设单位得到相对较低的报价，当工程施工中发生这种费用时可以按实际支出给予补偿，也使工程造价更趋于合理。作为施工单位，要取得索赔，保证自己应得的利益，就必须做到自己不违约，全力保证工程质量和进度，实现合同目标。同样，作为建设单位，要通过索赔的处理和解决，保证工程质量和进度，实现合同目标。同样，作为建设单位，要通过索赔的处理和解决，保证工程顺利进行，使建设项目按期完工，早日投产取得经济收益。

（4）索赔是挽回成本损失的重要手段

在合同实施过程中，由于建设项目的主客观条件发生了与原合同不一致的情况，使施工单位的实际工程成本增加，施工单位为了挽回损失，通过索赔加以解决，显然，索赔是以赔偿实际损失为原则的，施工单位必须准确地提供整个工程成本的分析和管理，以便确定挽回损失的数量。

（5）索赔有利于国内工程建设管理与国际惯例接轨

索赔是国际工程建设中非常普遍的做法，尽快学习、掌握运用国际上工程建设管理的通行作法，不仅有利于我国企业工程建设管理水平的提高，而且对我国企业顺利参与国际工程承包、国外工程建设都有着重要的意义。

8.2.2　索赔的处理原则

索赔的处理原则如下：

1. 索赔必须以合同为依据

遇索赔事件时，监理工程师应以完全独立的身份，站在客观公正的立场上，依合同为依据审查索赔要求的合理性、索赔价款的正确性。另外，承包商也只有以合同为依据提出索赔时，才容易索赔成功。

2. 及时、合理处理索赔

如承包方的合理索赔要求长时间得不到解决，积累下来可能会影响其资金周转，从而影响工程进度。此外，索赔初期可能只是普通的信件来往的单项索赔，拖到后期综合索赔，将使索赔问题复杂化（如涉及利息、预期利润补偿、工程结算及责任的划分、质量的处理等），大大增加处理索赔的难度。

3. 必须注意资料的积累

积累一切可能涉及索赔论证的资料,技术问题、进度问题和其他重大问题的会议应做好文字记录,并争取会议参加者签字,作为正式文档资料。同时应建立严密的工程日志,建立业务往来文件编号档案等制度,做到处理索赔时以事实和数据为依据。

4. 加强索赔的前瞻性,有效避免过多的索赔事件的发生

监理工程师应对可能引起的索赔有所预测,及时采取补救措施,避免过多索赔事件的发生。

8.2.3 索赔的分类

工程索赔依据不同的标准可以进行不同的分类。

1. 按索赔的依据分类

① 合同中明示的索赔:索赔要求在合同中有文字依据。

② 合同中默示的索赔:索赔要求在合同中无专门的文字叙述,但可根据某些条款的含义推断(按多数人的常规理解推断,而非少数人的个人、偏差理解)有索赔权。

③ 道义索赔:指通情达理的业主看到承包方为完成某项困难的施工,承受了额外费用损失,甚至承受重大亏损,出于善良意愿给承包方以适当的经济补偿。因在合同中没有此项索赔的规定,所以也称"额外支付",这往往是合同双方友好信任的表现,但较为罕见。

2. 按索赔目的分类

① 工期索赔:非承包人原因导致,一旦获得工期顺延,不仅可免除承担拖期违约赔偿费的严重风险,而且可能得到奖励,增加经济收益。

② 费用索赔:要求经济补偿。

3. 按索赔的对象分类

① 索赔:指承包商向发包方提出的索赔。

② 反索赔:指发包方向承包方提出的索赔。

4. 按索赔的处理方式分类

① 单项索赔:指采取一事一索赔的方式,即在每一索赔事件发生后,提交索赔意向书,编报索赔报告,要求单项解决支付,不与其他的索赔事件混在一起。

② 总索赔:又称综合索赔或一揽子索赔,指对整个工程(或某项工程)中所发生的数起索赔事项,综合在一起进行索赔。也是总成本索赔,它是对整个工程(或某项目工程)的实际总成本与原预算成本之差额提出索赔。

5. 按索赔事件的性质分类

① 工程延误索赔;

② 工程变更索赔;

③ 合同被迫终止的索赔;

④ 工程加速索赔(区分发包人同意承包人提交的赶工计划和发包人指令承包人赶工,后者产生索赔);

⑤ 意外风险和不可预见因素索赔;

⑥ 其他索赔,如政策法令变化、物价、工资上涨等。

8.3 索赔的程序和证据

8.3.1 索赔的程序

8.3.1.1 承包人的索赔

根据合同约定,承包人认为有权得到追加付款和(或)延长工期的,应按以下程序向发包人提出索赔:

① 承包人应在知道或应当知道索赔事件发生后 28 天内,向监理人递交索赔意向通知书,并说明发生索赔事件的事由;承包人未在前述 28 天内发出索赔意向通知书的,丧失要求追加付款和(或)延长工期的权利。

② 承包人应在发出索赔意向通知书后 28 天内,向监理人正式递交索赔报告;索赔报告应详细说明索赔理由以及要求追加的付款金额和(或)延长的工期,并附必要的记录和证明材料。

③ 索赔事件具有持续影响的,承包人应按合理时间间隔继续递交延续索赔通知,说明持续影响的实际情况和记录,列出累计的追加付款金额和(或)工期延长天数。

④ 在索赔事件影响结束后 28 天内,承包人应向监理人递交最终索赔报告,说明最终要求索赔的追加付款金额和(或)延长的工期,并附必要的记录和证明材料。

8.3.1.2 对承包人索赔的处理

对承包人索赔的处理如下:

① 监理人应在收到索赔报告后 14 天内完成审查并报送发包人。监理人对索赔报告存在异议的,有权要求承包人提交全部原始记录副本。

② 发包人应在监理人收到索赔报告或有关索赔的进一步证明材料后的 28 天内,由监理人向承包人出具经发包人签认的索赔处理结果。发包人逾期答复的,则视为认可承包人的索赔要求。

③ 承包人接受索赔处理结果的,索赔款项在当期进度款中进行支付;承包人不接受索赔处理结果的,按照争议解决约定处理。

8.3.1.3 发包人的索赔

根据合同约定,发包人认为有权得到赔付金额和(或)延长缺陷责任期的,监理人应向承包人发出通知并附有详细的证明。

发包人应在知道或应当知道索赔事件发生后 28 天内通过监理人向承包人提出索赔意

向通知书,发包人未在前述 28 天内发出索赔意向通知书的,丧失要求赔付金额和(或)延长缺陷责任期的权利。发包人应在发出索赔意向通知书后 28 天内,通过监理人向承包人正式递交索赔报告。

8.3.1.4　对发包人索赔的处理

对发包人索赔的处理如下:

① 承包人收到发包人提交的索赔报告后,应及时审查索赔报告的内容、查验发包人证明材料。

② 承包人应在收到索赔报告或有关索赔的进一步证明材料后 28 天内,将索赔处理结果答复发包人。如果承包人未在上述期限内作出答复的,则视为对发包人索赔要求的认可。

③ 承包人接受索赔处理结果的,发包人可从应支付给承包人的合同价款中扣除赔付的金额或延长缺陷责任期;发包人不接受索赔处理结果的,按争议解决约定处理。

8.3.1.5　提出索赔的期限

① 承包人按竣工结算审核约定接收竣工付款证书后,应被视为已无权再提出在工程接收证书颁发前所发生的任何索赔。

② 承包人按最终结清提交的最终结清申请单中,只限于提出工程接收证书颁发后发生的索赔。提出索赔的期限自接受最终结清证书时终止。

8.3.2　索赔证据和索赔文件

8.3.2.1　索赔证据

索赔事件确立的前提条件是必须有正当的索赔理由,正当的索赔理由的说明
须有有效证据。

1. 对索赔证据的要求

① 事实性。

② 全面性。即所提供的证据应能说明事件的全过程,不能零乱和支离破碎。

③ 关联性。即索赔证据应能互相说明,相互具关联性,不能互相矛盾。

④ 及时性。索赔证据的取得及提出应当及时。

⑤ 具有法律效力。一般要求证据必须是书面文件,有关记录、协议、纪要须是双方签述的工程中的重大事件、特殊情况的记录、统计必须由监理工程师签证认可。

2. 索赔证据的种类

① 各种合同文件,包括施工合同协议书及其附件、中标通知书、投标书、标准和技术规范、图纸、工程量清单、工程报价单或者预算书、有关技术资料和要求、施工过程中的补充协议等;

② 工程各种往来函件、通知、答复等;

③ 各种会谈纪要；

④ 经过发包人或者监理人批准的承包人的施工进度计划、施工方案、施工组织设计和现场实施情况记录；

⑤ 工程各项会议纪要；

⑥ 气象报告和资料，如有关温度、风力、雨雪的资料；

⑦ 施工现场记录，包括有关设计交底、设计变更、施工变更指令，工程材料和机械设备的采购、验收与使用等方面的凭证及材料供应清单、合格证书，工程现场水、电、道路等开通、封闭的记录，停水、停电等各种干扰事件的时间和影响记录等；

⑧ 工程有关照片和录像等；

⑨ 施工日记、备忘录等；

⑩ 发包人或者工程师签认的签证；

⑪ 发包人或者工程师发布的各种书面指令和确认书，以及承包人的要求、请求、通知书等；

⑫ 工程中的各种检查验收报告和各种技术鉴定报告；

⑬ 工地的交接记录（应注明交接日期，场地平整情况，水、电、路情况等），图纸和各种资料交接记录；

⑭ 建筑材料和设备的采购、订货、运输、进场，使用方面的记录、凭证和报表等；

⑮ 市场行情资料，包括市场价格、官方的物价指数、工资指数、中央银行的外汇比率等公布材料；

⑯ 投标前发包人提供的参考资料和现场资料；

⑰ 工程结算资料、财务报告、财务凭证等；

⑱ 各种会计核算资料。

8.3.2.2　索赔文件

索赔文件是承包商向业主索赔的正式书面材料，也是业主审议承包商索赔请求的主要依据，它包括索赔信、索赔报告、附件3部分。

（1）索赔信

它是一封承包商致业主或其代表的简短信函，应提纲挈领地把索赔文件的各部分贯通起来，包括说明索赔事件、列举索赔理由、提出索赔金额与理由及索赔附件说明。

（2）索赔报告

索赔报告是索赔材料的正文，一般包括下面3个主要部分：

① 报告的标题。应言简意赅地概括出索赔的核心内容。

② 事实与理由。该部分陈述客观事实，合理引用合同规定，建立事实与索赔损失间的因果关系，说明索赔的合理合法性。

③ 损失与要求索赔金额与工期，在此只需列举各项明细数字及汇总即可。

编制索赔报告时应注意以下几方面：

① 对索赔事件要叙述清楚明确，避免采用"可能"、"也许"等估计猜测性语言，造成索赔说服力不强。

② 报告中要强调事件的不可预见性和突发性,并且承包商为避免和减轻该事件的影响和损失已尽了最大的努力,采取了能够采取的措施,从而使索赔理由更加充分,更易于对方接受。

③ 责任要分析清楚,报告中要明确对方的全部责任。

④ 计算索赔值要合理、准确。要将计算的依据、方法、结果详细说明列出,这样易于对方接受,减少争议和纠纷。

（3）附件

其内容包括索赔报告中所列举事实、理由、影响等证明文件和证据及详细计算书。

【引例8.2小结】

本例中索赔成立。这是业主的原因造成的施工临时中断,从而导致承包商工期的拖延和费用支出的增加,因而承包商有权提出索赔。索赔证据为业主以书面形式提出的要求停工的通知书。

8.4　索赔的计算

【引例8.3】

某分包商承包一段道路的土方挖填工作,计划用12个台班的推土机,8个工日劳动力。台班费为1 000元,人工费为80元,管理费所占的比率为10%,利润所占的比率为5%。施工过程中,由于总包的干扰,使这项工作用了12天才完成,比原计划多用了2天,而每天出勤的设备和人数均未减少。因此,该分包商向总包提出了由于工效降低而产生的附加开支的索赔要求。该分包商可索赔的合理费用应为多少?

8.4.1　费用索赔

费用索赔必须符合合同规定的补偿条件和范围,在索赔值的计算中扣除合同规定应由承包人承担的风险和承包人自己失误所造成的损失;符合合同规定的计算方法;以合同报价作为计算基础,除合同有专门规定以外,费用索赔必须以合同报价中的分部分项工程单价、人工费单价、机械台班费单价及费率标准作为计算基础。

费用索赔一般包括以下几个方面:

1. 人工费

费用索赔中的人工费是指完成合同之外的额外工作所花费的人工费用。包括非承包人原因导致的工效降低所增加的人工费用,超过法定工作时间加班劳动的加班费用,法定的人工费增长;非承包人原因工期延误导致的窝工费和工资上涨费用等。工作内容增加的人工费应按照计日人工费计算,而停工损失费和工作效率降低的损失费按窝工费(人工单价×60%)计算。

2. 机械费

费用索赔中的机械费是指完成额外工作增加的机械使用费,非承包人原因导致的机械停工的窝工费,非承包人原因工效降低增加的机械使用费用等。可采用机械台班费、机械折旧费、设备租赁费等几种形式。工作内容增加的设备费按照机械台班费计算,机械是自有的,窝工费按机械台班×40%来计算,机械是租赁的,设备费按机械租赁费计算。

3. 材料费

费用索赔中材料费是指由于索赔事项材料实际用量超过计划用量而增加的材料费,由于客观原因材料价格大幅度上涨,由于非承包人责任工期延误导致的材料价格上涨和超期储存费用。材料费用中应包括运输费、仓储费及合理的消耗费用。但如果因为承包人管理不善,造成材料损坏失效的,就不能列入索赔计价。

4. 保函手续费

工程延期时,保函手续费相应增加。工程提前,保函手续费相应减少。

5. 利息

利息的索赔通常有4种情况:拖期付款的利息、由于工程变更和工程延期增加的投资利息、索赔款的利息和错误扣款的利息等。

6. 保险费

7. 管理费

管理费又可分为现场管理费和公司管理费两部分,由于二者的计算方法不一样,应区别对待。

① 现场管理费:是指承包人完成额外工程、索赔事项工作以及工期延长期间的工地管理费,包括管理人员的工资、办公费、交通费等。

② 公司管理费:是指工程延误期间增加的管理费。

8. 利润

一般来说,由于工程范围的变更和施工条件的变化引起的索赔(即由于业主的原因造成工程量增加、设计变更工程量增加和合同终止等),承包人可以列入利润。索赔利润的款项计算与原报价的利润百分比保持一致,即在原成本的基础上增加报价单中的利润率,作为该项索赔款的利润。工程暂停的利润索赔一般不列入利润损失,因为利润通常是包括在每项实施的工程内容的价格之内,而延误工期并未因削减某些项目的实施,而导致利润的减少。因此,工程暂停的利润索赔很难列入利润损失。

8.4.2　费用索赔计算方法

1. 实际费用法

实际费用法是最常用的计算方法,指以承包商为某项索赔工作所支付的实际开支为依据向业主要求费用补偿,仅限于由索赔事项引起的、超过原计划的费用,故也称额外成本法。

2. 总费用法

总费用法也叫总成本法,是用索赔事件发生后所重新计算出的项目实际总费用,减去合同估算的总费用,其余额既为索赔费用。

采用总费用法进行索赔时应注意如下几点:

① 采用此方法往往是由于施工过程受到严重干扰,造成多个索赔事件混杂在一起,导致难以准确地进行分项纪录和收集资料、证据,也不容易分项计算出具体的损失费用,只得采用总费用法进行索赔。

② 承包商报价必须合理,不能是采取低价中标策略后过低的标价。

③ 此方法要求出具足够的证据,证明其全部费用的合理性,否则其索赔数额将不易被

接受。

④ 有些人对采用此方法持批评态度,因为实际发生的总费用中可能包括了因承包商原因而增加的费用,同时投标报价估算的总费用由于想中标而过低,所以这种方法只有在难以分析计算时才采用。

3. 修正总费用法

修正总费用法指在总费用计算的基础上,去掉一些不确定的可能因素,对总费用进行相应的调整,使其更加合理。

修正的内容如下:

① 将计算索赔款的时段局限于受到外界影响的时间,而不是整个工期。

② 只计算受影响时段内的某项工作所影响的损失,而不是计算该时段内所有施工工作所受的损失。

③ 与该项工作无关的费用不列入总费用中。

④ 对投标报价费用进行重新核算。按受影响时段内该项工作的实际单价进行核算,乘以实际完成该项工作的工作量,得出调整后的报价费用。

【引例 8.3 小结】

本案例中是由于总包的干扰导致工期超过原定计划 2 天,故可以索赔,其索赔的合理费用如下:

2 天的设备台班费:$2 \times 1\,000 = 2\,000$(元);

2 天的人工费:$2 \times 8 \times 80 = 1\,280$(元);

管理费:$(2\,000 + 1\,280) \times 10\% = 328$(元);

利润:$(2\,000 + 1\,280 + 328) \times 5\% = 180.4$(元);

合计:$2\,000 + 1\,280 + 328 + 180.4 = 3\,788.4$(元);

工效降低索赔款为 3 788.4 元。

8.4.3　工期索赔

【引例 8.4】

某建筑公司(乙方)于 2011 年 4 月 20 日与某厂(甲方)签订了修建建筑面积为 3 500 平方米工业厂房的施工合同。乙方编制的施工方案和进度计划已获得工程师批准。双方合同约定 5 月 11 日开工,5 月 20 日完工。在实际施工过程中发生了如下事件:

事件 1:因租赁的挖掘机大修,晚开工 2 天。

事件 2:施工过程中,因遇软土层,接到工程师 5 月 15 日停工的指令,进行地质复查。5 月 19 日接到工程师于 5 月 20 日复工令。

事件 3:5 月 20 日至 5 月 22 日,因遇罕见特大暴雨迫使基坑开挖暂停。

事件 4:5 月 23 日修复冲坏的永久道路,5 月 24 日恢复挖掘工作,最终基坑于 5 月 30 日挖坑完毕。

试问:建筑公司对上述哪些事件可以向厂方要求工期索赔?各事件工期索赔分别为多少天?

【引例 8.5】

某工程施工中,业主推迟办公楼工程基础设计图纸的批准,使该单项工程延期 10 周。

该单项工程合同价为 370 万元,而整个工程合同价为 1 850 万元,承包商对此项事件提出了工期索赔 3 周。

试问:承包商是否有索赔权?若有,索赔工期 3 周是否合理?

1. 不同类型工程拖期的处理原则

工程拖期可以分为可原谅的拖期和不可原谅的拖期。可原谅的拖期是由于非承包商原因造成的工程拖期,不可原谅的拖期一般是由于承包商的原因而造成的工程拖期,这两类工程拖期的处理原则及结果均不同,详见表 8.1。

表 8.1　工期拖延分类表

索赔原因	是否可以原谅	拖延原因	责任者	处理原则	索赔结果
工程进度拖延	可原谅拖延	1. 修改设计; 2. 施工条件变化; 3. 业主原因拖延; 4. 工程师原因拖延	业主/工程师	可给予工期延长,可补偿经济损失	工期＋经济补偿
		1. 异常恶劣气候; 2. 工人罢工; 3. 天灾	客观原因	可给予工期延长,不给予经济补偿	工期补偿
	不可原谅的拖延	1. 工效不高; 2. 施工组织不好; 3. 设备材料供应不及时	承包商	不延长工期,不补偿经济损失,向业主支付误期损失赔偿费	无权索赔

2. 共同延误下的工期索赔的处理原则

在实际施工过程中,工期拖期很少是只由一方造成的,往往是 2~3 种原因同时发生(或相互作用)而形成的,故称为共同延误,在这种情况下,要具体分析哪一种情况延误是有效的,应依据以下原则:

① 首先判断造成拖期的哪一种原因是最先发生的,即确定初始延误者,他应对工程拖期负责。

② 如果初始延误者是业主,则在业主造成的延误期内,承包商既可得到工期延长,又可得到经济补偿。

8.4.4　工期索赔的计算

1. 网络图分析法

网络分析方法通过分析索赔事件发生前后的网络计划,对比两种工期计算结果来计算索赔值。是一种科学、合理的分析方法,适用于各种索赔事件的索赔。利用网络图分析关键线路,关键线路上关键工作持续时间的延长,必然造成总工期的延长,可以提出工期索赔;而非关键线路上的工作,在其总时差范围内延长,就不能提出工期索赔。

2. 比例分析法

在实际工作中,索赔事件常常仅影响某些单项工程、单位工程、分部分项工程的工期,要分析它们对总工期的影响,可以采用更为简单的比例分析方法,即以某个技术经济指标作为比较基础,计算工期索赔值。

（1）对于已知部分工程的延期时间

以受干扰部分占合同总价的比例计算：

$$总工期索赔 = \frac{受干扰部分的工期拖延量 \times 受干扰部分合同价}{整个工程合同总价}$$

（2）对于已知额外增加工程量的价格

以增加价格占合同总价的比例计算：

$$工期索赔值 = \frac{原合同总工期 \times 增加的工程量的价格}{原合同价格}$$

实际工作中应注意此法不适用的情况：业主变更工程施工次序、业主指令采取加速措施、业主指令删减工程量或部分工程等。

【引例 8.4 小结】

应根据索赔事件中工期拖延的处理原则来判断各事件是否有索赔权。本案例中各事件的索赔判定如下：

① 事件 1：索赔不成立。因为此事件发生原因属于乙方自身责任。

② 事件 2：索赔成立。因该施工地质条件的变化是任何一个有经验的承包商所无法合理预见的。故索赔工期 5 天。

③ 事件 3：索赔成立。因特殊反常的恶劣天气造成的工期延误属于可原谅拖延。故索赔工期 3 天。

④ 事件 4：索赔成立。因恶劣的自然条件或不可抗力引起的工程损坏及修复应由业主承担责任。故索赔工期 1 天。

【引例 8.5 小结】

本例中是由于业主原因造成的工期延误，属于可原谅的拖延，承包商有索赔权，根据比例分析法应索赔的工期为：$10 \times 370 / 1\,850 = 2$（周）。

知识梳理

索赔 ┬ 索赔概念
　　 ├ 索赔处理原则 ┬ 合同依据、及时处理
　　 │　　　　　　 └ 资料积累、索赔前瞻性
　　 ├ 索赔分类：按依据分、按目的分、按处理方式分、按事件性质分
　　 ├ 索赔依据
　　 ├ 索赔程序：索赔事件发生（28 天）→索赔意向（28 天）→
　　 │　　　　　 索赔报告（28 天）→工程师答复（28 天）
　　 ├ 索赔文件：索赔信、索赔报告、附件
　　 └ 索赔计算 ┬ 工期 ┬ 不同类型工程拖延处理原则 ┬ 不可原谅
　　　　　　　　│　　　│　　　　　　　　　　　　 └ 可原谅
　　　　　　　　│　　　└ 共同延误下处理原则：初始延误者责任
　　　　　　　　└ 费用 ┬ 构成：人、材、机、保函手续费、利息、保险费、管理费、利润
　　　　　　　　　　　　└ 方法 ┬ 实际费用法
　　　　　　　　　　　　　　　　├ 总费用法
　　　　　　　　　　　　　　　　└ 修正费用法

8.5　案　例　分　析

8.5.1　因合同文件引起的索赔

　　因合同文件引起的索赔主要包括有关合同文件的组成问题引起的索赔、关于合同文件有效性引起的索赔、因图纸或工程量表中的错误而引起的索赔等。

　　【案例 8.1】

　　建安公司承建某宾馆项目施工，以总价 8 000 多万元中标，工期 2 年半，即 1992 年元月开工，1994 年 6 月 30 日完工。由于业主受商业意识的影响，要求施工单位于 1994 年 4 月 21 日以前当地民族节时交付使用。经双方协商于 1994 年 4 月 15 日以前宾馆全部竣工。业主一次性奖励施工单位 330 万元，提前一天奖励 5 万元，以保证业主的经济效益和社会效益。施工单位在高额奖金的激励下，于 1994 年 4 月 15 日按时交付使用，完工后施工单位要求业主给予结算，业主称要到 6 月 30 日才给予结算，施工单位也认可。但到了 6 月底结算时施工单位未收到尾款 600 多万元及奖金 330 万元，这是施工单位不能接受的。与业主多方协商都没有结果，原因是宾馆已经营业，银行停止对宾馆的贷款，并要求业主还贷及支付利息。施工单位在几次协商无效时，放出话要上法院解决，这时当地政府在业主的请求下出面调解。调节结果：由业主支付给施工单位 330 万奖金。由于尾款数额较大，直接影响到施工单位下一步的工作安排，所以施工单位不服调解，认为当地政府偏向业主。时间拖到今天，全部责任在业主，要求业主支付全部余款 600 多万元，截止日期为 1994 年 12 月 30 日止，并支付从 4 月 15 日到 12 月 30 日的全部利息 50 多万元（按当年银行利息计）。在政府调解无效情况下，施工单位一张状纸告到法院。经法院充分调查、调解，认为施工单位的要求是正当的，也是合情合理的，强制性地从业主的银行账户划拨给施工单位，使这次长达 8 个月的结算工作画上圆满的句号。

　　【案例 8.1 评析】

　　这是一次因业主拖欠工程进度款和赶工奖金导致的索赔，承包商在调解与己不利的情况下，不得已采取了司法的手段解决合同争端，是正当的也是必要的。不过导致纠纷的原因是值得认真反思的。

　　第一，为什么承包商工程竣工后业主不兑现支付资金的承诺，除业主资金的压力外，合同文件的用词不准的缺陷导致业主有机可乘。在这次纠纷中，付款的最后日期没有明确，只写"待工程完后交付使用后一次付清"，这个"使用后"在合同中用词就很不准确，法庭上也讲不清楚，各执一词。如果合同文件中写明工程交工交付使用之日到何时的时间，那么支付的责任时间就非常明确了。

　　第二，拖欠款的利息计算及交付没有写进合同条款也是一大失误。没有滞纳金的索赔，业主就有可能任意拖欠工程进度款而没有后顾之忧；有了滞纳金的索赔就对业主有很强的支付约束条件。

　　第三，对业主资金来源了解不清，只知道是政府一块，企业一块，银行贷款一块，具体事项就不清楚,更不知道这里面的合同和协议是怎样确定的。这就要求承包商一定要对业主的资金筹措情况了解十分清楚,对业主的资金安排使用计划也要心中有数,这样,才能掌握工程施工的主动权。

第四,没有及时结算也是一大失误。在最后加速施工期,施工单位也提出按时结算,业主总是说:“活干出来,你就不用怕;只要活干出来,一切都好办。”其实在那时承包商就应该有所警觉,采用一些防范措施,比如放慢施工速度,甚至停工之类的行为来约束业主,使结算工作能早一点按进度付给。但承包商总是被业主牵着鼻子走,更没有想到业主会有资金危机,不得已靠法律手段来解决索赔问题。

8.5.2　有关工程施工的索赔

有关工程施工的索赔主要包括:地质条件变化引起的索赔、工程中人为障碍引起的索赔、增减工程量的索赔、各种额外的试验和检查费用的偿付、工程质量要求的变更引起的索赔、指定分包商违约或延误造成的索赔及其他有关施工的索赔。

【案例 8.2】

甲方和乙方签订了某工程施工合同,乙方的承包范围为土方、基础、主体结构在内的全部建筑安装工程,合同工期为 350 天,开工日期为 2003 年 11 月 12 日,本工程在冬季不停止施工,甲方在合同内约定:乙方采用措施保证冬季施工,措施费为 150 万元,包干使用,不再增减。在开工前,乙方向甲方提交了施工组织方案及进度计划,甲方同意按此方案实施。

在实际施工过程中发生了以下事件:

事件 1:在土方开挖施工时,由于乙方自身没有土方施工专业队伍和机械,随将土方开挖分包给另一家土方施工专业公司 A,由于乙方和 A 单位就土方开挖的价格未能及时谈拢,土方施工单位未在甲乙双方约定的时间进场开挖,致使土方开挖拖延开工 20 天。

事件 2:在土方开挖后,开始施工地下室部分,因甲方提供的图纸设计有误,乙方发现此错误后及时通知甲方,甲方通过和设计单位联系,随后以图纸变更洽商的形式,下指令给乙方,因此地下室部分比原计划时间推迟 30 天。经乙方现场统计,在图纸变更前,乙方配料和人工及窝工已经发生了 60 万元的费用。

事件 3:乙方根据合同工期要求,冬季继续施工,在施工过程中,乙方为保证施工质量,采取了多项技术措施,由此造成额外的费用开支共 200 万元。

在上述事情发生后,乙方及时向甲方通报,并恳请甲方以事实为依据,给予工期顺延、同时给予损失补偿。

试问:① 事件 1 中,乙方是否可以要求甲方给予工期延长?

② 事件 2 中,甲方是否应同意乙方的工期顺延要求?乙方所发生的费用甲方是否应该给予补偿?

③ 在冬期施工中,乙方依据现场实际情况向甲方提出给予经济补偿,希望甲方能够按实际发生的费用计算并支付技术措施费用,甲方是否可以考虑乙方的这一请求?

【案例 8.2 评析】

① 事件 1 中,乙方无权要求甲方给予工期延长。因为土方开挖拖延 20 天是因为乙方自身原因所致,非甲方原因,属不可原谅拖延。

② 事件 2 中,甲方应同意乙方的工期顺延要求。因为是由于甲方提供的图纸有误,乙方也尽到了及时通知义务,故属于可原谅拖延。而在图纸变更前,乙方已发生了相关损失 60 万元,如审核属实,应给与补偿。

③ 甲方不考虑乙方的这一请求。因合同内约定:乙方采用措施保证冬期施工,措施费为 150 万元,包干使用,不再增减。乙方为此造成额外费用应自行承担。

8.5.3　关于价款方面的索赔案例

价款方面的索赔主要包括:价格调整方面的索赔、货币贬值和严重经济失调导致的索赔、拖延支付工程款的索赔等。

【案例 8.3】

某生产基地位于某市南山区高新技术产业园,由厂房(4 层/1 栋)、研发楼(4 层/1 栋)及附属用房组成,建筑面积约 20 573.6 平方米,该工程于 2005 年 3 月开工,2005 年 9 月主体工程通过工程分部分项质量验收,2005 年 12 月 20 日通过初验,其后因建设单位资金原因,精装修及消防工程等停工。2006 年 2 月 20 日施工单位将涉案工程交付建设单位使用,并约定工程保修期自 2006 年 3 月 18 日始起算。2007 年 7 月 10 日施工单位与建设单位对土建及水电安装工程达成结算,结算价为人民币 31 280 477.72 元,根据双方合同约定,建设单位应于 2007 年 7 月 20 日前支付土建及水电安装工程款人民币 30 342 063.39 元,但建设单位仅支付 24 691 450 元,未按合同约定足额支付工程款。因建设单位拖延精装修工程结算、拖延付款,施工单位不得已于 2008 年 5 月向某仲裁委员会提起仲裁,要求建设单位支付拖欠的工程款。在施工单位提起工程款仲裁申请后,建设单位在该仲裁委员会另案提出了工程质量索赔,向施工单位索赔约 500 万元。建设单位并同时提交了其自行委托的鉴定单位对涉案工程质量出具的鉴定报告,该鉴定报告的鉴定结论为:厂房柱、梁、楼板均满足安全使用要求,墙体构造钢筋配置大部分不满足设计和规范要求,墙体、地梁裂缝产生的原因推断为厂房桩基础存在不均匀沉降。

试问:施工单位就建设单位拖欠支付工程款向仲裁委员会提起仲裁,为何遭到建设单位的反索赔仲裁?

【案例 8.3 评析】

施工单位一直严格按照施工合同约定履行施工义务,但被申请人拖延结算、拖延付款,严重违约。工程主体工程已于 2005 年 9 月通过分部分项工程质量验收,并于 2005 年 12 月通过初验,双方并约定工程保修期自 2006 年 3 月 18 日起算。2005 年 9 月工程主体工程全部完工,经监理单位、设计单位检验,工程分部分项工程质量符合设计及验收规范,质量合格,2005 年 12 月 20 日经建设单位组织初验,该市质量监督站工程师现场提出整改意见,2005 年 12 月 30 日施工单位完成所有整改项目。2006 年 7 月 26 日建设单位与施工单位签订《关于××生产基地工程保修日期起始确认书》,确认施工单位已于 2005 年 12 月 30 日完成整改,施工完毕,并约定工程保修期自 2006 年 3 月 18 日起算。

施工单位于 2006 年 2 月 20 日将工程全部交付建设单位使用。2006 年 2 月 13 日及同月 20 日建设单位与施工单位工程项目负责人办理了工程移交手续,将工程移交给建设单位,双方并签订了移交单。自此施工单位全部退场,工程实际全部移交建设单位使用。

建设单位一直拖延结算并拖延付款。工程由土建、水电安装工程及精装修工程组成,其中土建及水电安装工程双方已在 2007 年 7 月 10 日完成结算,结算价为人民币 31 280 477.72元,按合同约定建设单位应在 2007 年 7 月 20 日前支付结算价的 97%,即 30 342 063.39 元,在施工单位的多次催促下,建设单位仅支付 24 691 450 元,包括保修金在内尚欠6 589 027.72元未支付;精装修工程的结算书申请人已于 2007 年 1 月送交建设单位,报送价为2 963 025.47元,该结算书大部分施工项目已经由双方及监理公司共同审核并签字确认,但建设单位一直拖延审核确认。

施工单位存在问题及本案例启示:

① 本案施工单位存在问题:

(a) 初验合格后未及时递交竣工验收报告。

(b) 签订交工协议时未对将来发生质量问题如何承担进行约定,交付后未收集保留发包人实际使用建设工程的证据。

② 本案对施工单位的启示:

(a) 工程完工后应及时向甲方申请竣工验收,或申请分包工程的完工验收。

(b) 未经竣工验收就将工程交付的,一定要签订交工协议,交工协议应写明交付时间、交付内容、提前交付使用原因,最好能够约定因提交交付所产生的一切法律责任均由发包人自行承担。交付后要注意收集保留发包人实际使用建设工程的证据。

8.5.4　关于工期的索赔

关于工期的索赔主要包括关于延展工期的索赔、由于延误产生损失的索赔、赶工费用的索赔等。

【案例 8.4】

1998 年 6 月,建设单位武汉某房地产公司与武汉某建筑公司经招投标签订了一份《建筑安装工程合同》。合同约定:由武汉某建筑公司承建位于武汉市香港路与光华路交汇处一幢科技大楼(B)和综合楼(C1、C2);质量标准为合格;合同造价以包干价方式计价,双方约定合同包干价款为 6 000 万元,其中单价包干造价为 1 034.48 元/平方米;约定整体工程工期要求为:1998 年 6 月 18 日开工,1999 年 5 月 31 日竣工;其中 B 栋应于 1999 年 5 月 31 日竣工,C1、C2 栋应于 1999 年 2 月 15 日完工;如承包人逾期竣工,逾期一个月以内处 35 万元罚款,逾期超过一个月,每日按合同价的千分之一承担违约金;合同还对工程款的支付进度及质量违约责任作了约定。在工程的基础施工阶段发生了基坑塌方事故,研究加固和修复方案致使工程停工了 237 天;施工过程中还发生了造成工期一再延误的许多事由;最后 C1、C2栋的实际竣工日期为 2000 年 1 月 8 日,B 栋的实际竣工日期为 2001 年 9 月。2001 年 10 月12 日,双方办理了工程决算确认总价款为 6 225 万元,施工期间发包人已支付了 5 020 万元,尚欠 1 204 万元。工程交付后,双方因是否应由承包人承担逾期竣工的违约责任发生争议。经协商不成,发包人于 2002 年 8 月 1 日向湖北省高级人民法院提诉讼,请求承包人支付逾期违约金共 5 280 万元。承包人以拖欠工程款为由提起反诉,请求发包人支付拖欠款 1 204万元,利息 263 万元。

这是一索赔与反索赔的综合案件,最终判决承包人和发包人各自应向对方支付的款项相抵后,由承包人向发包人支付 1828 万元。试分析原因。

【案例 8.4 评析】

一审法院经审理确认发包人在施工过程中已经支付工程款 5020 万元,尚欠承包人工程款计 1204 万元。同时法院对 C1、C2 栋工期延误 324 天,B 栋工期延误 811 天的原因进行审理,根据承包人提供的证据确认 C1、C2 栋可顺延工期 61 天,B 栋工期可以顺延 136 天,而经上述核减后的逾期工期即 C1、C2 栋逾期 263 天及 B 栋逾期 675 天,认定应由承包人承担相应的违约责任。2003 年 10 月 31 日,湖北省高院对本案作出一审判决,判决承包人应根据双方合同约定的日逾期违约金承担上述工程逾期竣工的违约责任,经计算承包人应承担的逾期违约金为 3032 万元。同时认为,发包人未支付工程余款,属行使抗辩权而无需承担违约责任。判决承包人和发包人各自应向对方支付的款项相抵后,由承包人向发包人支付 1828 万元。一审判决后,承包人不服判决向最高人民法院提起上诉,同时变更诉讼代理人。代理二审过程中以工程施工过程发生设计变更、增加的洽商导致工程量增加、发包人延期付款、基坑质量事故共 4 个方面提出这些因发包人的原因导致工程延期的天数均应予以相应顺延的观点。如果这些事由承包人在履行过程中及时办理工期签证和工期索赔,签证或索赔未获成功则及时行使合同履约抗辩权,工期顺延的主张本应获得支持。但是这些事由或者是证据不够充分,或者是在一审审理过程中未予以主张,虽然有不少事由确系客观真实,但难以有证据证明为法律真实。二审法院在审理过程中做了大量的调解工作,代理人也与发包人一方多次洽商,发包人也曾同意在不支付剩余工程款的前提下,只要求承包人另行承担 700 万元的工期违约金;并以另行发包一工程由承包人施工,此部分违约金作为工程垫资款方式了断本案的方案。但因承包人只同意以未付款为限承担工期逾期的违约责任,使本案的调解最终未能成功。2004 年 6 月 29 日,最高人民法院以一审认定事实不清为由将本案发回原审人民法院重新审理。原审人民法院另行组成合议庭重新审理本案后,认为原审认定事实清楚,证据确凿充分,判决结果并无错误。遂于 2004 年 11 月 1 日以与原审同样的判决结果作出重审判决。承包人仍不服重审判决再次向最高人民法院提起上诉。最高人民法院于 2005 年 8 月 16 日作出终审判决,维持原判。

8.5.5 特殊风险和人力不可抗拒灾害的索赔

【案例 8.5】

业主与施工单位按《建设工程施工合同文本》对某项目工程建设项目签订了工程施工合同,工程未进行投保。在工程施工过程中,遭受暴风雨不可抗力的袭击,造成了相应的损失,施工单位及时向监理工程师提出索赔要求,并附索赔有关的资料和证据。索赔报告的基本要求如下:

1. 遭暴风雨袭击是非施工单位原因造成的损失,故应由业主承担赔偿责任。

2. 给已建分部工程造成破坏,损失计 18 万元人民币,应由业主承担修复的经济责任,施工单位不承担修复的经济责任。

3. 施工单位人员因受此灾害使数人受伤,处理伤病医疗费用和补偿金额总计 3 万元人民币,业主应给予赔偿。

4. 施工单位进场的在使用的机械、设备受到损坏,造成损失 8 万元人民币,由于现场停工造成台班费损失 4.2 万元人民币,业主应负担赔偿和修复的经济责任。工人窝工费 3.8 万元人民币,业主应予支付。

5. 因暴风雨造成现场停工 8 天,要求合同工期顺延 8 天。

6. 由于工程破坏,清理现场需要 2.4 万元人民币,业主应予支付。

试问:① 监理工程师接到施工单位提交的索赔申请后,应进行哪些工作?

② 不可抗力发生风险承担的原则是什么? 对施工单位的要求如何处理?

【案例 8.5 评析】

① 监理工程师接到索赔申请通知后应进行以下主要工作:

(a) 进行调查、取证;

(b) 审查索赔成立条件,确定索赔是否成立;

(c) 分清责任,认可合理索赔;

(d) 与施工单位协商,统一意见;

(e) 签发索赔报告,处理意见报业主核准。

② 可不抗力风险承担责任的原则:

(a) 工程本身的损害由业主承担;

(b) 人员伤亡由其所属单位负责,并承担相应费用;

(c) 造成施工单位机械、设备的损坏及停工等损失,由施工单位承担;

(d) 所需清理、修复工作的费用,由双方协商承担;

(e) 工期给予延期。

③ 处理方法按索赔报告的基本要求顺序分别为:

(a) 经济损失由双方分别承担,工期延误应予以签证顺延;

(b) 工程修复、重建 18 万元人民币工程款应由业主支付;

(c) 索赔不予认可,由施工单位承担;

(d) 认可延期 8 天;

(e) 由双方协商承担。

本 章 小 结

1. 工程变更包括:设计变更、施工条件变更、原招标文件和工程量清单中未包括的"新增工程"。其中最常见的是设计变更和施工条件变更。

2. 索赔是指在合同履行过程中,对于并非自己的过错,而是应由对方承担责任的情况造成实际损失,向对方提出经济补偿或时间补偿的要求。

3. 索赔事件确立的前提条件是必须有正当的索赔理由,正当的索赔理由的说明须有有效证据。

4. 费用索赔必须以合同报价中的分部分项工程单价、人工费单价、机械台班费单价及费率标准作为计算基础。

5. 费用索赔的计算方法有实际费用法、总费用法和修正总费用法。工期索赔的计算方法有网络图分析法、比例分析法。

习　题

1. 单项选择题

(1) 在索赔的分类中,可分为单项索赔和总索赔,对总索赔方式说法正确的是(　　)。

　　A. 特定情况下,被迫采用的一种方式　　　B. 通常采用的一种方式

　　C. 解决起来较容易的一种方式　　　　　　D. 容易取得索赔成功的一种方式

(2) 发包方向承包方索赔的事件(　　)。

　　A. 物价暴涨　　　　　　　　　　　　　　B. 发现地下障碍和文物费用增加

　　C. 工程质量等级不符合合同约定　　　　　D. 工程师指令错误造成费用增加

(3) 施工中的费用索赔出现的原因是(　　)。

　　A. 只限定事件引起的补偿

　　B. 只限定当事人违约而提出的赔偿

　　C. 非自身的原因,且实际造成了损失,应由对方承担责任的补偿或赔偿

　　D. 不包括因第三人过错造成的损失的补偿或赔偿

(4) 下列事项中,承包方要求的费用索赔不成立的是(　　)。

　　A. 建设单位未及时供应施工图纸

　　B. 施工单位施工机械损坏

　　C. 业主原因要求暂停全部项目施工

　　D. 设计变更而导致工程内容增加

(5) 某基础工程隐蔽前已经经过工程师验收合格,在主体结构施工时因墙体开裂,对基础工程重新检验发现部分部位存在施工质量问题,则对重新检验的费用和工期的处理表达正确的是(　　)。

　　A. 费用由工程师承担,工期由承包方承担

　　B. 费用由承包人承担,工期由发包方承担

　　C. 费用由承包方承担,工期由承发包双方协商

　　D. 费用和工期均由承包方承担

(6) 下列关于施工索赔的说法中错误的是(　　)。

　　A. 索赔是一种合法的正当权利要求,不是无理争利

　　B. 索赔是单向的

　　C. 索赔的依据是签订的合同和有关法律、法规和规章

　　D. 在工程施工中,索赔的目的是补偿索赔方在工期和经济上的损失

(7) 下列关于施工索赔的说法不正确的是(　　)。

　　A. 索赔是合同管理的重要环节

　　B. 索赔要求提高文档管理的水平

　　C. 索赔是计划管理的动力

　　D. 索赔只是减小损失的一种方法,并不是挽回成本损失的重要手段

(8) 单项索赔是指(　　)。

　　A. 在工程实施过程中,出现了干扰原合同的索赔事件,承包商为此事件提出的索赔

　　B. 承包商在工程竣工前后,将施工过程中已提出但未解决的索赔汇总一起,向业主提出一份总索赔报告的索赔

　　C. 对合同中规定工作范围的变化而引起的索赔

　　D. 以合同条款为依据,在合同中有明文规定的索赔

(9) 下列关于施工索赔的处理过程的顺序正确的是( )。

① 意向通知;② 证据资料准备;③ 索赔报告的编写;④ 提交索赔报告;⑤ 索赔报告评审;⑥ 谈判解决;⑦ 争端的解决。

A. ①②③④⑤⑥⑦   B. ②③①④⑤⑥⑦

C. ②①③④⑤⑥⑦   D. ②③①④⑤⑦⑥

(10) 某工程师指令将某分项工程混凝土改为钢筋混凝土,对此作出的索赔具体为( )。

A. 单项索赔   B. 总索赔   C. 明示索赔   D. 默示索赔

(11)《建筑工程施工合同(示范文本)》规定,工程师收到承包人递交的索赔报告和相关资料后应在( )内给予答复。

A. 28 天   B. 29 天   C. 30 天   D. 15 天

(12) 施工过程中最高的行为准则是( )。

A. 合同   B. 法律   C. 建筑法   D. 事实

(13) 由于第三方原因造成的损失,承包商应向( )进行索赔。

A. 第三方   B. 业主   C. 工程师   D. 代理人

(14) 下列选项中说法正确的是( )。

A. 索赔发生在工程建设各阶段,但在施工竣工后发生较多

B. 承包商可以向业主提出索赔,业主也可以向承包商提出索赔

C. 总索赔比单项索赔要更易处理和解决

D. 工程师对索赔的反驳,应该把承包人当作对立面,但应公正

(15) 解决工程建设索赔最理想的方法是( )。

A. 提交仲裁解决   B. 工程师分析、解决

C. 通过协商解决   D. 第三方介入解决

(16) 某漫灌沟槽开挖分项工程采用单价合同承包,价格为 18 000 元/千米,计日工每工日工资标准 30 元,管沟长 10 千米。在开挖过程中,由于建设方原因,造成施工方 8 人窝工 5 天,施工方原因造成 5 人窝工 10 天。由此,施工方提出的人工费索赔应是( )元。

A. 1 200   B. 1 500   C. 1 950   D. 2 700

(17) ( )不属于工程索赔证据。

A. 来往信件   B. 各种会议纪要

C. 工程照片   D. 工程师现场口头指令

(18) 有关因工程量清单准确性引起的索赔,属于( )。

A. 因合同文件引起的索赔

B. 有关工程施工的索赔

C. 关于价款方面的索赔

D. 特殊风险和人力不可抗力灾害的索赔

(19) ( )不是施工索赔的理由。

A. 发包人延误支付期限造成承包人的损失

B. 非承包人的原因导致项目缺陷的修复所发生的损失或费用

C. 非承包人的原因导致工程暂时停工

D. 承包人工程管理不当造成费用增加

(20) 承包商应在索赔事件发生后( )天内向工程师递交索赔意向通知。

A. 10   B. 20   C. 42   D. 28

2. 简答题

(1) 什么叫工程变更?工程变更的处理程序是什么?

（2）工程变更价款如何确定？其变更价款的确认有哪些时限要求？

（3）什么叫索赔？索赔的处理原则是什么？

（4）索赔的程序是什么？它有哪些时限要求？

（5）索赔文件包括哪些？

3. 案例分析

某工程在施工过程中发生如下事件：

① 基坑开挖后发现有古河道，须将河道中的淤泥清除并对地基进行 2 次处理。

② 业主因资金困难，在应支付工程月进度款的时间内未支付，承包方停工 20 天。

③ 在主体施工期间，施工单位与某材料供应商签订了室内隔墙板供销合同，在合同内约定：如供方不能按约定时间供货，每天赔偿订购方合同价 5‰ 的违约金。供货方因原材料问题未能按时供货，拖延 10 天。

在上述事件发生后，承包方及时向业主提交了工期和费用索赔要求文件，向供货方提出了费用索赔要求。

试问：① 施工单位的索赔能否成立？为什么？

② 按索赔当事人分类，索赔可分为哪几种？

③ 在工程施工中，通常可以提供的索赔证据有哪些？

第9章 建设工程信息管理

教学目标

知识要点	知识目标	专业能力目标
建设工程信息管理概述	1. 熟悉建设工程信息管理的概念、作用、任务、原则及基本要求； 2. 掌握建设工程信息管理的方法	
建设工程信息管理流程	掌握建设工程信息管理流程	1. 会收集资料，能整理建设工程文件和档案资料； 2. 熟悉建设工程信息管理流程和管理系统； 3. 知道建设工程常用管理软件
建设工程文件档案资料管理	1. 熟悉建设工程文件档案资料管理职责； 2. 掌握建设工程档案的验收与移交； 3. 掌握建设工程文件档案资料的质量要求与组卷方法； 4. 掌握建设工程档案的验收与移交	
建设工程信息管理系统	1. 熟悉建设工程信息管理系统的概念及基本功能； 2. 掌握建设工程信息管理系统的构成； 3. 熟悉基于互联网的建设工程项目信息管理系统； 4. 熟悉建设工程常用管理软件	

9.1 建设工程的信息管理概述

【引例 9.1】

　　某房地产公司刚成立不久，在大建设的时期在外省购买了一块土地，随即将其开发成了高档写字楼，由于前期未充分预算使得建成后成本过高，潜在客户也不多，最终未能完全销售，造成了该开发商的开发成本无法回收。试分析造成这一结果的原因。

9.1.1　建设工程信息管理的概念及作用

1. 概念

建设工程信息管理是指对建设工程信息的收集、整理、处理、储存、传递与应用等一系列工作的总称。建设工程项目的信息管理,应根据其特点,有计划地组织信息沟通,以保证能及时、准确获得各级管理者所需要的信息,达到能正确作出决策的目的。

2. 作用

建设工程信息管理的根本作用在于为各级管理人员及决策者提供所需要的各种信息。通过系统管理工程建设过程中的各类信息,信息的可靠性、广泛性更高,使得项目的管理目标得到较好的控制。

9.1.2　建设工程信息管理的任务及原则

1. 任务

建设工程信息管理的任务主要包括:

① 组织项目基本情况的信息并将其系统化,编制项目手册。

② 对项目报告及各种资料进行规定。

③ 按照项目实施、项目组织、项目管理工作过程建立项目管理信息系统流程,在实际工作中保证这个系统正常运行,并控制信息流。

④ 管理文件档案工作。

2. 原则

建设工程产生的信息数据量巨大、种类繁多,所以,为方便于信息的收集、处理、储存、传递和利用,在进行工程信息管理具体工作时,应遵循以下原则:

① 标注化原则;

② 定量化原则;

③ 有效性原则;

④ 时效性原则;

⑤ 可预见性原则;

⑥ 高效处理原则。

9.1.3　建设工程信息管理的基本要求及方法

1. 基本要求

为了能够全面、及时、准确地向项目管理人员提供有关信息,为建设工程信息管理应满足以下几方面的基本要求:

① 要有严格的时效性;

② 要有针对性和实用性;

③ 要有必要的精确度;

④ 要考虑信息成本。

2. 方法

在建设工程信息管理的过程中,应重点抓好对信息的采集与筛选、信息的处理加工、信息的利用与扩大,以便业主能利用信息对投资目标、质量目标、进度目标实施有效控制。

　　　　　　　┌ 概念:信息的收集、整理、处理、储存、传递与应用
　　　　　　　│ 作用:提供信息
建设工程信息 │ 任务:四项任务
管理概述　　　│ 原则:标注化、定量化、有效性、时效性、可预见性、高效处理
　　　　　　　│ 基本要求:时效性、针对性、实用性、精确度、信息成本
　　　　　　　└ 方法:信息的采集与筛选、处理与加工、利用与扩大

【引例 9.1 小结】

造成开发商的开发成本无法回收的原因主要是因为没有对该建设工程的信息进行很好的管理。建设工程信息管理是指对建设工程信息的收集、整理、处理、储存、传递与应用等一系列工作的总称。该开发商应在建设前期充分收集该工程的相关信息,按照项目实施、项目组织、项目管理工作过程建立项目管理信息系统流程,在实际工作中保证这个系统正常运行,并控制信息流,以帮助决策者做出合理的决策。

9.2　建设工程的信息管理流程

【引例 9.2】

某房地产开发商计划在某市经济开发区开发高层住宅小区,现处于决策阶段,该开发公司应收集哪些信息以帮助其作出合理的决策?

9.2.1　建设工程信息流程的组成

建设工程是一个由多个单位、多个部门组成的复杂系统,建设工程信息流程由建设工程的复杂性决定的。参加建设的各方要能够实现随时沟通,必须规范相互之间的信息流程,组织合理的信息流。各方需要数据和信息时,能够从相关的部门、相关的人员处及时得到,而且数据和信息是按照规范的形式提供的。相应地,有关各方也必须在规定的时间提供规定形式的数据和信息给其他需要的部门和要使用的人,达到信息管理的规范化。建设工程的信息流由建设各方各自的信息流组成。

9.2.2　建设工程信息管理流程

建设工程信息管理流程分为信息的收集、加工、整理、分发、检索和存储。

9.2.2.1　建设工程项目信息的收集

在建设工程项目管理过程中,建设工程参建各方在不同的时期对信息的收集也是不同的。所以,建设工程的信息收集由不同的介入阶段,决定收集不同的信息内容。在各个不同阶段,建设单位收集信息的内容要根据具体情况来决定。

1. 项目决策阶段的信息收集

项目决策阶段主要收集工程项目外部的宏观信息,要收集过去的、现代的和未来的与项目相关的信息,具有较大的不确定性。

项目决策阶段信息收集应从以下几个方面进行:

① 项目相关市场方面的信息;

② 项目资源相关方面的信息;

③ 自然环境相关方面的信息;

④ 新技术、新设备、新工艺、新材料和专业配套能力方面的信息;

⑤ 政治环境,社会治安状况,当地法律、政策、教育的信息。

这些信息的收集是为了帮助建设单位避免决策失误、进一步开展调查和投资机会研究、编写可行性研究报告、投资估算和工程建设经济评价。

2. 项目设计阶段的信息收集

项目设计阶段是工程建设的重要阶段,在设计阶段决定了工程规模,建筑形式,工程的概预算技术的先进性、适用性,以及标准化程度等一系列具体的要素。

在设计阶段的信息收集要从以下几个方面进行:可行性研究报告,同类工程相关信息,拟建工程所在地相关信息,勘察、测量、设计单位相关信息,工程所在地政府相关信息,设计中的设计进度计划,设计质量保证体系,设计合同执行情况,偏差产生的原因,纠偏措施,专业间设计交接情况,执行规范、规程、技术标准,特别是强制性规范执行的情况,设计概算和施工图预算结果,了解超限额的原因,了解各设计工序对投资的控制等。

3. 项目施工招投标阶段的信息收集

在项目施工招投标阶段的信息收集,有助于协助建设单位编写好招标书;有助于帮助建设单位选择好施工单位和项目经理、项目班子;有利于签订好施工合同,为保证施工阶段监理目标的实现打下良好的基础。在施工招投标阶段,要求信息收集人员充分了解施工设计和施工图预算,熟悉法律法规,熟悉招投标程序,熟悉合同示范文本,特别要求在了解工程特点和工程量分解上具有一定能力,这样才能为建设方决策提供必要的信息。

4. 项目施工阶段的信息收集

项目施工阶段的信息收集,可以从施工准备期、施工实施期、竣工保修期3个子阶段分别进行。

在施工准备期,信息的来源较多、较杂,由于参建各方相互了解还不够,信息渠道没有建立,信息的收集有一定困难,所以应该组建工程信息合理的流程,确定合理的信息源,规范各方的信息行为,建立必要的信息秩序。

在施工实施期,信息来源相对比较稳定,主要是施工过程中随时产生的数据,由施工单位逐层收集上来,比较单纯,容易实现规范化。目前,建设主管部门对施工阶段信息收集和整理有明确的规定,施工单位也有一定的管理经验和处理程序。随着建设管理部门加强行业管理,实现信息管理的规范化相对容易,关键是施工单位和监理单位、建设单位在信息形式上和汇总上不统一。因此,统一建设各方的信息格式,实现标准化、代码化、规范化是目前建设工程必须解决的问题。

在竣工保修期,信息是建立在施工期日常信息积累基础上的。传统工程管理和现代工程管理最大的区别在于传统工程管理不重视信息的收集和规范化,数据不能及时收集整理,往往采取事后补填或作假数据应付了事。现代工程管理则要求数据实时记录,真实反映施工过程,真正做到积累在平时,竣工保修期只是建设各方最后的汇总和总结。该阶段收集的信息有以下几种:工程准备阶段文件、监理文件、施工资料、施工图、竣工验收资料。

9.2.2.2　建设工程项目信息的加工、整理、分发、检索和存储

1. 信息的加工、整理

建设工程项目信息的加工、整理主要是把建设各方得到的数据和信息进行鉴别、选择、核对、合并、排序、更新、计算、汇总、转储,生成不同形式的数据和信息,提供给不同需求的各类管理人员使用。在信息加工时,要按照不同的需求、不同的使用角度,以不同的加工方法分层进行加工。对项目建设过程中施工单位提供的数据要加以选择、核对,并进行必要的汇总。对动态的数据要及时更新,对于施工中产生的数据要按照单位工程、分部工程、分项工程组织在一起,每一个单位、分部、分项工程又把数据按进度、质量、造价3个方面分别进行组织。

2. 信息的分发、检索

在通过对收集的数据进行分类加工处理产生信息后,要及时提供给需要使用数据和信息的部门。信息和数据的分发要根据需要来分发,信息和数据的检索则要建立必要的分级管理制度,确定信息使用权限。一般用实用软件来保证实现数据和信息的分发、检索的关键是要决定分发和检索的原则,其原则为:需要的部门和使用人,有权在需要的第一时间,方便地得到所需要的、以规定形式提供的一切信息和数据,而保证不向不该知道的部门(人)提供任何信息和数据。

3. 信息的存储

信息的存储一般需要建立统一的数据库,使各类数据以文件的形式组织在一起,组织的方式要考虑规范化。根据建设工程实际情况,可以按照以下方式组织:按照工程进行组织,同一工程按照投资、进度、质量、合同的角度组织,各类信息进一步按照具体情况细化;文件名规范化,以定长的字符串作为文件名;各建设方协调统一存储方式,在国家技术标准有统一的代码时尽量采用统一代码;有条件时可以通过网络数据库形式存储数据,达到建设各方数据共享,减少数据冗余,保证数据的唯一性。

建设工程信息管理流程 $\left\{\begin{array}{l}\text{组成：由建设各方各自的信息流组成}\\\text{流程：信息的收集、加工、整理、分发、检索、存储}\end{array}\right.$

【引例9.2 小结】

该开发公司应收集该项目相关市场方面的信息,项目资源相关方面的信息,自然环境相关方面的信息,新技术、新设备、新工艺、新材料和专业配套能力方面的信息,政治环境、社会治安状况以及当地法律、政策、教育的信息。收集这些信息以便帮助该开发公司避免决策失误,进一步开展调查和投资机会研究,编写可行性研究报告、投资估算和工程建设经济评价。

9.3   建设工程文件档案资料的管理

【引例9.3】

某工程项目为列入城建档案管理部门档案接收范围的工程,在项目进入竣工验收阶段后,建设单位邀请相关方组织工程竣工验收,验收时发现竣工图未加盖公章,部分文件也没有相关人员的签字及印章,此次验收未能顺利完成,造成了相关资源的浪费。

试分析其原因。

9.3.1   建设工程文件档案资料管理职责

1. 各参建单位的共同职责

各参建单位的共同职责包括以下几个方面:

① 工程各参建单位填写的建设工程档案应以施工及验收规范、工程合同、设计文件、工程施工质量验收统一标准等为依据。

② 工程档案资料应随工程进度及时收集、整理,并应按专业归类,认真书写,字迹清楚,项目齐全、准确、真实,无未了事项;表格应采用统一表格,特殊要求需增加的表格应统一归类。

③ 工程档案资料进行分级管理,建设工程项目各单位技术负责人负责本单位工程档案资料的全过程组织工作并负责审核,各相关单位档案管理员负责工程档案资料的收集、整理工作。

④ 对工程档案资料进行涂改、伪造、随意抽撤或损毁、丢失等,应按有关规定予以处罚,情节严重的,应依法追究法律责任。

2. 建设单位的职责

建设单位的职责体现在以下几个方面:

① 在工程招标及与勘察、设计、监理、施工等单位签订协议、合同时,应对工程文件的套数、费用、质量、移交时间等提出明确要求。

② 收集和整理工程准备阶段、竣工验收阶段形成的文件,并应进行立卷归档。

③ 负责组织、监督和检查勘察、设计、施工、监理等单位的工程文件的形成、积累和立卷归档工作;也可委托监理单位监督、检查工程文件的形成、积累和立卷归档工作。

④ 收集和汇总勘察、设计、施工、监理等单位立卷归档的工程档案。

⑤ 在组织工程竣工验收前,应提请当地城建档案管理部门对工程档案进行预验收;未取得工程档案验收认可文件,不得组织工程竣工验收。

⑥ 对列入当地城建档案管理部门接收范围的工程,工程竣工验收 3 个月内,向当地城建档案管理部门移交一套符合规定的工程文件。

⑦ 必须向参与工程建设的勘察设计、施工、监理等单位提供与建设工程有关的原始资料,原始资料必须真实、准确、齐全。

⑧ 可委托承包单位、监理单位组织工程档案的编制工作;负责组织竣工图的绘制工作,也可委托承包单位、监理单位、设计单位完成,收费标准按照所在地相关文件执行。

3. 监理单位的职责

监理单位的职责包括以下几个方面:

① 应设专人负责监理资料的收集、整理和归档工作,在项目监理部,监理资料的管理应由总监理工程师负责,并指定专人具体实施,监理资料应在各阶段监理工作结束后及时整理归档。

② 监理资料必须及时整理、真实完整、分类有序;在设计阶段,对勘察、测绘、设计单位的工程文件的形成、积累和立卷归档进行监督、检查;在施工阶段,对施工单位的工程文件的形成、积累、立卷归档进行监督、检查。

③ 可以按照委托监理合同的约定,接受建设单位的委托,监督、检查工程文件的形成积累和立卷归档工作。

④ 编制的监理文件的套数、提交内容、提交时间,应按照现行《建设工程文件归档整理规范》(GB/T 50328—2001)和各地城建档案管理部门的要求,编制移交清单,双方签字、盖章后,及时移交建设单位,由建设单位收集和汇总。监理公司档案部门需要的监理档案,按照《建设工程监理规范》(GB 50319—2000)的要求,及时由项目监理部提供。

4. 施工单位的职责

施工单位的职责包括以下几个方面:

① 实行技术负责人负责制,逐级建立健全施工文件管理岗位责任制,配备专职档案管理员,负责施工资料的管理工作;工程项目的施工文件应设专门的部门(专人)负责收集和整理。

② 建设工程实行总承包的,总承包单位负责收集、汇总各分包单位形成的工程档案,各分包单位应将本单位形成的工程文件整理、立卷后及时移交总承包单位;建设工程项目由几个单位承包的,各承包单位负责收集、整理、立卷其承包项目的工程文件,并应及时向建设单位移交,各承包单位应保证归档文件的完整、准确、系统,能够全面地反映工程建设活动的全过程。

③ 可以按照施工合同的约定,接受建设单位的委托进行工程档案的组织、编制工作。

④ 按要求在竣工前将施工文件整理汇总完毕,再移交建设单位进行工程竣工验收。

⑤ 负责编制的施工文件的套数不得少于地方城建档案管理部门的要求,但应有完整施

工文件移交建设单位及自行保存,保存期可根据工程性质以及地方城建档案管理部门有关要求确定,如建设单位对施工文件的编制套数有特殊要求的,可另行约定。

5. 地方城建档案管理部门的职责

地方城建档案管理部门的职责包括以下几个方面:

① 负责接收和保管所辖范围应当永久和长期保存的工程档案和有关资料。

② 负责对城建档案工作进行业务指导,监督和检查城建档案法规的实施。

③ 列入向本部门报送工程档案范围的工程项目,其竣工验收应由本部门参加并负责对移交的工程档案进行验收。

9.3.2　建设工程文件档案资料的质量要求与组卷要求

1. 质量要求

建设工程文件档案资料的质量要求如下:

① 归档的工程文件一般应为原件。

② 工程文件的内容及其深度必须符合国家有关工程勘察、设计、施工、监理等方面的技术规范、标准和规程。

③ 工程文件的内容必须真实、准确,与工程实际相符合。

④ 工程文件应采用耐久性强的书写材料,如碳素墨水、蓝黑墨水,不得使用易褪色的书写材料,如红色墨水、纯蓝墨水、圆珠笔、复写纸、铅笔等。

⑤ 工程文件应字迹清楚、图样清晰、图表整洁,签字盖章手续完备。

⑥ 工程文件中文字材料幅面尺寸规格宜为 A4 幅面(297 毫米×210 毫米)。图纸宜采用国家标准图幅。

⑦ 工程文件的纸张应采用能够长期保存的韧力大、耐久性强的纸张。图纸一般采用蓝晒图,竣工图应是新蓝图。计算机出图必须清晰,不得使用计算机所出图纸的复印件。

⑧ 所有竣工图均应加盖竣工图章。

⑨ 利用施工图改绘竣工图,必须标明变更修改依据;凡施工图结构、工艺、平面布置等有重大改变,或变更部分超过图面 1/3 的,应当重新绘制竣工图。

⑩ 不同幅面的工程图纸应按《技术制图复制图的折叠方法》(GB 10609.3—89)统一折叠成 A3 幅面,图标栏露在外面。

⑪ 工程档案资料的缩微制品,必须按国家缩微标准进行制作,主要技术指标(解像力、密度、海波残留量等)要符合国家标准,保证质量,以适应长期安全保管。

⑫ 工程档案资料的照片(含底片)及声像档案,要求图像清晰,声音清楚,文字说明或内容准确。

⑬ 工程文件应采用打印的形式并使用档案规定用笔,手工签字,在不能够使用原件时,应在复印件或抄件上加盖公章并注明原件保存处。

2. 组卷要求

(1) 立卷的原则和方法

立卷应遵循以下原则:

① 立卷应遵循工程文件的自然形成规律,保持卷内文件的有机联系,便于档案的保管

和利用。

②一个建设工程由多个单位工程组成时，工程文件应按单位工程组卷。

立卷采用如下方法：

①工程文件可按建设程序划分为：工程准备阶段的文件、监理文件、施工文件、竣工图、竣工验收文件 5 部分。

②工程准备阶段文件可按单位工程、分部工程、专业、形成单位等组卷。

③监理文件可按单位工程、分部工程、专业、阶段等组卷。

④施工文件可按单位工程、分部工程、专业、阶段等组卷。

⑤竣工图可按单位工程、专业等组卷。

⑥竣工验收文件可按单位工程、专业等组卷。

立卷过程中宜遵循下列要求：

①案卷不宜过厚，一般不超过 40 毫米。

②案卷内不应有重份文件，不同载体的文件一般应分别组卷。

（2）卷内文件的排列

卷内文件的排列有以下原则：

①文字材料按事项、专业顺序排列。同一事项的请示与批复、同一文件的印本与定稿、主件与附件不能分开，并按批复在前、请示在后，印本在前、定稿在后，主件在前、附件在后的顺序排列。

②图纸按专业排列，同专业图纸按图号顺序排列。

③既有文字材料又有图纸的案卷，文字材料排前，图纸排后。

（3）案卷的编目

编制卷内文件页号应符合下列规定：

①卷内文件均按有书写内容的页面编号。

②页号编写位置：单页书写的文字在右下角；双面书写的文件，正面在右下角，背面在左下角。折叠后的图纸一律在右下角。

③成套图纸或印刷成册的科技文件材料，自成一卷的，原目录可代替卷内目录，不必重新编写页码。

④案卷封面、卷内目录、卷内备考表不编写页号。

卷内目录的编制应符合下列规定：

①卷内目录式样宜符合现行《建设工程文件归档整理规范》中附录 B 的要求。

②序号：以一份文件为单位，用阿拉伯数字从 1 依次标注。

③责任者：填写文件的直接形成单位和个人。有多个责任者时，选择两个主要责任者，其余用"等"代替。

④文件标号：填写工程文件原有的文号或图号。

⑤文件题名：填写文件标题的全称。

⑥日期：填写文件形成的日期。

⑦页次：填写文件在卷内所排列的起始页号。最后一份文件填写起止页号。

⑧卷内目录排列在卷内文件之前。

卷内备考表的编制应符合下列规定：

① 卷内备考表的式样宜符合现行《建设工程文件归档整理规范》中附录 C 的要求。

② 卷内备考表主要标明卷内文件的总页数、各类文件数，以及立卷单位对案卷情况的说明。

③ 卷内备考表排列在卷内文件的尾页之后。

案卷封面的编制应符合下列规定：

① 案卷封面印刷在卷盒、卷夹的正表面。案卷封面的式样宜符合《建设工程文件归档整理规范》中附录 D 的要求。

② 案卷封面的内容应包括：档号、档案馆代号、案卷题名、编制单位、起止日期、密级、保管期限、共几卷、第几卷。

③ 档号应由分类号、项目号和案卷号组成。档号由档案保管单位填写。

④ 档案馆代号应填写国家给定的本档案馆的编号。档案馆代号由档案馆填写。

⑤ 案卷题名应简明、准确的揭示卷内文件的内容。案卷题名应包括工程名称、专业名称、卷内文件的内容。

⑥ 编制单位填写案卷内文件的形成单位或主要责任者。

⑦ 起止日期应填写案卷内全部文件的形成的起止日期。

⑧ 保管期限分为永久、长期、短期 3 种期限。各类文件的保管期限见现行《建设工程文件归档整理规范》中附录 A 的要求。永久是指工程档案需永久保存。长期是指工程档案的保存期等于该工程的使用寿命。短期是指工程档案保存 20 年以下。同一卷内有不同保管期限的文件，该卷保管期限应从长。

⑨ 工程档案套数一般不少于 2 套，一套由建设单位保管，另一套原件要求移交当地城建档案管理部门保存，接受范围规范规定可以根据各城市本地情况适当拓宽和缩减，具体可向建设工程所在地城建档案管理部门询问。

⑩ 密级分为绝密、机密、秘密 3 种。同一案卷内有不同密级的文件，应以高密级为本卷密级。

卷内目录、卷内备考表、卷内封面应采用 70 g 以上白色书写纸制作，幅面统一采用 A4 幅面。

9.3.3　建设工程档案的验收与移交

1. 建设工程档案的验收

建设工程档案的验收应遵循以下原则：

① 列入城建档案管理部门档案接收范围的工程，建设单位在组织工程竣工验收前，应提请城建档案管理部门对工程档案进行预验收。建设单位未取得城建档案管理部门出具的认可文件，不得组织工程竣工验收。

② 城建档案管理部门在进行工程档案预验收时，应重点验收以下内容：

（a）工程档案分类齐全、系统完整。

（b）工程档案的内容真实、准确地反映工程建设活动和工程实际状况。

（c）工程档案已整理立卷，立卷符合现行《建设工程文件归档整理规范》的规定。

（d）竣工图绘制方法、图式及规格等符合专业技术要求，图面整洁，盖有竣工图章。

（e）文件的形成、来源符合实际，要求单位或个人签章的文件，其签章手续完备。

（f）文件材质、幅面、书写、绘图、用墨、托裱等符合要求。

工程档案由建设单位进行验收，属于向地方城建档案管理部门报送工程档案的工程项目还应会同地方城建档案管理部门共同验收。

③ 国家、省、市重点工程项目或一些特大型、大型的工程项目的预验收和验收，必须有地方城建档案管理部门参加。

④ 为确保工程档案的质量，各编制单位、地方城建档案管理部门、建设行政管理部门等要对工程档案进行严格检查、验收；编制单位、制图人、审核人、技术负责人必须进行签字或盖章；对不符合技术要求的，一律退回编制单位进行改正、补齐，问题严重者可令其重做；不符合要求者，不能交工验收。

⑤ 凡报送的工程档案，如验收不合格将其退回建设单位，由建设单位责成责任者重新进行编制，待达到要求后重新报送；检查验收人员应对接收的档案负责。

⑥ 地方城建档案管理部门负责工程档案的最后验收；并对编制报送工程档案进行业务指导、督促和检查。

2. 建设工程档案的移交

建设工程档案的移交应遵循以下原则：

① 列入城建档案管理部门接收范围的工程，建设单位在工程竣工验收后 3 个月内向城建档案管理部门移交一套符合规定的工程档案。

② 停建、缓建工程的工程档案，暂由建设单位保管。

③ 对改建、扩建和维修工程，建设单位应当组织设计单位、监理单位、施工单位据实修改、补充和完善工程档案；对改变的部位，应当重新编写工程档案，并在工程竣工验收后 3 个月内向城建档案管理部门移交。

④ 建设单位向城建档案管理部门移交工程档案时，应办理移交手续，填写移交目录，双方签字、盖章后交接。

⑤ 施工单位、监理单位等有关单位应在工程竣工验收前将工程档案按合同或协议规定的时间、套数移交给建设单位，办理移交手续。

9.3.4　建设工程监理文件档案资料管理

监理文件有 10 大类 27 个，要求在不同的单位归档保存。

1. 监理规划

① 监理规划（建设单位长期保存，监理单位短期保存，送城建档案管理部门保存）。

② 监理实施细则（建设单位长期保存，监理单位短期保存，送城建档案管理部门保存）。

③ 监理部总控制计划等（建设单位长期保存，监理单位短期保存）。

2. 监理月报中的有关质量问题

建设单位长期保存，监理单位长期保存，送城建档案管理部门保存。

3. 监理会议纪要中的有关质量问题

建设单位长期保存，监理单位长期保存，送城建档案管理部门保存。

4. 进度控制

① 工程开工/复工审批表(建设单位长期保存,监理单位长期保存,送城建档案管理部门保存)。

② 工程开工/复工暂停令(建设单位长期保存,监理单位长期保存,送城建档案管理部门保存)。

5. 质量控制

① 不合格项目通知(建设单位长期保存,监理单位长期保存,送城建档案管理部门保存)。

② 质量事故报告及处理意见(建设单位长期保存,监理单位长期保存,送城建档案管理部门保存)。

6. 造价控制

① 预付款报审与支付(建设单位短期保存)。

② 月付款报审与支付(建设单位短期保存)。

③ 设计变更、洽商费用报审与签认(建设单位长期保存)。

④ 工程竣工决算审核意见书(建设单位长期保存,送城建档案管理部门保存)。

7. 分包资质

① 分包单位资质材料(建设单位长期保存)。

② 供货单位资质材料(建设单位长期保存)。

③ 试验等单位资质材料(建设单位长期保存)。

8. 监理通知

① 有关进度控制的监理通知(建设单位、监理单位长期保存)。

② 有关质量控制的监理通知(建设单位、监理单位长期保存)。

③ 有关造价控制的监理通知(建设单位、监理单位长期保存)。

9. 合同与其他事项管理

① 工程延期报告及审批(建设单位永久保存,监理单位长期保存,送城建档案管理部门保存)。

② 费用索赔报告及审批(建设单位、监理单位长期保存)。

③ 合同争议、违约报告及处理意见(建设单位永久保存,监理单位长期保存,送城建档案管理部门保存)。

④ 合同变更材料(建设单位、监理单位长期保存,送城建档案管理部门保存)。

10. 监理工作总结

① 专题总结(建设单位长期保存,监理单位短期保存)。

② 月报总结(建设单位长期保存,监理单位短期保存)。

③ 工程竣工总结(建设单位、监理单位长期保存,送城建档案管理部门保存)。

④ 质量评估报告(建设单位、监理单位长期保存,送城建档案管理部门保存)。

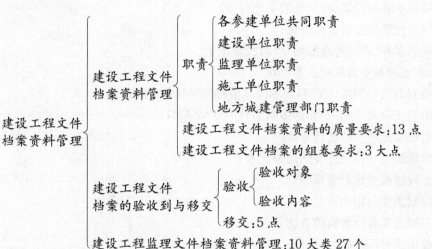

【引例 9.3 小结】

本引例中造成竣工验收失败,其根本原因是建设单位在组织工程竣工验收前,没有提请城建档案管理部门对工程档案进行预验收。对于列入城建档案管理部门档案接收范围的工程,建设单位在组织工程竣工验收前,应提请城建档案管理部门对工程档案进行预验收。建设单位未取得城建档案管理部门出具的认可文件,不得组织工程竣工验收。

9.4　建设工程信息管理系统

9.4.1　建设工程信息管理系统的概念及基本功能

1. 概念

建设工程信息管理系统是处理建设工程项目信息的人－机系统。它通过收集、存储及分析项目实施过程中的有关数据,辅助工程项目的管理人员和决策者规划、决策和检查,其核心是辅助对项目目标的控制。

2. 基本功能

建设工程信息管理系统包括投资控制子系统、进度控制子系统、质量控制子系统和合同管理子系统。

(1) 投资控制子系统的基本功能

① 投资分配分析;

② 编制项目概算和预算;

③ 投资分配与项目概算的对比分析;

④ 项目概算与预算的对比分析;

⑤ 合同价与投资分配、概算、预算的对比分析；

⑥ 实际投资与概算、预算、合同价的对比分析；

⑦ 项目投资变化趋势预测；

⑧ 项目结算与预算、合同价的对比分析；

⑨ 项目投资的各类数据查询；

⑩ 提供多种(不同管理层面)项目投资报表。

(2) 进度控制子系统的基本功能

① 编制双代号网络(CPM)和单代号搭接网络计划(MPM)；

② 编制多阶网络(多平面群体网络)计划(MSM)；

③ 工程实际进度的统计分析；

④ 实际进度与计划进度的动态比较；

⑤ 工程进度变化趋势预测；

⑥ 计划进度的定期调整；

⑦ 工程进度各类数据的查询；

⑧ 提供多种(不同管理平面)工程进度报表；

⑨ 绘制网络图；

⑩ 绘制横道图。

(3) 质量控制子系统的基本功能

① 项目建设的质量要求和质量标准的制订；

② 分项工程、分部工程和单位工程的验收记录和统计分析；

③ 工程材料验收记录(包括机电设备的设计质量、监造质量、开箱检验情况、资料质量、安装调试质量、试运行质量、验收及索赔情况)；

④ 工程设计质量的鉴定记录；

⑤ 安全事故的处理记录；

⑥ 提供多种工程质量报表。

(4) 合同管理子系统的基本功能

① 标准合同文本的提供和选择；

② 合同文件、资料的管理；

③ 合同执行情况的跟踪和处理过程的管理；

④ 涉外合同的外汇折算；

⑤ 经济法规库(国内外经济法规)的查询；

⑥ 提供各种合同管理报表。

9.4.2　建设工程信息管理系统的构成

建设工程信息管理系统的构成包括系统硬件、软件、组织件、教育件。建立完善的工程信息管理系统除了建立良好的硬件和软件外,组织件和教育件也不能忽视。

9.4.2.1　建立完善信息管理系统的组织件

在我国的建设工程信息管理系统的实施中,必须采取相应的组织措施,建立相应的信息管理制度,保证工程信息管理系统软硬件能正常、高效地运行,这是实施工程信息管理系统组织件的要求。它包括建立与信息系统运行相适应的组织结构、建立科学合理的工程项目管理工作流程以及工程项目的信息管理制度,其中项目的信息管理制度是整个建设工程信息管理系统得以正常运行的基础。建立健全的信息管理制度,应进行以下工作:

① 建立统一的项目信息编码体系,包括:项目编码、项目各参与单位组织编码、投资控制编码、进度控制编码、质量控制编码、合同管理编码等。

② 对信息系统的输入/输出报表进行规范和统一,并以信息目录表的形式固定下来。

③ 建立完善的项目信息流程,使项目各参加单位之间的信息关系得以明确化,同时结合项目的实施情况,对信息流程进行不断的优化和调整,剔除一些不合理的、冗余的流程,以适应信息系统运行的需要。

④ 注重基础数据的收集和传递,建立基础数据管理的制度,保证基础数据的全面、及时、准确地按统一格式输入信息系统,这是建设工程信息管理系统的基础所在。

⑤ 对信息系统中管理人员的任务进行分工;划分各相关部门的职能;明确有关人员在数据收集和处理过程中的职责。

⑥ 建立项目的数据保护制度,保证数据的安全性、完整性和一致性。

9.4.2.2　建立信息系统的教育件

工程信息管理系统的教育件是围绕工程信息管理系统的应用对组织中的各级人员进行广泛的培训。它主要包括项目领导者的培训、开发人员的学习与培训及使用人员的培训3 种。

1. 项目领导者的培训

按照信息系统应用中一把手原则,项目管理者对待工程信息管理系统的态度是工程信息管理系统实施成败的关键因素,对项目领导者的培训主要侧重于建设工程信息管理系统的认识和现代建设监理思想和方法的学习。

2. 开发人员的学习与培训

开发团队中由于人员知识结构的差异,进行跨学科的学习和培训是十分重要的,包括建设监理人员对信息处理技术和信息系统开发方法的学习和软件开发人员对工程项目管理知识的学习等。

3. 使用人员的培训

对系统使用人员的培训直接关系到系统实际运行的效率,培训的内容包括信息管理制度的学习、计算机软硬件基础知识的学习和系统操作的学习。结合我国实际情况,对于建设工程信息管理系统使用人员的培训应投入较大的时间和精力。

9.4.3 基于互联网的建设工程项目信息管理系统

9.4.3.1 基于互联网的建设工程项目信息管理系统概念

基于互联网的建设工程项目信息管理系统可以简称为 Internet-Based PIMS。其主要功能是安全地获取、记录、寻找和查询项目信息。它相当于在项目实施全过程中,对项目参与各方产生的信息和知识进行集中式管理,即项目各参与方有共用的文档系统,同时也有共享的项目数据库。它不是某一个具体的软件产品或信息系统,而是国际上工程建设领域一系列基于 Internet 技术标准的项目信息沟通系统的总称。它具有以下基本特点:

① 以 Extranet 作为信息交换工作的平台,其基本形式是项目主题网。与一般的网站相比,它对信息的安全性有较高的要求。

② 基于互联网的建设工程项目信息管理系统采用 100% 的 B/S 结构,用户在客户端只需要安装一个浏览器就可以。浏览器界面是用户通往全部授权项目信息的唯一入口,项目参与各方可以不受时间和空间的限制,通过定制来获得所需的项目信息。传统的项目管理信息系统的用户只能是一个工程参与单位,而基于互联网的建设工程项目信息管理系统的用户是建设工程的所有参与单位。

③ 与其他在建筑业中应用的信息系统不同,基于互联网的建设工程项目信息管理系统的主要功能是项目信息的共享和传递,而不是对信息进行加工、处理。虽然基于互联网的建设工程项目信息管理系统的发展趋势是与项目信息处理系统(如一些项目管理软件系统)进行集成,但就其核心功能而言,项目信息门户系统是一个信息管理系统,而不是一个管理信息系统,其基本功能是对项目的信息(包括文档信息和数据信息)进行管理(包括分类、存储、查询)。

④ 基于互联网的建设工程项目信息管理系统不是一个简单的文档系统,基于互联网的建设工程项目信息管理系统通过信息的集中管理和门户设置为项目参与各方提供一个开放、协同、个性化的信息沟通环境。对虚拟项目组织协同工作和知识管理的有力支持是基于互联网的建设工程项目信息管理系统与一般文档系统和群件系统的最大区别。

9.4.3.2 基于互联网的建设工程项目信息管理系统的功能

基于互联网的建设工程项目信息管理系统的功能分为基本功能和拓展功能两个层次。其中,基本功能是大部分的商业基于互联网的建设工程项目信息管理系统和应用服务所具备的功能,可以把它看成是基于互联网的建设工程项目信息管理系统的核心功能。而拓展功能则是部分应用服务商在其应用服务平台上所提供的服务,这些服务代表了未来基于互联网的建设工程项目信息管理系统发展的趋势。

1. 基于互联网的建设工程项目信息管理系统的基本功能

(1) 通知与桌面管理功能

这一模块包括变更通知、公告发布、项目团队通信录及书签管理等功能,其中变更通知是指当与某一项目参与单位有关的项目信息发生改变时(如进度拖延),系统用 E-mail 进行提醒和通知,它是基于互联网的建设工程项目信息管理系统应具备的一项基本的功能。

（2）日历和任务管理功能

日历和任务管理是一些简单的项目进度控制工作功能,包括共享项目进度计划的日历管理和任务管理。

（3）文档管理功能

文档管理是基于互联网的建设工程项目信息管理系统一项十分重要的功能,它在项目的站点上提供标准的文档目录结构,项目参与各方可以进行定制。项目的参与各方可以完成文档(包括工程照片、合同、技术说明、图纸、报告、会议纪要、往来函件等)的查询(按关键字、日期等)、版本控制、文档的上传和下载、在线审阅等工作。其中,在线审阅的功能是基于互联网的建设工程项目信息管理系统的一项重要功能,可支持多种文档格式,如 CAD、Word、Excel、PowerPoint 等,项目参与各方可以在同一张 CAD 图纸上进行标记、圈阅和讨论,这大大提高了项目组织的工作效率。

（4）项目通信与协同工作功能

在基于互联网的建设工程项目信息管理系统为用户定制的主页上,项目参与各方可以通过基于互联网的建设工程项目信息管理系统中的内置的邮件通信功能进行项目信息的通信,所有的通信记录在站点上都有详细的记录,从而便于争议的处理。另外,还可以就某一主题(如某一个设计方案)进行在线讨论,讨论的每一个细节都会被记录下来,并分发给有关各方。项目信息门户系统的通信与讨论都可以获得大量随手可及的信息作为支持。

（5）工作流管理功能

工作流管理是对项目工作流程的支持,它包括在线完成信息请求 RFI、工程变更、提交请求及原始记录审批等,并对处理情况进行跟踪统计。

（6）网站管理与报告功能

网站管理与报告功能包括用户管理、使用报告生成等功能,其中很重要的一项功能就是要对项目参与各方的信息沟通(包括文档传递、邮件信息、会议等)及成员在网站上的活动进行详细记录。数据的安全管理也是一项十分重要的功能,它包括数据的离线备份、加密等。

2. 基于互联网的建设工程项目信息管理系统的拓展功能

（1）多媒体的信息交互功能

有一些基于互联网的建设工程项目信息管理系统可以提供视频会议的功能,这项功能其实是项目沟通与协同功能的一部分。目前,由于技术和网络带宽的原因,它在工程项目中的应用还没有普及。许多基于互联网的建设工程项目信息管理系统通过系统的集成和使用第三方平台(如 Web-CX)的办法,也可以在工程项目的基于互联网的建设工程项目信息管理系统上进行视频会议。

（2）在线项目管理功能

大多数的基于互联网的建设工程项目信息管理系统可以与一些进度控制和投资控制的软件进行集成,如与 MS-Project 和 Primavera 系列软件集成,进行进度计划和投资计划的网上发布。系统可以进行在线的计划编制和进度调整,并与变更提醒、在线审阅和会议功能结合,即把传统的项目管理软件的功能与基于互联网的建设工程项目信息管理系统强大的通信和协同工作功能进行无缝集成,而不仅仅是进行简单的项目管理信息的网上的发布。

这将是建设工程项目信息管理系统今后发展的方向。

（3）集成一些电子商务功能

在许多大型工程的基于互联网的建设工程项目信息管理系统可以完成设备与材料及劳务的招投标过程，形成所谓电子采购和电子招投标。目前，许多提供基于互联网的建设工程项目信息管理系统应用服务的提供商（ASP），如美国的 Bidcom.com、欧洲的 build-online.com 等，在这些网站上都提供了强大的电子商务功能。

9.4.4　建设工程常用管理软件

9.4.4.1　建设工程管理软件概念

建设工程管理软件是指在建设工程管理的各个阶段（项目可行性研究、设计、招投标、施工、竣工）使用的各类软件，以及相关的行业管理软件（如工程量计算、图档管理、预算和相关管理等）。这些软件主要用于收集、综合和分发建设工程管理过程的输入和输出信息。

传统的工程项目管理软件包括：时间进度计划、成本控制、资源调度和图形报表输出等功能模块。从建设工程管理的全过程出发，管理软件还包括：工程量计算、图档管理、合同管理、采购管理、风险管理、质量管理、索赔管理、组织管理、行业管理等功能。

9.4.4.2　建设工程管理软件的分类

1. 按管理软件所适用的阶段划分

（1）适用于某个阶段特殊用途的管理软件

如用于项目建议书和可行性研究工作的项目评估与经济分析软件、房地产开发评估件、用于设计和招投标阶段的概预算软件、投标管理软件、快速报价软件等。

（2）集成管理软件

目前流行的管理软件大部分是系列化的管理软件，是将建设工程管理所需要的信息集成在一起进行管理的一组工具。这些模块或独立软件都是由同一家软件公司开发的，彼此间有统一的接口，可以互相调用数据，并且功能上互为补充。如梦龙系统集成管理软件。

2. 按软件提供的功能划分

（1）进度计划管理软件

功能包括：定义作业（也称为任务、活动），并将这些作业用一系列的逻辑关系连接在一起；作业代码编码、作业分类码编码；技术关键路径；时间进度分析；资源平衡；实际的计划执行状况；编制双代号网络计划和单代号网络计划、多阶网络；输出报告，包括甘特图和网络图等。

（2）费用管理软件

功能包括：投标报价、预算管理、费用预测、实际投资与预算对比分析、费用控制、绩效检测和差异分析以及多种项目投资报表。

（3）资源管理软件

用于完善的资源库，能通过与其他功能的配合提供资源需求，能对资源需求和供给的差异进行分析,能自动或协助用户通过不同途径解决资源冲突问题,计算资源利用费用和提供多种项目资源报表。

(4) 风险管理

功能包括:进度计划模拟、投资模拟、减少风险的计划管理、消除风险的计划管理等。目前的风险管理软件包有些是独立使用的,有些是和上述其他功能集成使用的。

(5) 交流管理

集成了交流管理的功能,所提供的功能包括:进度报告发布、需求文档编制、文档管理、电子邮件、项目组成员与外界的通信与交流、公告板和白板等。

9.4.4.3　建设工程常用管理软件

正确应用建设工程管理软件有助于加速信息的流动、提高建设工程的管理水平、提升企业的核心竞争力、提高业主对项目目标的控制能力、提高企业的决策水平、降低企业成本、改善企业的经营状况。常用的建设工程管理软件有:概预算与投标报价类软件、工程项目管理类软件、工程图档管理系统类软件等。

1. 概预算与投标报价类软件

(1) 工程量计算软件

常用的有三维算量软件、广联达图形自动计算工程量软件 GCL99、鲁班图形算量软件、神机妙算图形算量软件、神机妙算工程量计算软件等。

(2) 投标报价类软件

常用的有易达清单大师 V3.0、标书制作与管理系统 MrBook、工程投标报价系统 E921、施工管理 SG-1 标书制作系统等。

2. 工程项目管理类软件

工程项目管理类软件应具备成本预算和控制、制订计划、资源管理及排定任务日程、监督和跟踪项目、报表生成、处理多个项目和子项目、排序个筛选、模拟分析等功能。

(1) 国外常用的项目管理软件

① Microsoft Project 2000。该软件是由 Microsoft 公司开发的,它是应用最普遍的项目管理软件,Project 4.0、Project 98、Project 2000 在我国已经获得了广泛的应用。系统功能强大,它具有项目管理所需要的各种功能,包括项目计划、资源分配、项目跟踪等,其界面易懂,图形直观,还可以在该系统使用 VBA(Visual Basic for Application),通过 Excel、Access或各种 ODBC 数据库、CSV 和制表符分隔的文本兼容数据库存取项目文件等。

② Primavera Project Planner。该软件是由美国 Primavera 公司的产品,是国际上较为流行的项目管理软件之一,并且已成为项目管理软件标准。

③ Project Planner for the Enterprise。该软件是美国 Primavera 公司专门为企业开发的管理软件。将企业的运营过程看作是运行一系列项目的过程,项目的成败决定了企业的命运,因而项目的管理对企业来说是非常关键的。

④ Sure Trak Project Manager。该软件是由 Primavera 公司开发的适用于中小型公司的项目管理软件,通常也称为小P3。无论用户手上有多少项目,也无论项目有多复杂,Sure

Trak 都能帮用户建立切实可行的计划并成功地完成工程目标。

（2）国内常用项目管理软件

① 梦龙智能项目管理系统。该系统包括智能项目管理动态控制、合同管理与制作及定额管理等几部分。

② 维新项目管理系统。该系统是由成都维新科技发展有限公司开发的软件。该软件采用现代先进的网络计划技术，主要用于制定规划、计划和实时控制。

③ 施工项目管理系统 SG-1。该软件由中国建筑科学研究院研制开发。

④ 工程项目网络管理系统（简称 BCMIS）。该软件是为供电局中基建或计划部门所开发的一套网络信息管理系统。它除了管理新建、技改、大修项目外，还包括已竣工待结算、前期、续建、负荷调整、农网改造等工程项目的管理。

⑤ GHPMIS 项目管理信息系统。该软件由中软金马研发出的一套符合管理提升要求以及工程建设类企业特点的信息系统平台。

（3）工程图档管理系统类软件

工程图档管理系统类软件是用于对各种工程图纸、办公文档、文书档案、图片资料、图书资料等知识和信息进行计算机管理的综合系统。具有对各类档案的编辑、登记、统计、检索、自动归类、报表输出等功能，同时还具有灵活、高效的查询检索方式。常用的软件有文档管理中心 MrDocuments 系统、飞时达软件-工程图档管理系统（FastMan）、图档管理软件、理正设计院图档管理系统、工程图档管理系统（MEDMS）。

知识梳理

建设工程信息系统
- 建设工程信息管理流的构成：硬件、软件、组织件、教育件
- 基于互联网的建设工程项目信息管理系统
  - 概念
  - 功能
    - 基本功能
    - 拓展功能
- 建设工程常用管理软件
  - 概预算与投标报价类
  - 工程项目管理类
  - 工程图档管理系统类

本 章 小 结

1. 建设工程信息管理是指对建设工程信息的收集、整理、处理、储存、传递与应用等一系列工作的总称。

2. 在建设工程信息管理的过程中，应重点抓好对信息的采集与筛选、信息的处理加工、信息的利用与扩大，以便业主能利用信息对投资目标、质量目标、进度目标实施有效控制。

3. 建设工程信息管理流程分为信息的收集、加工、整理、分发、检索和存储。

4. 工程各参建单位填写的建设工程档案应以施工及验收规范、工程合同、设计文件、工程施工质量验收统一标准等为依据。

5. 列入城建档案管理部门档案接收范围的工程，建设单位在组织工程竣工验收前，应提请城建档案管理部门对工程档案进行预验收。建设单位未取得城建档案管理部门出具的认可文件,不得组织工程竣工验收。

6. 建设工程信息管理系统包括投资控制子系统、进度控制子系统、质量控制子系统和合同管理子系统。

7. 常用的建设工程管理软件有概预算与投标报价类软件、工程项目管理类软件、工程图档管理系统类软件等。

习　　题

1. 单项选择题

(1) 建设工程信息流由(　　　　)组成。

　　A. 建设各方的数据流　　　　　　　B. 建设各方的信息流

　　C. 建设各方的数据流综合　　　　　D. 建设各方各自的信息流综合

(2) 建设工程文件是指(　　　　)。

　　A. 在工程建设过程中形成的各种形式的记录,包括监理文件

　　B. 在工程建设过程中形成的各种形式的记录,包括监理文件、施工文件、设计文件

　　C. 在工程建设活动中直接形成的具有保存价值的文字、图表、声像等各种形式的历史记录

　　D. 在工程建设过程中形成的各种形式的信息记录,包括工程准备阶段文件、监理文件、施工文件、竣工图和竣工验收文件

(3) 基于互联网的建设项目信息管理系统功能分为(　　　　)。

　　A. 电子商务功能　　　　　　　　　B. 文档管理功能

　　C. 基本功能和扩展功能　　　　　　D. 通知与桌面管理功能

(4) 基于互联网的建设工程信息管理系统的特点有(　　)等。

　　A. 用户是建设单位的承包单位

　　B. 用户包括政府、监理单位、材料供应商

　　C. 用户是建设工程的所有参与单位

　　D. 用户依靠政府建设主管部门的网站

(5) 建设工程文件档案资料是由(　　)组成。

　　A. 建设工程文件

　　B. 建设工程监理文件

　　C. 建设工程验收文件

　　D. 建设工程文件、建设工程档案和建设工程资料

(6) 送建设单位永久保存的监理文件有工程延期报告及审批和(　　)两大类。

　　A. 合同争议、违约报告及处理意见　　B. 分包单位资技材料

　　C. 设计变更、治商费用报审与签认　　D. 建设工程项目监理工作总结

(7) 按照《建设工程文件归档整理规范》,建设工程档案资料分为:监理文件、施工文件、竣工图、竣工验收文件和(　　)5 大类。

　　A. 财务文件　　　　　　　　　　　B. 建设用地规划许可证文件

　　C. 施工图设计文件　　　　　　　　D. 工程准备阶段文件

(8) 建设工程项目施工阶段的信息收集,可以从 3 个子阶段分别进行,包括下列哪个阶段? (　　)。

　　A. 施工准备期　　　　　　　　　　B. 施工实施期

　　C. 竣工保修期　　　　　　　　　　D. 施工图设计阶段

(9) 下列不符合建设工程文件档案资料质量要求的是(　　)。

　　A. 归档的工程文件一般应为复印件

　　B. 工程文件的内容及其深度必须符合国家有关工程勘察、设计、施工、监理等方面的技术规范、标准和规程

　　C. 工程文件应采用耐久性强的书写材料,如碳素墨水、蓝黑墨水,不得使用易退色的书写材料,如红色墨水、纯蓝墨水、圆珠笔、复写纸、铅笔等

　　D. 竣工图均应加盖竣工图章

(10) 下列不属于建设工程信息管理系统的是(　　)。

　　A. 投资控制子系统　　　　　　　　B. 进度控制子系统

　　C. 质量控制子系统　　　　　　　　D. 安全管理子系统

2. 简答题

(1) 什么是建设工程信息管理? 其任务是什么?

(2) 简述建设工程信息管理流程。

(3) 各相关单位建设工程文件档案资料管理的职责是什么?

(4) 建设工程文件档案资料组卷的要求有哪些?

(5) 建设工程文件档案资料的验收和移交应注意哪些内容?

(6) 什么是建设工程信息管理系统? 其基本功能是什么?

(7) 建设工程信息管理系统由哪些硬软件构成?

参 考 文 献

［1］ 全国招标师职业水平考试辅导教材指导委员会.项目管理与招标采购［M］.北京:中国计划出版社,2012.

［2］ 中国建设监理协会.建设工程合同管理［M］.北京:知识产权出版社,2009.

［3］ 建设工程教育网.建设工程合同管理应试指南［M］.北京:知识产权出版社,2012.

［4］ 《法律法规案例注释版系列》编写组.中华人民共和国合同法:案例注释版［M］.北京:中国法制出版社,2009.

［5］ 宋春岩,付庆向.建设工程招投标与合同管理［M］.北京:北京大学出版社,2008.

［6］ 刘冬学,宋晓东.工程招投标与合同管理［M］.上海:复旦大学出版社,2011.

［7］ 朱永祥,陈茂明.工程招投标与合同管理［M］.2版.武汉:武汉理工大学出版社,2011.

［8］ 刘慧.招标采购专业实务［M］.北京:中国计划出版社,2009.

［9］ 黄文杰.建设工程合同管理［M］.3版.北京:知识产权出版社,2009.

［10］ 丁士昭.建设工程项目管理［M］.北京:中国建筑工业出版社,2011.

［11］ 李燕.工程招投标与合同管理［M］.北京:中国建筑工业出版社,2010.

［12］ 卢谦.建设工程招投标与合同管理［M］.北京:中国水利水电出版社,2005.

［13］ 张萍.建设工程招投标与合同管理［M］.武汉:武汉理工大学出版社,2011.

［14］ 中华人民共和国住房和城乡建设部,国家工商行政管理总局.GF-2012-0202 建设工程监理合同(示范文本)［S］.

［15］ 中华人民共和国住房和城乡建设部,国家工商行政管理总局.GF-2013-0201 建设工程施工合同(示范文本)［S］.

［16］ 中华人民共和国住房和城乡建设部.GB 50500—2013《建设工程工程量清单计价规范》［S］.